浙江省公益林建设与管理丛书

公益林区划布局

Division and Layout of Public Welfare Forests

主编 邱瑶德 李土生 应宝根

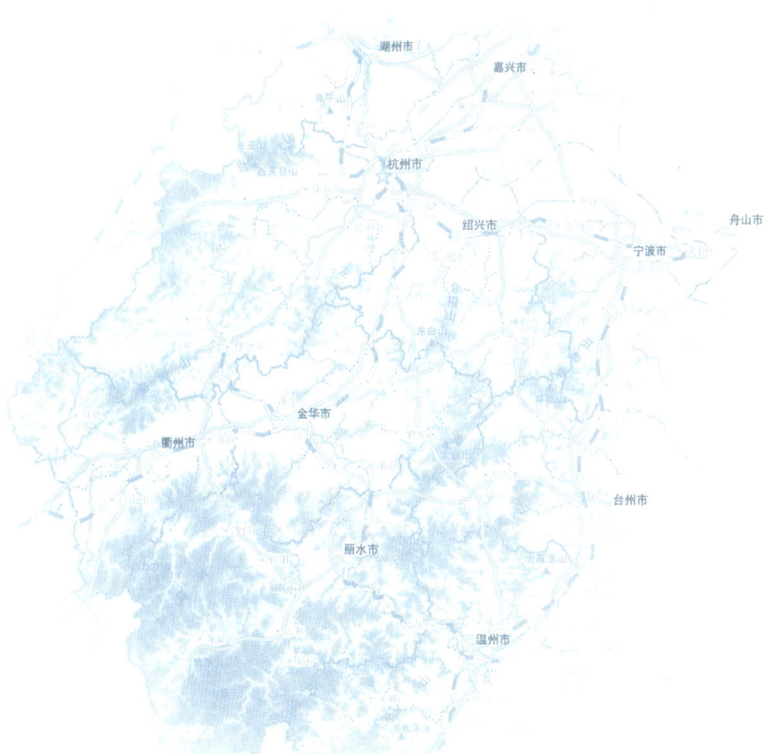

中国林业出版社

图书在版编目（CIP）数据

公益林区划布局／邱瑶德，李土生，应宝根主编．—北京：中国林业出版社，2011.6
（浙江省公益林建设与管理丛书）
ISBN 978-7-5038-6215-1

Ⅰ．①公… Ⅱ．①邱… ②李…③应… Ⅲ．①公益林－区划－研究－浙江省
Ⅳ．①S727.9

中国版本图书馆 CIP 数据核字（2011）第 112664 号

出版　中国林业出版社（100009　北京西城区德内大街刘海胡同 7 号）
E-mail：cfphz@public.bta.net.cn　电话：（010）83224477－2028
网址：http://lycb.forestry.gov.cn
发行　新华书店北京发行所
印刷　北京中科印刷有限公司
版次　2011 年 9 月第 1 版
印次　2011 年 9 月第 1 次
开本　787mm×1092mm　1/16
印张　13.75
印数　1～1500 册
字数　330 千字

定价　99.00 元

编委会
Editorial Committee

内容提要

Abstract

本书是"浙江省公益林建设与管理丛书"中的一册，是论述公益林建设必要性和区划布局的专著。

本书是对浙江省公益林区划界定成果的总结。着重探讨了浙江省公益林为什么要建、怎样建、建在哪里等理论和实践上的问题，从不同生态区位、不同行政区域和不同生态治理区等方面，对全省近4000万亩省级以上公益林的建设布局作了详尽介绍，并详细论述了浙江省公益林森林资源数量、结构及其分布。

本书可供林业、生态、环保等生产、教学、科学研究人员和林业管理、公益林管理部门的工作人员参考。

序

Foreword

浙江大地60%以上的面积覆盖着各种各样的森林，这些森林为我们人类提供着初级生产、养分循环、土壤形成、气候调节、水分调节、水源净化、生态旅游、文化传承等众多的物质及非物质的服务功能，从而保障了浙江省国土的生态安全、生活的物质基础、人类的健康环境以及人与自然的和谐共处。

历史上木材经济曾长期成为浙江山区国民经济的支柱、财政收入的主体、农民生活的依托，山区对森林资源的消耗远远超过了其生产与恢复的能力，使得浙江的森林资源和生态环境的保护一直承受着巨大的压力，其结果难免导致资源下降，生态受迫，环境恶化。直到20世纪末期，浙江的国民经济与社会发展进程明显加快，生态环境保护与恢复的需求日益增强，浙江省委、省政府审时度势，及时作出了“建设生态省、打造绿色浙江”等重大决策，逐步确立了林业在可持续发展战略中的重要地位，在生态建设中的首要地位以及在应对气候变化中的特殊地位，在森林的众多功能中，更加突出了森林的生态系统服务功能，由无偿使用森林生态效益向有偿使用森林生态效益转变。1999年全省开展了公益林建设试点，2001年启动实施了3000万亩(1亩≈667m^2)公益林，2004年建立了森林生态效益补偿制度，2010年又将公益林规模扩大到4000万亩，使公益林的面积占全省国土面积的26%，占林业用地面积的40%，公益林建设投资之巨、规模之大、覆盖面之广史无前例。这一历史性的转变意义重大、影响深远，林业建设由此进入了一个新的发展阶段。

得益于十年的公益林建设保护与发展，浙江的生态建设成就已然显现。一是资源保护与生态安全的理念渐入人心，人们懂得了纯净的水质、清洁的大气、优美的景观、丰富的动植物资源以及平衡的生态环境都有赖于对森林资源良好的保护，保护森林资源和生态环境成了人们自觉的行动；二是森林资源增长十分明显，蓄积量、生物量、碳汇量十年间成倍增长，林分郁闭度、林木混交度、森林健康度、景观自然度、生物多样性极大提升；三是森林生态系统的服务功能逐步增强，公益林每年发挥的生态效益价值超千亿元，一大批重点生态功能区的森林资源和生态环境得到了有效保护和恢复。十年来，林业和财政等相关部门通力合作，精心组织、规范运作、严格监管，不断探索与完善公益林建设中的区划布局、科学经营、政策保障、管护网络、信息管理、资源监测等管理体系，确保了森林生态效益补偿基金制度的全面落实。“浙江省公益林建设与管理丛书”的编写出版，既系统总结了前期的相关工作与管理成果，很好地反映了浙江省公益林建设管理的历程，又为今后的公益林建设管理提供了科学依据。

森林资源的培育和生态环境的保护是林业永恒的主题，需要我们长期艰苦的努力。最近，浙江省委根据新形势、新要求，又作出了推进生态文明建设的重大决策部署，谱写了生态文明建设的新篇章。希望广大林业工作者，肩负起推进生态文明建设的历史使命，共同关心、共同参与、共同建设、共同享有，通过立体构架建设森林生态家园、多点布局发展森林生态产业、齐抓共管保护森林生态资源、多措并举推进集体林权改革，弘扬森林生态文化，着力做好“森林浙江”的大文章，推进生态文明建设，把一个美好的家园留给子孙后代。

浙江省林业厅厅长 楊國華

2010 年 8 月

前言

Preface

实行林业分类经营既是转变林业经营管理体制和发展模式、实现林业可持续发展的战略选择，也是实现浙江省委、省政府提出的建设秀美山川和推进生态文明的重大举措。

根据国务院批准发布的《林业经济体制改革总体纲要》(体改农[1995]108号)及《林业部关于开展林业分类经营改革试点工作的通知》(林策通字[1996]69号)的要求，1996年，浙江在建德市开展了林业分类经营试点工作；1997~1999年，利用3年时间，完成了全省各县(市、区)生态公益林总体规划；在此基础上，根据《全国生态建设工程规划》，结合浙江实际，2000年编制了《浙江省生态公益林体系建设总体规划》和《浙江省生态公益林建设规划纲要》。该规划纲要报经浙江省政府同意后，由浙江省发展计划委员会、省林业局联合下发各地执行(浙计规划[2001]664号)。为切实加大公益林建设力度，2000年11月，浙江省政府召开全省林业工作会议，明确提出：到2010年建设重点公益林3000万亩，到2020年建设公益林5000万亩的目标。浙江公益林的区划界定工作大致经历了3个阶段。

一是全面区划界定。自2001年4月起，组织全省各地全面开展了公益林区划界定工作。浙江省政府专门成立了由分管省长任组长、各有关部门负责人参加的省林业分类经营工作领导小组及其办公室。省林业主管部门组织制定了《浙江省生态公益林认定办法(暂行)》(浙林造[2001]228号)和《浙江省森林分类区划界定操作细则(试行)》(浙林分类[2001]3号)等有关技术规程、规定和管理办法，并进行工作试点、技术培训后在全省推开，至2002年2月，全面完成全省公益林区划界定的内外业工作。本次区划界定工作历时11个月，参加人员达3万余人。全省共区划界定公益林面积4609.08万亩，占林业用地总面积的46.9%。其中国家级公益林面积2657.04万亩，占57.7%；省级公益林面积1679.05万亩，占36.4%；市、县级公益林面积272.99万亩，占5.9%。

二是区划界定完善。2004 年，国家林业局、财政部重新制订下发国家重点公益林区划界定办法(林策发[2004]94 号)后，浙江省林业、财政主管部门及时组织各地在 2001 年区划界定成果的基础上，对全省省级以上公益林作了进一步调整完善。主要是对国家级公益林的生态区位重新进行了确认，全省公益林建设规模根据当时的财政承受能力进行了压缩。完善后，全省省级以上公益林建设规模为 2993.00 万亩，占林业用地总面积的 30.47%。其中，国家级公益林面积 1396.80 万亩，省级公益林 1596.20 万亩。同年，浙江省委、省政府全面启动实施重点公益林森林生态效益补偿制度，按每亩每年 8 元的标准实行补偿。并先后于 2006 年、2007 年、2008 年和 2009 年，将全省省级以上公益林的最低补偿标准分别提高到 10 元、12 元、15 元和 17 元。截至 2010 年底，各级财政已累计投入省级以上公益林补偿资金 30 多亿元。

三是省级公益林扩面。随着浙江经济社会快速发展，生态意识空前提高，公益林生态社会效益日益显现，以及重要生态区位有所新增，各地要求扩大公益林建设规模的呼声也日益强烈。浙江省委、省政府高度重视，决定扩大省级公益林建设规模 1000 万亩，以进一步加大对农村特别是欠发达地区的扶持力度。2009 年，浙江省林业厅会同省财政厅专门制定印发了《省级公益林扩面工作指导意见》(浙林造[2009]61 号)，及时组织有扩面要求的县(市、区)认真开展了省级公益林扩面区划界定工作。全省共新增区划界定省级公益林面积 917.48 万亩。扩面后，全省省级以上公益林建设规模为 3910.48 万亩，占全省林业用地总面积的 39.80%。

本书重点阐述了浙江省公益林为什么要建、怎样建、建在哪里等理论和实践上的问题，对全省近 4000 万亩省级以上公益林的建设布局作了详尽介绍，将为从事林业、生态、环保等生产、教学、科学研究和管理的工作人员提供基础性资料，为浙江的生态文明建设和“森林浙江”建设献出绵薄之力。本书所引用的社会经济状况、公益林建设规模等资料数据截止时间为 2009 年底，所附的重点市、县公益林分布示意图仅包括该区域的国家级、省级公益林。由于作者水平所限和编写时间较紧，文中疏漏乃至错误之处肯定不少，敬请各位领导、专家和业内人士批评指正。

编　者

2011 年 2 月

目 录

CONTENTS

4 公益林统计表

5 重点市、县公益林分布图

1

CONSTRUCTION BACKGROUND OF PUBLIC WELFARE FORESTS

公益林建设背景

生态环境是承载经济社会发展的基础，可持续发展是人类文明进步的标志。加强生态建设、维护生态安全是21世纪人类所面临的共同主题。走生产发展、生活富裕、生态良好的文明发展道路，是经济社会发展的迫切要求。森林是陆地生态系统的主体。在新的历史时期，林业必须坚持以人为本，促进人与自然和谐发展，实施以生态建设为主的发展战略。建设完善的以生态公益林为主体的森林生态体系，就是为了更好地维护和改善生态环境，保持生态平衡，保护生物多样性，以追求最大生态效益和社会效益为目的，提供多种公益性、社会性产品和服务，不断满足人类社会对生态环境的需求和可持续发展的需要。

1.1 自然、经济状况

1.1.1 自然条件

1.1.1.1 地理位置

浙江地处中国东南沿海长江三角洲南翼，东临东海，南接福建，西与江西、安徽相连，北与上海、江苏接壤。介于东经118°01′~123°10′、北纬27°06′~31°11′。全省东西与南北的直线距离各约为450km，陆域面积为10.18万km^2，为全国的1.06%。浙江海洋资源十分丰富，拥有海域面积约26万km^2，相当于陆域面积的2.56倍；大陆海岸线和海岛岸线长达6486km，占全国海岸线总长的20.3%；大于500m^2的海岛有3061个，占全国岛屿总数的40%。境内最大的河流钱塘江，因江流曲折，称之江，又称浙江。省以江名，简称"浙"，省会杭州。

1.1.1.2 地形地貌

浙江地形复杂，山地和丘陵占70.4%，平原和盆地占23.2%，河流和湖泊占6.4%，故有"七山一水两分田"之说。地势为西南高、东北低，自西南向东北倾斜，呈梯级下降。西南多为海拔千米以上的群山盘结，主要山峰均在海拔1500m以上，中部以丘陵为主，大小盆地错落分布于丘陵山地之间。东北部为冲积平原，地势平坦。大陆山脉一直延伸至东海，露出水面的山峰构成半岛和岛屿。全省大致可分为浙北平原、浙西丘陵、浙东丘陵、中部金衢盆地、浙南山地、东南沿海平原及滨海岛屿等6个地形区(图1-1)。

全省主要山脉呈西南—东北走向，自北而南分成3支。北支从浙赣交界的怀玉山，向东构成浙江的天目山脉、千里岗山脉、龙门山脉。天目山是钱塘江与长江的分水岭；千里岗是新安江与衢江的分水岭；龙门山为富春江与浦阳江的分水岭。中支从浙闽交界的武夷山—仙霞岭入境，向东北延伸至大盘山，为钱塘江与瓯江的分水岭。分两支，一支向北延伸为会稽山，是浦阳江与曹娥江的分水岭；另一支向东延伸为天台山脉，是椒江与甬江的分水岭，延伸入海构成舟山群岛。天台山向北分支为四明山，是曹娥江与甬江的分水岭。南支从浙闽边境的武夷山—洞宫山延伸入境，向东北伸展为南雁荡山、括苍山脉。南雁荡山是瓯江与飞云江、鳌江的分水岭。括苍山脉是瓯江与椒江的分水岭。浙江地貌类型分平原、盆地、丘陵山地、海岸和岛屿4种。

(1)平原

浙江平原海拔高度大部分在50m以下，分为沿海平原和河谷平原两大类。沿海平原面积约15 376.5km^2，占全省平原总面积的78.9%。自北而南有杭嘉湖平原、宁绍平原、温台平原等。其中杭州湾以北与太湖之间的杭嘉湖平原面积为最大，这里地势低平，土地肥沃，河港交错。杭州湾以南的宁绍平原也是经济繁荣地区，两者合称浙北平原。河谷平原约4107.2km^2，占全省平原总面积的21.1%。主要分布于河流中下游的沿江两岸。各主要盆地的底部均有大小不等的河谷平原分布，它是浙江山区县主要农耕地，也是生产较发达的地区。

(2)盆地

根据地质构造，浙江面积在80km^2以上的盆地有40多个，其中较大的有11个，面积

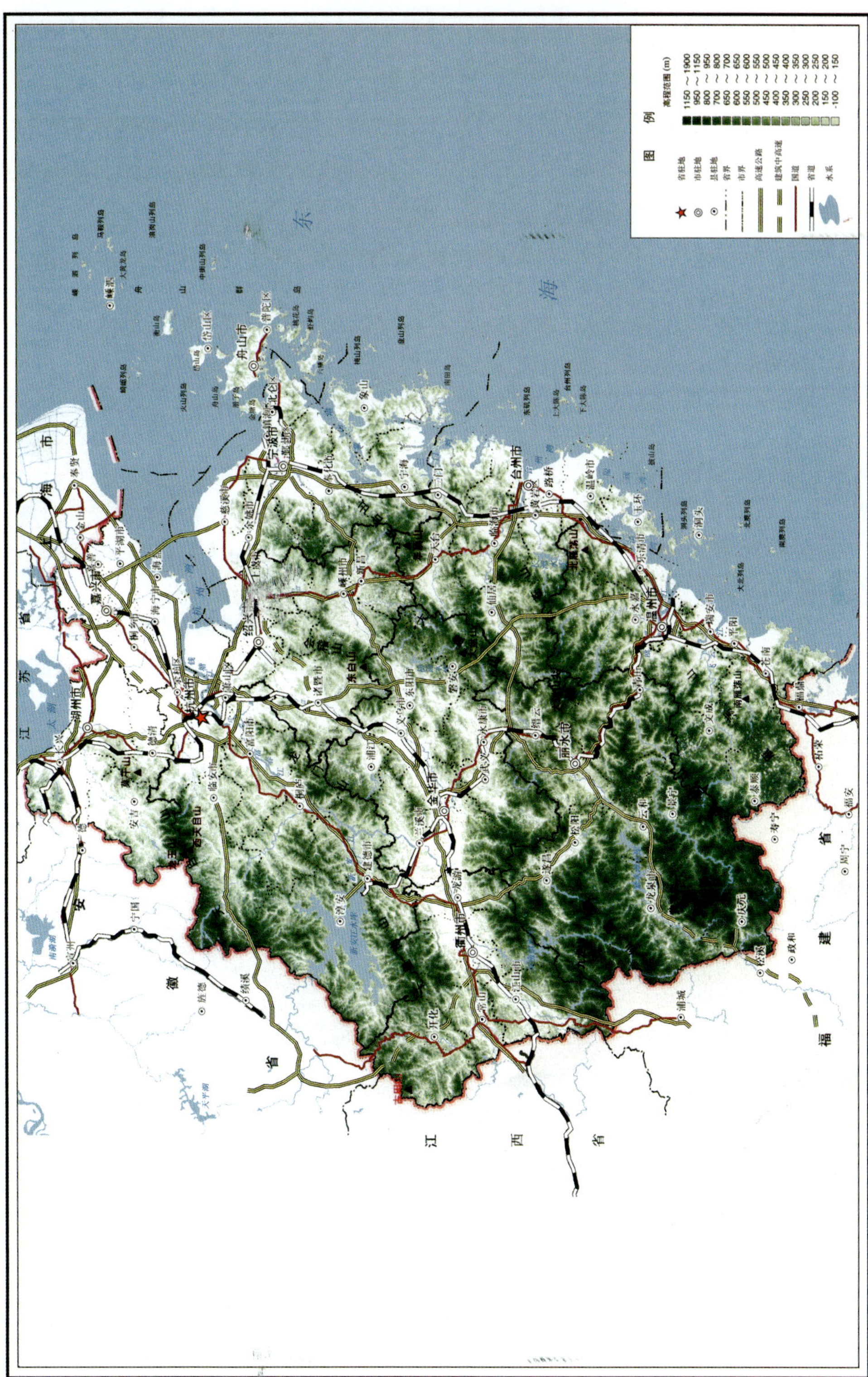

图 1-1 浙江省地形地势

约 5688km^2。全省主要盆地有金衢盆地、诸暨盆地、永康盆地、新嵊盆地、浦江盆地、天台盆地、仙居盆地、松古盆地、碧湖盆地和壶镇盆地等。盆地的四周为海拔500～1000m的山地所包围，盆地的底部多在海拔 150m 以下。金衢盆地是浙江最大的盆地，横贯在浙江中部。

(3)丘陵山地

浙江丘陵山地面积约 74 163.1km^2，其中 500m 以下的丘陵 49 134.14km^2，占丘陵山地面积的 66.3%；500～1000m 的低山面积 21 682.1km^2，占 29.2%；1000m 以上的中山面积 3345.6km^2，占 4.5%。浙江山地面积大部分分布在浙南。山地一般都有2～3 级梯状平台，平台上缓坡起伏，相对高度 50～300m，是山区农耕地分布较集中的地段。山地的四周被切割成峡谷深沟、悬崖峭壁，坡度一般在 30°以上，是浙江森林的主要分布区。

(4)海岸和岛屿

浙江大陆海岸线长度约 2200km，由于山脉走向与海岸直交和斜交，在丘陵逼近海岸的地段，半岛伸入海中，海港嵌入内陆造成海岸线曲折，港湾众多。较大的港湾有杭州湾、象山港、乐清湾、台州湾、三门湾等半封闭型的港湾，其水质优良，海岸生物资源丰富，形成有利于水产养殖的优越环境。在各河口湾两岸，滩涂面积较大，是重要的土地后备资源。沿海岛屿星罗棋布，大于 500m^2的共有 3061 个，其中舟山群岛是全国最大的群岛，岛屿数量占全省岛屿总数近一半。

1.1.1.3 水系

浙江江河众多，河网密布。流域面积在 1000km^2以上的主要有钱塘江、瓯江、甬江、椒江、飞云江、鳌江、苕溪、京杭大运河等八大水系。按全国水系划分，浙江河流除苕溪、运河水系和个别流入江西的小河流属长江水系外，其余均属于我国“东南沿海诸河”。钱塘江、瓯江分别是浙江第一和第二大水系，其上游是浙江的主要森林分布区。其中，钱塘江干流总长为 668km，流域面积为 55 558km^2，省境内流域面积占全省陆域面积的 47%；瓯江发源于浙江庆元、龙泉两县(市)交界的百山祖锅帽尖，干流长 384km，流域面积18 100km^2。苕溪古名苕水、苕溪水，在浙江北部，属长江水系太湖流域黄浦江源头，也是浙江主要河流唯一不在浙江入海的河流。浙北的杭嘉湖平原和杭州湾南岸的宁绍平原，以京杭运河和杭甬运河为主干，天然湖泊星罗棋布，河湖相连，水网密布，素有“水乡泽国”之称。浙江河流上游坡陡流急，下游受潮汐影响，一遇汛期，河流水位高涨，又受潮水顶托，易成洪涝(图 1-2)。

浙江的湖泊主要分布在杭嘉湖平原和宁绍平原。多数为海迹湖，部分为人工湖。全省 1000 亩以上的湖荡约 70 个，5000 亩以上的天然湖荡有杭州西湖、鄞州东钱湖、嘉兴梅系荡和连泗荡、嘉善上白荡等。千岛湖是浙江最大的人工湖泊。

1.1.1.4 气候

浙江地处亚热带季风气候区，气候的总特点是：季风交替规律显著，气温适中，四季分明，光照较多，热量丰富，雨量充沛，空气湿润。年平均气温 15～18℃，平均温度南北相差 4℃左右。沿海地区受海洋调节，南北差异较小。全省平均无霜期从北到南为 230～275d。年平均降水量 1000～2000mm，但地区和季节分配不均匀，总的分布趋势是陆地多，海岛少；丘陵山地多，平原、盆地少。一年之中，以 3～7 月的春雨和梅雨降水量最丰富，其中，3～4 月的春雨约占全年降水量的 14%～24%，5～7 月的梅雨约占全年

图1-2 浙江省水系水质分布

降水量的24% ~37%；另外，8 ~9 月台风雨、秋雨明显，其降水量占全年6% ~15%。

1.1.1.5 土壤

浙江的土壤主要由红壤类、黄壤类、岩土类、潮土类、盐土类、水稻土类组成。其分布特点：由北而南序列为平原潜育型水稻土、脱潜—潜育型水稻土、河谷潮土、潜育型水稻土、低丘红壤、渗育型水稻土、山地红壤至山地黄壤；从海滨到山区，序列则为盐土、潮土、水稻土、红壤、黄壤。其中红壤为浙江水平地带性土类，主要分布在海拔600 ~900m以下的丘陵岗地、河谷部阶地以及山麓地段，其面积占全省土壤面积的40%。黄壤面积占全省土壤面积的10.6%，其分布在红壤之上，分布下限随纬度增高而降低，浙北在海拔500 ~600m，浙中在海拔700 ~800m，浙南在海拔800 ~1000m。丘陵山地的红壤、黄壤等地带性土壤是林业的主要土壤。其他如岩成土、盐土、潮土等属非地带性土类，它们的形成分布与其所在地的母岩、母质种类性质、地形部位相关联，大部分可为林业所利用。

1.1.1.6 植被

据《中国植被》区划，浙江森林植被属亚热带常绿阔叶林区域—东部(湿润)常绿阔叶林区域—中亚热带常绿阔叶林地带，地带性植被为常绿阔叶林。现状植被可划分为天然植被和人工植被两大系列，下属多个植被类型。

(1)针叶林

针叶林是浙江森林中面积最大、分布最广的植被类型，可分为暖性针叶林和温性针叶林两个植被型。常见群系有马尾松林、杉木林、黄山松林、柳杉林、金钱松林和人工黑松林、日本扁柏林等，其中马尾松林面积约占全省乔木林面积的一半左右。

(2)针阔叶混交林

针阔叶混交林是天然林主要类型之一，常见群系有马尾松木荷林、马尾松甜槠林、黄山松甜槠木荷林、黄山松短柄枹林、黄山松茅栗林等。分布于海拔800m以下的低山丘陵者，主要由暖性针阔叶树组成，如马尾松、杉木、福建柏、江南油杉等针叶树和壳斗科的栲属、青冈属、石栎属及樟科、山茶科、杜英科等；分布于海拔800 ~1600m的中山山地者，主要由温性针阔叶树组成，如黄山松、南方铁杉等针叶树，还有一些较耐寒的常绿阔叶树，如甜槠、木荷、小叶青冈；还包括落叶阔叶树如栎属、栗属、鹅耳枥属、槭属的一些树种。

(3)阔叶林

有常绿阔叶林、落叶阔叶林、常绿落叶阔叶林、竹林等4个植被型。常绿阔叶林是浙江的地带性植被，历史上曾遍布全省，由于长期人为影响，原始林已残存无几，目前包括次生林和人工林在内的常绿阔叶林比重已占乔木林的33.43%。其垂直分布，浙北为海拔700m以下，浙南可达海拔1200 ~1300m，常见的群系有苦槠林、甜槠木荷林、丝栗栲林、米槠林、樟楠林等。落叶阔叶林和常绿落叶阔叶林面积不大，但群落结构复杂，主要分布在中山地区，尤以浙西北山地为多。前者主要分布于浙西北海拔700 ~1400m的中山地带，主要有短柄枹林、水青冈林、鹅掌楸林等群系；后者类型较为多样，树种组成复杂，在浙南集中分布于海拔1200 ~1600m，在浙西北为700 ~1300m。竹林是浙江亚热带森林植被的特色之一。类型有三：一是热性竹类型，通常分布于浙南河流两岸及平原四旁，包括麻竹属、单竹属、簕竹属等多种，以温州水竹林分布最广；二是暖性竹类型，包括刚竹属、苦竹属、唐竹属、茶秆竹属、箬竹属等，以毛竹林分布最广、数量最多；三是温性竹类型，包括玉山竹属、赤竹属等，主要分布于海拔800m以上山地，呈灌木状、片状分布或构成阔叶林林下层。

(4)灌丛和灌草丛

灌丛和灌草丛一般因森林多次严重破坏而形成，次生性强。前者以灌木树种或矮化的乔木树种占优势，常混生有较多的禾本科植物，群落高度一般低于5m，以浙东南和浙西北较多，常见群系有白栎萌生灌丛，檵木、乌饭树、杜鹃灌丛等；后者以草本层片占优势，混生有少量的灌木树种，常见群系有白茅灌草丛、芒灌草丛、五节芒灌草丛、芒萁灌草丛等。

(5)沼泽和沼泽化草甸

沼泽有两类：一类分布于海岸湿地潮间带，土壤为海水间隙性浸渍的潮滩盐土，主要群系有海三棱藨草群落、芦苇群落(也见于内陆湿地)、盐地鼠尾粟群落、糙叶苔草群落和人工引种的互花米草群落、大米草群落；另一类分布于内陆湿地，面积一般较小，土壤为常年或季节性积水的沼泽土，常见群系有藨草群落、荻群落、斑茅群落等。沼泽化草甸分布于海拔1000m以上的中山山地剥夷面或平缓的近山顶地带，面积数亩至近千亩不等，土壤为沼泽化草甸土。主要群系有玉蝉花群落、萱草群落、华东藨草群落、沼原草群落等。

(6)水生植被

广泛分布于河流、池塘、湖泊等淡水水域。根据水层深浅、光照强弱可分为挺水、浮水和沉水植物群落。常见群系有菰群落、菱群落、莲群落、狐尾藻群落、大薸凤眼莲群落、金鱼藻群落等。

1.1.2 社会经济状况

1.1.2.1 行政区划

浙江省下辖杭州、宁波、温州、嘉兴、湖州、绍兴、舟山、金华、衢州、台州、丽水11个市。至2000年末，下设89个县级行政单位989个建制镇781个乡42 865个行政村。至2009年末，下设90个县级行政单位735个建制镇445个乡29 974个行政村(图1-3)。

1.1.2.2 人口与劳动力

2000年末，全省总人口4501.22万人，人口密度为442人/km^2。其中农业人口3506.20万人，占全省总人口的77.9%。农村劳动力2090.08万人，占农业人口的59.6%。平均每个劳动力负担耕地1.15亩，林业用地4.59亩。

2009年末，全省总人口4716.18万人，人口密度为463人/km^2。其中农业人口3282.23万人，占全省总人口的69.6%。农村劳动力2321.41万人(其中外出劳动力467.40万人)，占农业人口的70.7%。

1.1.2.3 土地利用现状

2000年末，全省土地总面积15 270万亩，其中耕地(全省统计数据)2420.16万亩，占总面积的15.8%；林业用地9826.40万亩，占64.4%；水域977.28万亩，占6.4%；其他用地2046.16万亩，占13.4%。

据浙江省国土厅2008年土地变更调查结果，截至2008年12月31日，浙江省各类土地总面积15 809.6万亩，其中农用地13 007.3万亩，占82.3%；建设用地1573.9万亩，

N
图例
省驻地
市驻地
县驻地
省界
市界
县界
高速公路
建筑中高速
国道
铁路
水系
上海市
杭州市
湖州市
嘉兴市
绍兴市
宁波市
舟山市
金华市
衢州市
台州市
丽水市
温州市
安
徽
省
江
西
省
福
建
省
东
海

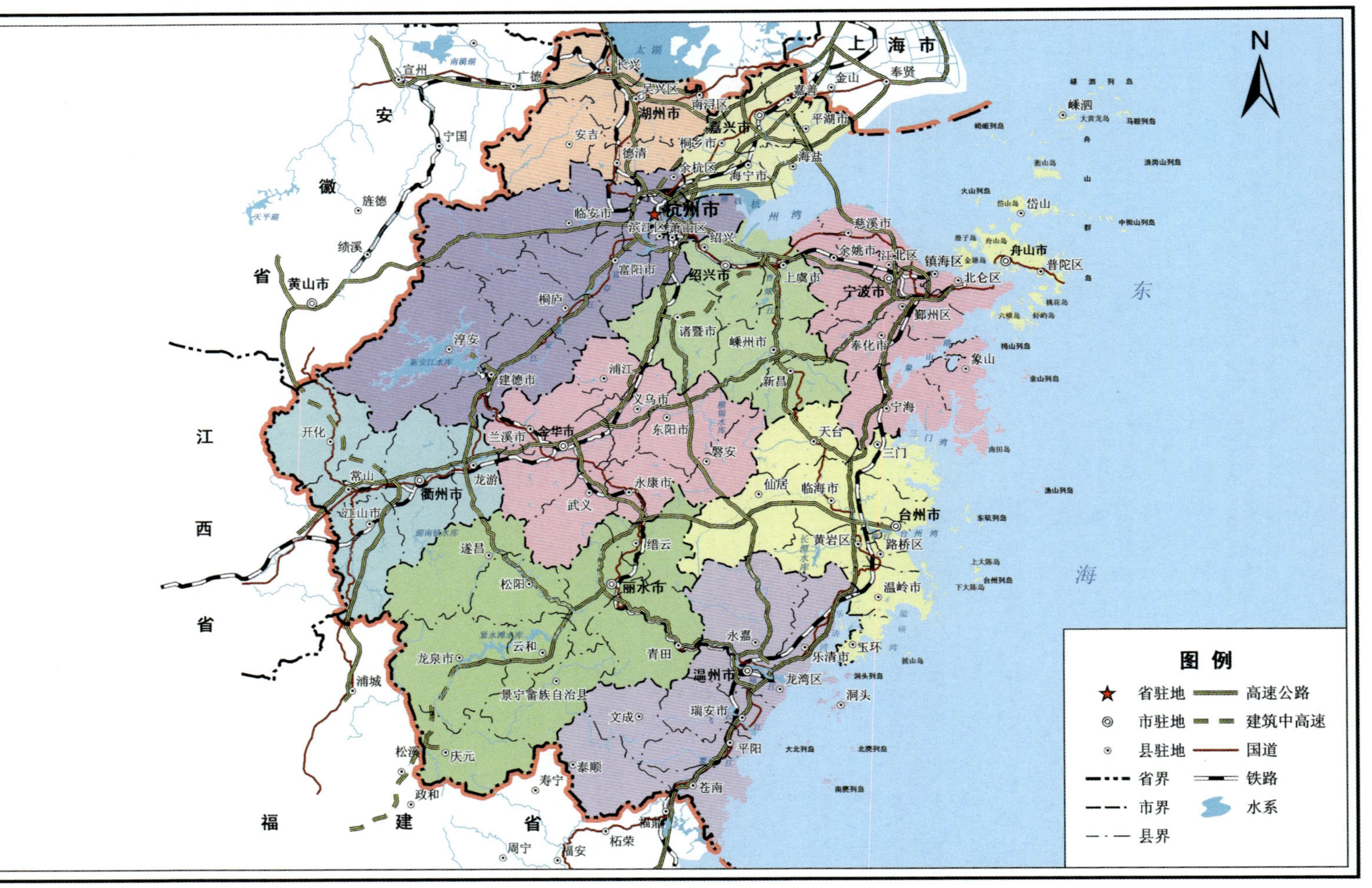

图 1-3 浙江省行政区划

占9.9%；未利用地1228.4万亩，占7.8%。农用地面积中，耕地(地类代码11)2881.3万亩，占全省农用地面积的22.2%，另有可调整土地243.9万亩，耕地和可调整土地合计为3125.2万亩，继续保持耕地总量的动态平衡；园地(地类代码12)992.2万亩，占7.6%；林地(地类代码13)8443.2万亩，占64.9%；牧草地(地类代码14)0.7万亩；其他农用地(地类代码15)面积为689.9万亩，占5.3%(图1-4)。

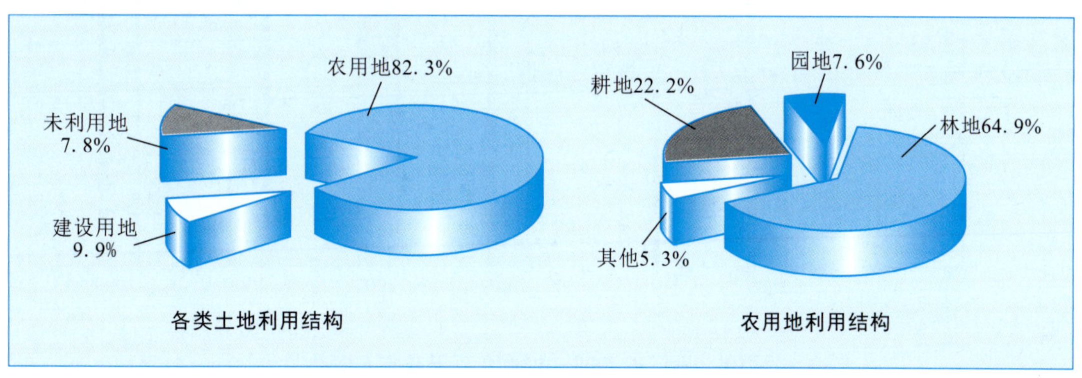

图1-4　浙江省2008年度土地利用结构

1.1.2.4　国民经济状况

2000年末，浙江省国内生产总值6141.03亿元，其中第一产业630.98亿元，第二产业3273.93亿元，第三产业2236.12亿元，其在国内生产总值中构成的比重分别为10.3%、53.3%和36.4%。全省财政收入达658.42亿元，人均国内生产总值13 416元。城镇居民人均可支配收入9279元，农村居民人均纯收入4254元(图1-5、图1-6)。

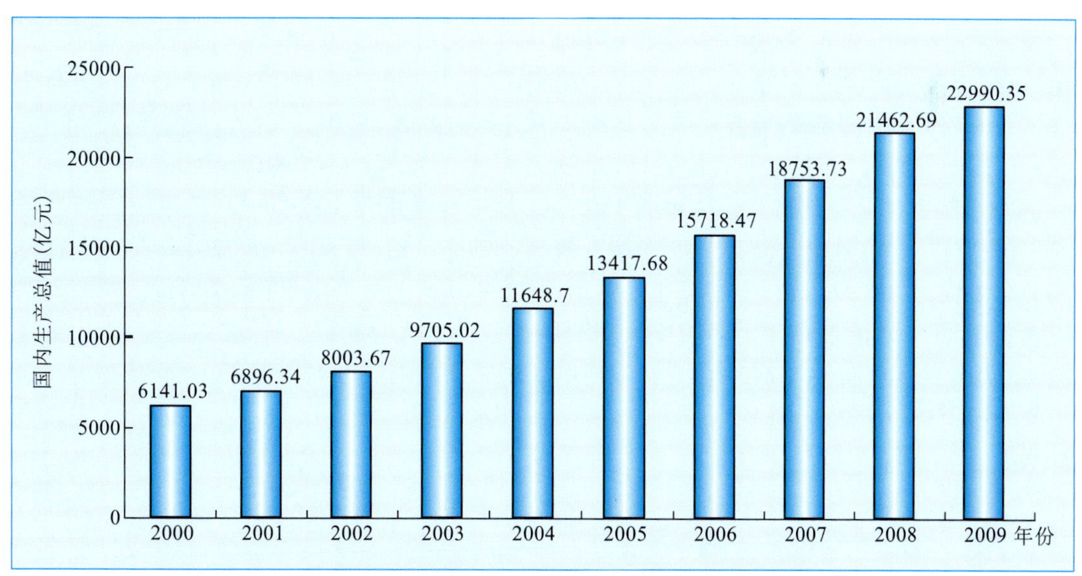

图1-5　浙江省2000～2009年度国内生产总值情况

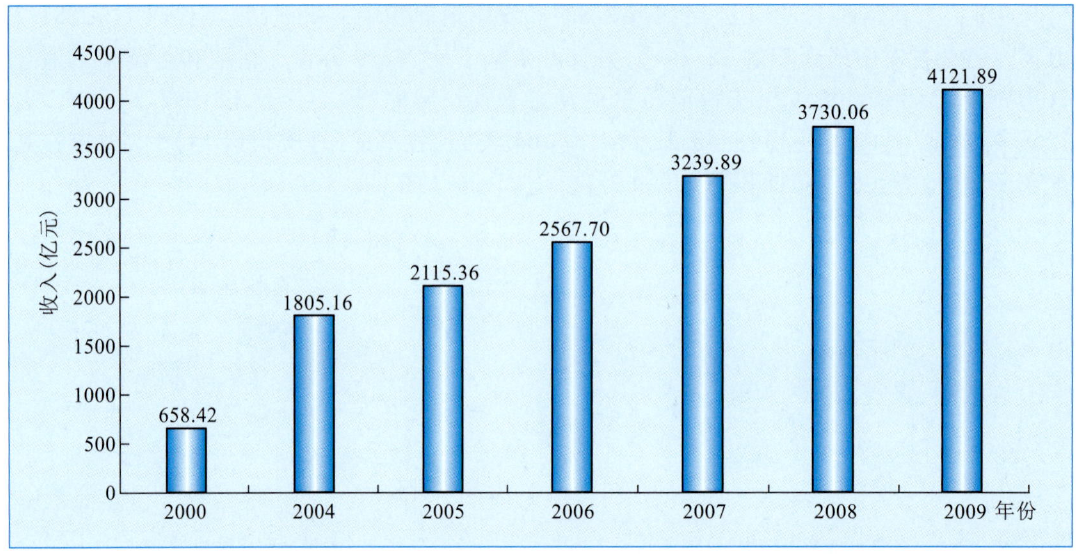

图 1-6 浙江省 2000～2009 年度财政收入情况

2009 年末，全省国内生产总值 22 990.35 亿元，其中第一产业 1163.08 亿元，第二产业 11 908.49 亿元，第三产业 9918.78 亿元，其在国内生产总值中构成的比重分别为 5.1%、51.8% 和 43.1%。全省财政收入达 4121.89 亿元，人均国内生产总值 44 641 元。城镇居民人均可支配收入 24 611 元，农村居民人均纯收入 10 007 元(图 1-5、图 1-6)。

1.1.2.5 交通、旅游

2000 年末，全省已有沪杭、浙赣两条干线铁路和杭甬、杭牛、金千、金温、宣杭等支线铁路，营运总里程 1193km。全省公路通车里程 41 970km，其中一级公路里程 999km、二级公路里程 4212km、高速公路里程 627km。内河通航里程 10 408km，主要港口有宁波港、舟山港、杭州港、温州港、海门港、乍浦港等。民用航空航线 174 条。发达的交通条件，有力地促进了浙江的经济发展。全省共接待国内游客 5870 万人次，旅游收入 430 亿元；接待国外游客(包括港澳台同胞)112.59 万人次，创汇收入 41 010 万美元。

2009 年末，全省铁路营运里程达 1665km(其中复线里程 1065km)，已建成或基本建成沪杭、杭甬、甬台温、温福、杭宁等 5 条高速铁路，已营运里程达 720km 余。全省公路通车里程达 106 942km，其中高速公路里程 3298km、一级公路里程 4089km、二级公路里程 8882km。内河通航里达 9704km，民用航空航线达 206 条。全省共接待国内游客 24 410万人次，旅游收入 2424 亿元；接待国外游客(包括港澳台同胞)570.64 万人次，创汇收入 322 358 万美元(图 1-7)。

N
图例
省驻地
市驻地
县驻地
省界
市界
县界
高速公路
建筑中高速
国道
省道
铁路
水系
上海市
安徽省
江西省
福建省
东海
杭州市
宁波市
温州市
绍兴市
湖州市
嘉兴市
金华市
衢州市
舟山市
台州市
丽水市

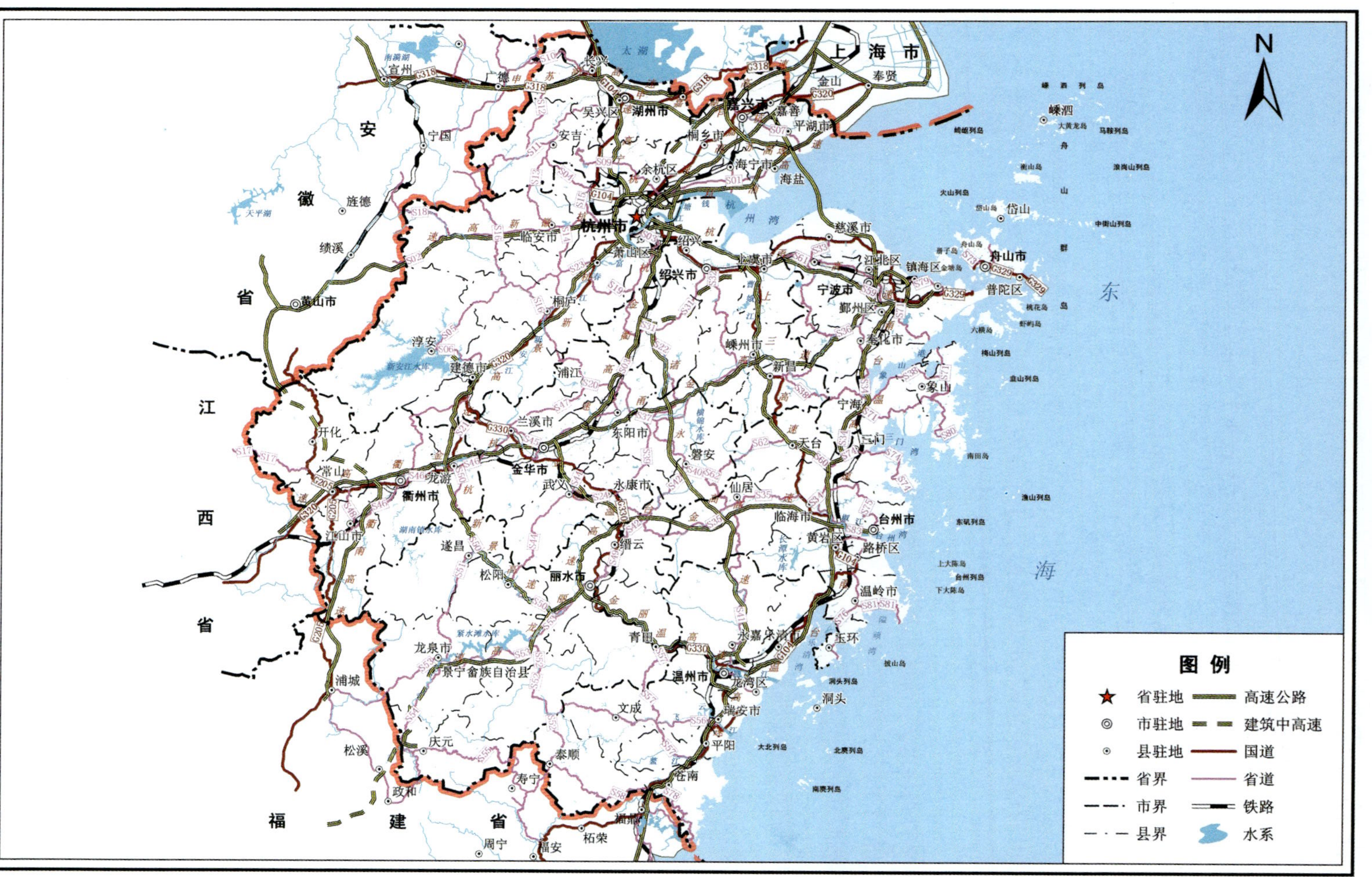

图 1-7 浙江省交通

1.2 森林资源状况

1.2.1 林业生产建设概况

新中国成立以来，浙江造林绿化事业有了较大的发展，对国民经济的发展和生态环境的改善作出了重要贡献。特别是1989年以来，全省各级党委、政府为如期实现省委、省政府提出的“两年准备，五年消灭荒山，十年绿化浙江”的宏伟目标，认真贯彻落实党的关于发展林业的方针、政策，积极深化林业改革，以“灭荒”为重点，加快平原绿化和沿海防护林体系建设，经过全省人民的艰苦努力，分别提前一年实现“五年消灭荒山”和到2000年底基本实现“十年绿化浙江”的目标。据1999年对全省森林资源调查成果显示，浙江人工造林保存面积达3520.12万亩，占有林地面积的42.4%，森林覆盖率达59.4%，名列全国前茅，实现了森林面积、蓄积双增长。特别是2000年以来，全省积极实施平原农田防护林体系建设、沿海防护林体系建设、太湖流域防护林体系建设、重点生态公益林建设保护和“兴林富民”等林业重点工程建设，浙江的林业生态、林业产业和森林文化体系建设都取得了长足进步。至2009年，全省林业行业年总产值达到1575.9亿元，森林覆盖率达60.92%。

1.2.2 森林资源概况

(1)据1999年浙江省森林资源连续清查结果(第四次复查)显示：全省土地总面积15 270.00万亩，其中林业用地9821.85万亩，占全省土地总面积的64.3%；非林业用地5448.15万亩，占35.7%。全省森林覆盖率59.4%(含灌木林)，有林地占土地总面积54.4%，绿化程度(有林地和灌木林地面积占全省林业用地面积的百分比)为92.4%。

在林业用地中，有林地8308.80万亩，占林业用地的84.6%；疏林地140.25万亩，占1.4%；灌木林地765.45万亩，占7.8%；未成林造林地28.65万亩，占0.3%；无林地553.50万亩，占5.6%；苗圃地25.20万亩，占0.3%。

全省活立木总蓄积量13 846.75万m^3，其中林分蓄积11 535.85万m^3，占活立木总蓄积量的83.3%；疏林蓄积66.58万m^3，占0.5%；散生木蓄积1544.33万m^3，占11.2%；四旁树木蓄积699.99万m^3，占5.0%。全省毛竹总株数114 292万株。

在有林地中，用材林4176.00万亩，占有林地面积的50.3%；防护林1139.25万亩，占13.7%；特用林96.90万亩，占1.2%；薪炭林10.80万亩，占0.1%；竹林1121.25万亩，占13.5%；经济林1764.60万亩，占21.2%。

林分蓄积按林种分：用材林蓄积9239.92万m^3，占林分蓄积的80.1%；防护林蓄积1759.54万m^3，占15.3%；特用林蓄积534.60万m^3，占4.6%；薪炭林蓄积1.78万m^3。

(2)据2008年度浙江省森林资源年度监测结果显示：全省林地面积9966.90万亩，其中森林面积8903.25万亩。全省森林覆盖率58.31%，其他灌木林覆盖率2.61%。若按浙江省以往同比计算口径，则为60.92%。森林覆盖率继续位居全国前列(图1-8、图1-9)。

在林地面积中，森林面积8903.25万亩，占89.3%；疏林地面积49.65万亩，占0.5%；其他灌木林地面积399.00万亩，占4.0%；未成林地面积124.05万亩，占1.3%；苗圃地面积34.65万亩，占0.3%；无立木林地面积158.70万亩，占1.6%；宜林地面积297.60万亩，占3.0%。

在森林面积中，乔木林面积6440.70万亩，占72.3%；竹林面积1228.95万亩，占

江苏省
上海市
安徽省
江西省
福建省
东海
湖州
嘉兴
杭州
绍兴
宁波
舟山
金华
衢州
台州
丽水
温州
图例
松木林
杉木林
阔叶林
竹林
经济林
灌木林
无林地
非林地

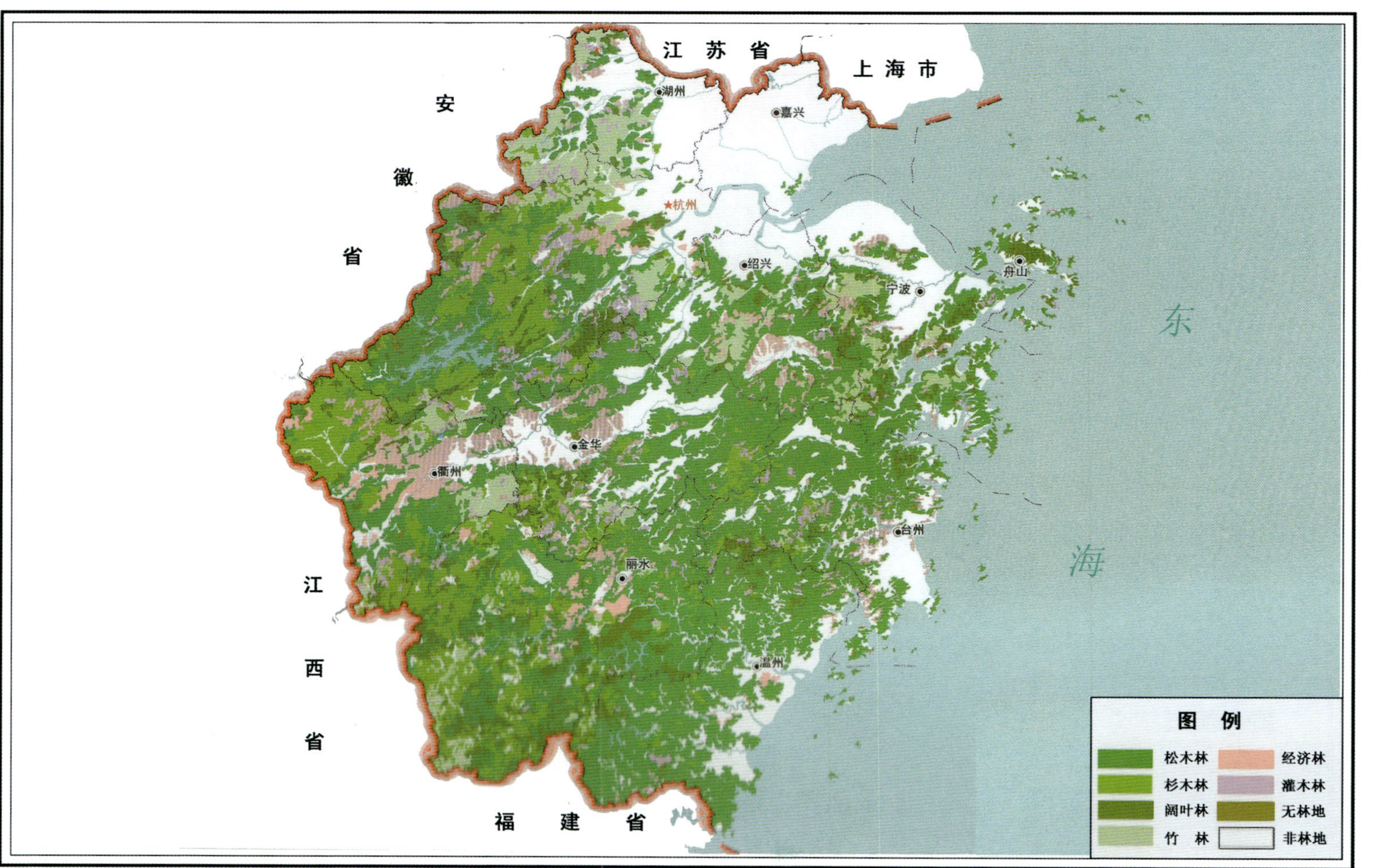

图 1-8 浙江省森林分布

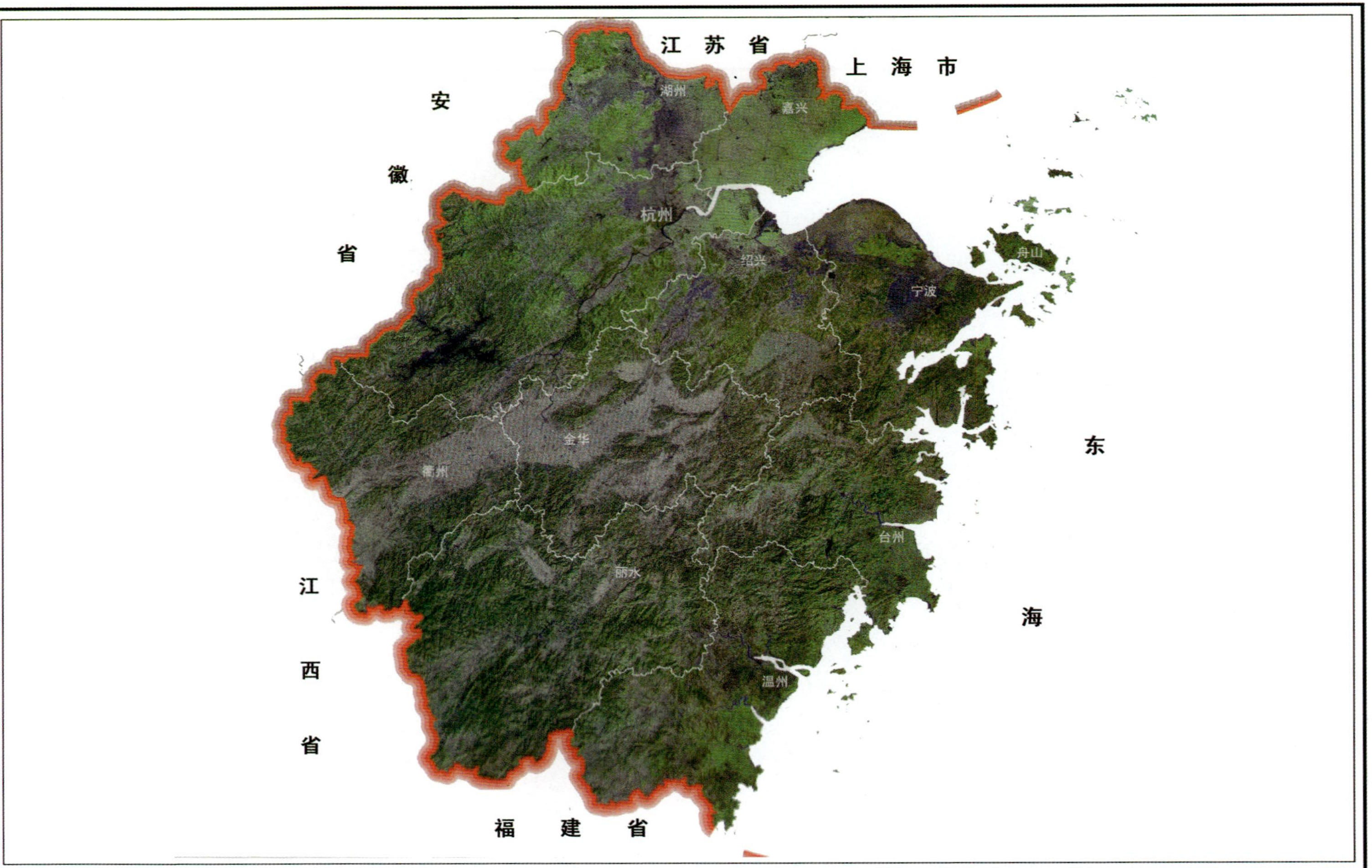

图 1-9　浙江省遥感影像

13.8%；国家特别规定灌木林面积1233.60万亩，占13.9%。全省森林面积按林种分：防护林面积2588.70万亩，占29.1%；特用林面积133.20万亩，占1.5%；用材林面积4538.85万亩，占51.0%；经济林面积1642.50万亩，占18.4%。

全省活立木总蓄积22 894.71万m^3，其中：森林蓄积20 412.06万m^3，疏林蓄积55.03万m^3，散生木蓄积1698.69万m^3，四旁树蓄积728.93万m^3。毛竹总株数18.75亿株。活立木总蓄积按组成树种分：松木类7572.39万m^3，杉木类7294.70万m^3，阔叶树类7038.97万m^3，灌木树种类988.65万m^3。

全省乔木林（不含乔木经济林）单位面积蓄积量3.38m^3/亩，其中：天然乔木林3.23m^3/亩，人工乔木林3.74m^3/亩。乔木林分平均郁闭度0.55。毛竹林每亩立竹量164.9株。全省活立木蓄积总生长量与总消耗量之比为1.69∶1，活立木蓄积量继续呈现生长大于消耗的趋势。

1.2.3 野生动植物资源

浙江野生动物种类丰富，陆栖脊椎动物704种，占全国陆栖脊椎动物种数的33.3%。其中兽类99种，两栖类动物44种，爬行类动物82种，鸟类479种。浙江重点保护的野生动物中，属国家一级保护的有云豹、豹、华南虎、黑麂、梅花鹿、黄腹角雉、扬子鳄等16种，属国家二级保护的有猕猴、穿山甲、水獭、大灵猫、小灵猫等100多种。

浙江植物资源种类繁多，有维管束植物2341科，种子植物182科1251属3379种。在种子植物中，有裸子植物9科34属60种，被子植物173科1217属3319种。其中有不少属我国特有。据1999年9月9日国家第一批公布的《国家重点保护野生植物名录》所列，浙江分布的属国家一级保护植物有百山祖冷杉、银杏、南方红豆杉、红豆杉、普陀鹅耳枥、天日铁木等11种；属国家二级保护植物有金钱松、华东黄杉、福建柏、榧树、羊角槭、连香树、七子花、花榈木、樟树、鹅掌楸、厚朴等40种。

1.2.4 湿地资源

湿地是地球上具有多功能的独特的生态系统，是自然界最富生物多样性的生态景观和人类最重要的生存环境之一。在世界自然保护联盟（IUCN）、联合国环境规划署（UNEP）和世界自然基金会（WWF）制订的世界自然保护大纲中，湿地与森林、海洋一起并称为全球三大生态系统。湿地与人类的生存、繁衍、发展息息相关，它不仅为人类的生产、生活提供多种资源，而且具有巨大的环境功能和效益，在抵御洪水、调节径流、蓄洪防旱、降解污染、调节气候、控制土壤侵蚀、促淤造陆、美化环境等方面具有其他生态系统不可替代的作用，被誉为“地球之肾”，受到全世界的广泛关注。

1994~2000年，浙江省林业厅组织220余位专家、技术人员，历时7年，对全省湿地资源进行了全面调查研究。该调查研究成果填补了浙江湿地系统调查研究的空白，经专家鉴定达到了同类研究的国内领先水平。据该调查研究结果显示，浙江湿地具有以下特点：

一是湿地面积比重较大，类型多样；海岸湿地分布集中，地位独特。浙江面积1500亩以上的湿地面积约1192.5万亩，相当于浙江土地总面积的7.5%。湿地类型可划分为5大类17种类型，共有乐清湾海岸湿地和新安江水库等重要湿地10处。海岸湿地以浅海水域、潮间淤泥海滩、河口水域和三角洲湿地为主，分布集中，面积达861.5万亩，约占浙江湿地面积的72.2%，共包括9个湿地类型，在浙江湿地中具有重要地位。

二是湿地区生物多样性极为丰富，珍稀濒危物种种类多。浙江湿地区内共有高等植物

1182 种，隶属于 513 属 158 科；湿地植被共有 11 个植被型 129 个群系；较为重要的湿地野生动物共有 91 目 452 科 1988 种。其中，列为国家一级重点保护的物种有 17 种，二级重点保护的有 65 种，省级重点保护的有 21 种，列入 IUCN 濒危等级的鸟类有 36 种，列入《中日候鸟保护协定》的鸟类有 115 种，列入《中澳候鸟保护协定》的鸟类有 58 种。这表明，浙江湿地在全国以及全球生物多样性保护和自然环境保护中占据着十分重要的地位。

三是浙江湿地为多种水禽的越冬地和珍稀候鸟迁徙的停息地，在候鸟保护中具有重要的国际地位。浙江沿海滩涂是世界濒危物种黑嘴鸥最重要的越冬栖息地，越冬种群数量达 3160 余只，占全球种群总数的 63.2%；也是世界濒危物种黑脸琵鹭迁徙途中最重要的停息地。浙江共有杭州湾慈溪三北湿地、乐清湾滩涂湿地和瓯海温州湾滩涂湿地等重要湿地鸟类越冬栖息地、迁徙停息地 14 处。

四是浙江湿地资源多样，资源优势显著。湿地资源包括生物资源(植物、动物等)和非生物资源(水、港口航道、水能、土地、景观等)两大类，与工农业建设、生产密切相关，与人民群众生活、衣食住行紧密相连。其中浙江沿海港口航道资源、水产资源、滩涂土地资源、海洋能资源、景观旅游资源和沙砾料资源等优势资源开发利用潜力巨大。

五是湿地资源具有明显的区域性和动态性。浙江湿地资源在空间序列上表现为分布不均，浙东部沿海地区和浙北平原地区是湿地资源最丰富的区域，不仅资源种类丰富，而且分布集中，资源量较大。在时间序列上，随着环境的变化，湿地资源的数量、质量也发生相应变化，其价值亦随经济社会所处的发展阶段的不同而产生动态变化。

六是湿地保护已初见成效，但面临压力仍很大。近年来，浙江湿地保护的力度逐年加大，目前已建立湿地保护小区 30 个，省级以上湿地公园 9 个(其中国家级 6 个)，保护湿地面积 85 万亩；已起草制订了《浙江省湿地保护条例》，形成送审稿，正在征求社会各界意见，不日将正式发布实施。但由于用地矛盾日益突出，围垦和基建等建设工程正导致海岸滩涂等天然湿地面积日趋减少；由于环境污染等原因，造成部分湿地环境质量明显下降，湿地生态系统功能正逐步减退甚至丧失，湿地保护与可持续利用所面临的压力仍然很大。

1.3 公益林建设需求

改革开放以来，浙江国民经济快速发展，工业化、城市化步伐加速。经济增长速度年均两位数，全省国内生产总值在全国的排位由 1978 年的第 12 位快速上升至 2000 年的第 4 位。在经济社会高速发展的同时，也带来了一系列的区域生态问题、资源短缺问题及社会经济问题，公益林的建设将为这些问题的解决起到基础性的重要作用。

1.3.1 灾害及环境问题

1.3.1.1 台风等自然灾害频发

浙江地处东亚季风沿海地区，全省大陆海岸线长度 2395km(含感潮河口岸线)，岛屿岸线长度 4664km(含河口三角洲岸线)，沿海岛屿 3061 个，海岸线长度和岛屿个数均位居全国之冠。特殊的地理位置和气候背景条件，使浙江成为一个气象灾害频繁、灾害种类多样的地区。最主要的灾害是台风，5 ~ 11 月都有可能遭受台风的影响，而 5 ~ 10 月还可遭受直接登陆的侵袭。影响浙江的台风年均 6 次，最多达 11 次，其中影响最多、登陆可能性最大的时期在 7 ~ 9 月。直接登陆浙江的台风年均 1 ~ 2 次，登陆地点以三门湾至乐清湾最多；影响持续日数平均 3d，最长 7 ~ 8d。1949 ~ 2000 年，台风在浙江引起明显灾害的有38年、77例，年均1.48例。20世纪90年代以来，台风灾害呈现出发生频率越来越高、损失越来越大的趋势，仅1990～2004年因台风造成的直接经济损失就超过1000亿元。尽快构建有效抵御海啸和风暴潮等自然灾害的防御体系，是经济社会可持续发展的一项重大任务，是构建社会主义和谐社会的一个重要保障。

1.3.1.2　环境污染问题严重

根据环保部门监测的结果表明：浙江的环境污染问题已不是一个局部的、轻微的、暂时的问题，而是成为涉及多个方面、情况日趋严重的突出问题。从水环境来看，进入20世纪，全省地表水总体水质逐年下降。2004年7月，钱塘江流域部分水域还首次暴发蓝藻，表明该流域水体富营养化已到了临界状态。平原河网水质也普遍较差，以Ⅵ至劣Ⅴ类为主，大部分断面不能满足功能要求，氮、磷污染呈现加重趋势；从大气环境来看，全省空气质量有所下降，酸雨污染逐年加重，在浙江已是"全覆盖"；从近岸海域环境来看，浙江海域赤潮频繁发生；从主要污染物排放总量来看，不少指标已经超过国家下达的控制指标。与此同时，固体废物污染也日益突出，农业农村面源污染日趋严重。全省农业生产中每年化肥施用量平均达443kg/hm^2，农药使用量平均达18.3kg/hm^2，均高于全国平均水平。全省塑料农膜使用总量4.57万t，覆盖耕地面积24.6万hm^2，占耕地总面积的15.3%。2000年全省畜禽养殖污水排放量达8.68亿t，化学需氧量排放量为20.10万t，相当于全省工业废水排放量的64%和化学需氧量排放量的59%。据浙江省环境保护厅2005年、2009年发布的浙江省环境状况公报，水环境质量状况如图1-10～图1-19所示。

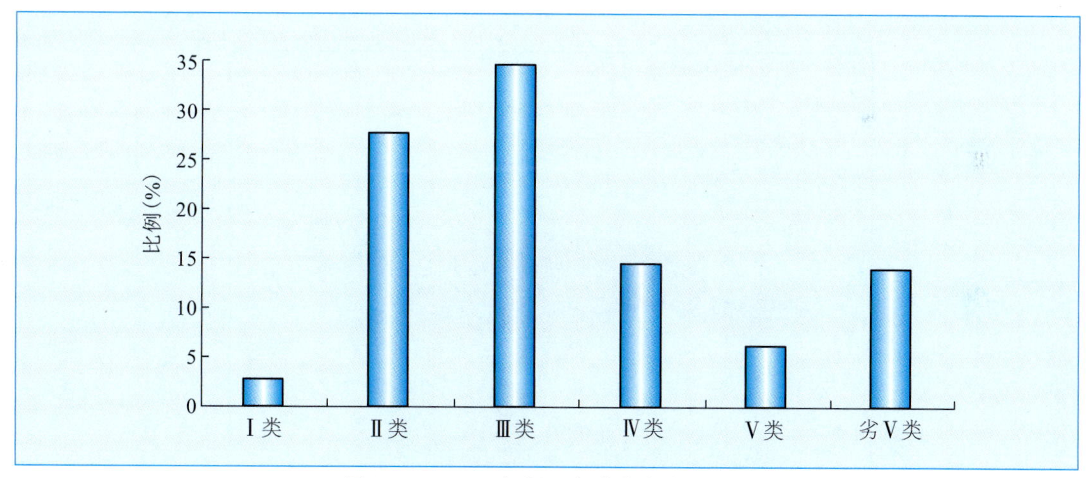

图1-10　2005年浙江省地表水水质状况

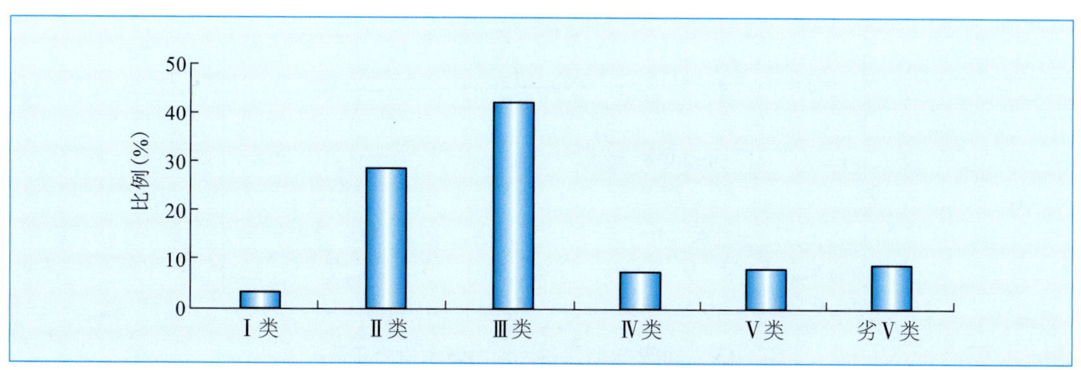

图1-11　2009年浙江省地表水水质状况

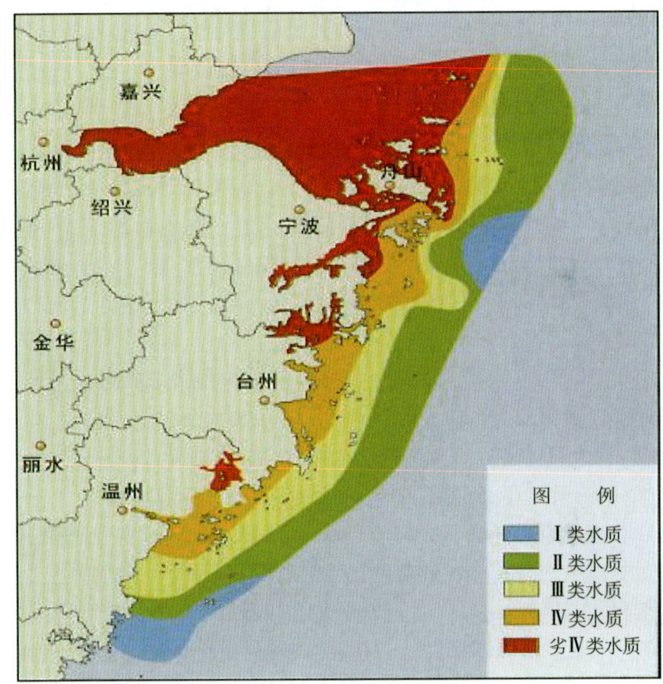

图 1-12　2005 年浙江省近岸海域水质分布状况

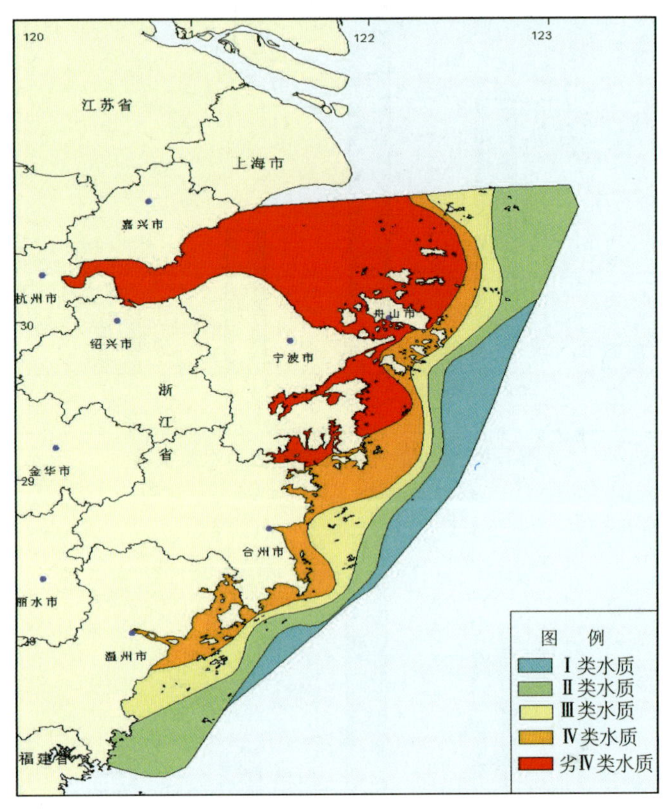

图 1-13　2009 年浙江省近岸海域水质分布情况

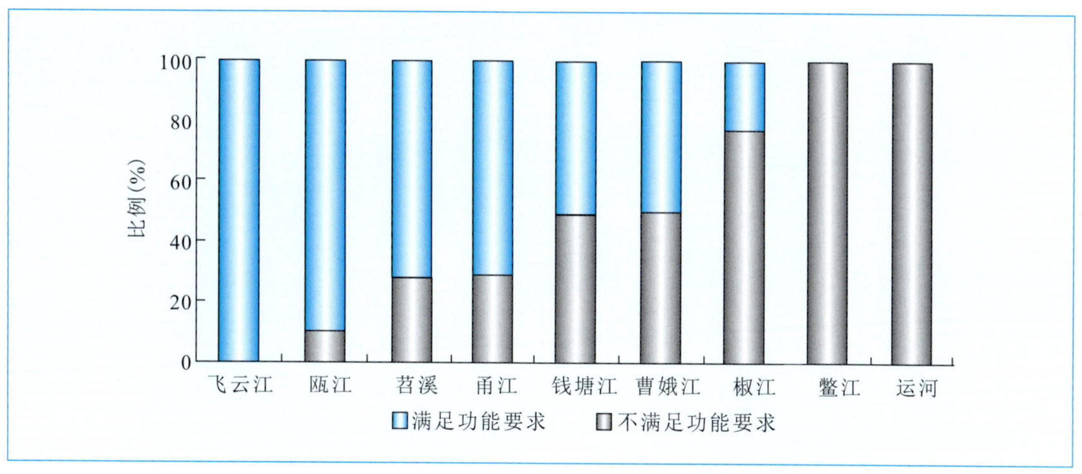

图 1-14　2005 年浙江省江河水系满足水域功能情况

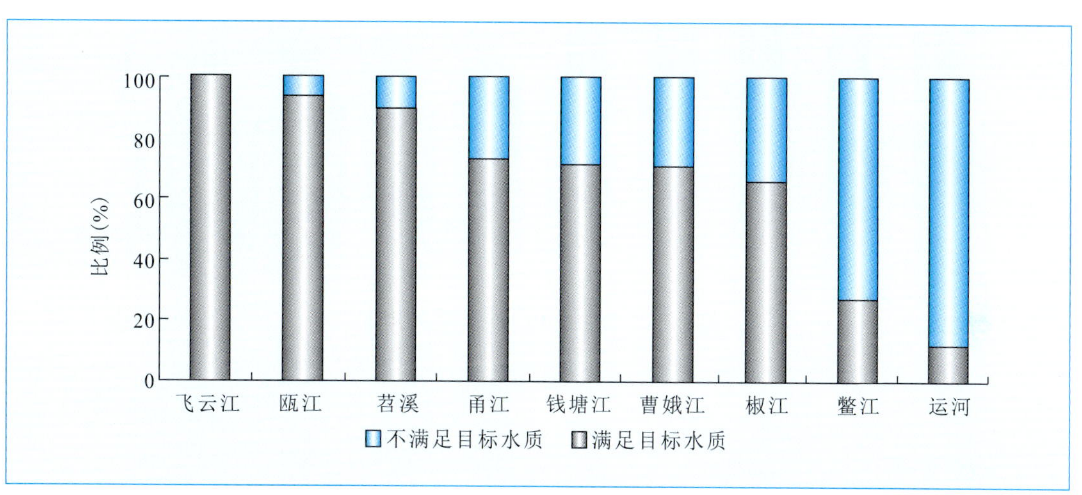

图 1-15　2009 年浙江省江河水系满足水域功能情况

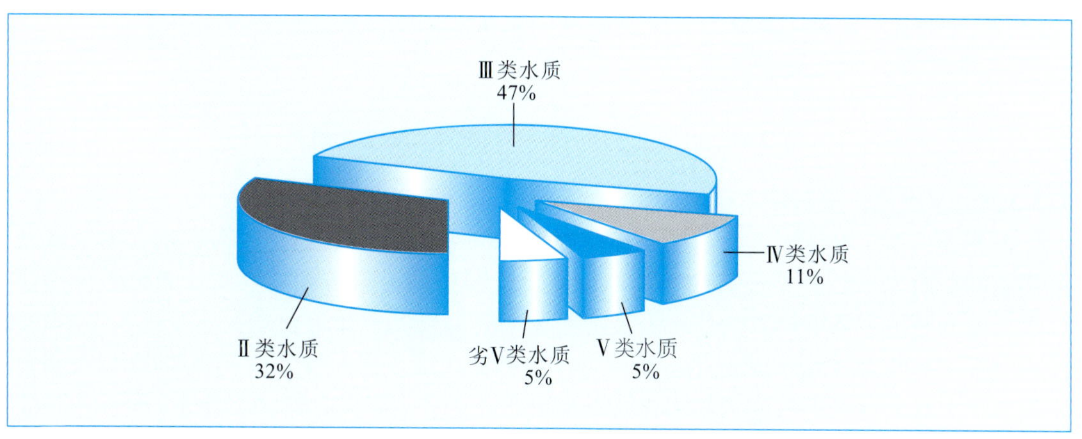

图 1-16　2005 年浙江省湖泊水库水质状况

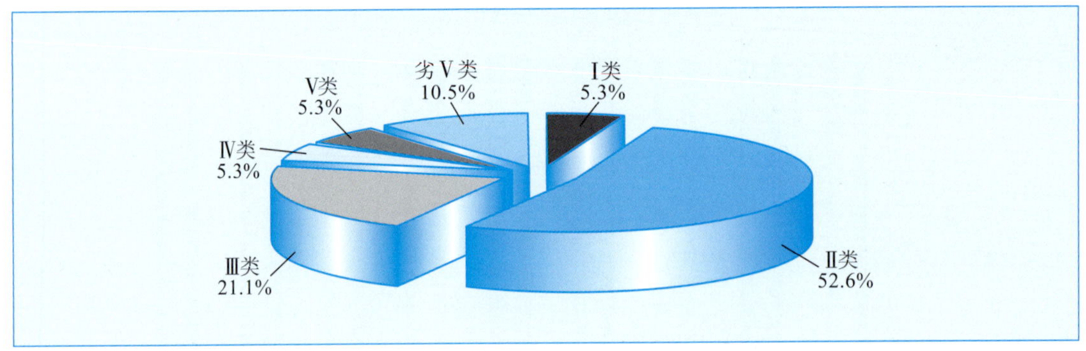

图 1-17　2009 年浙江省湖泊水库水质状况

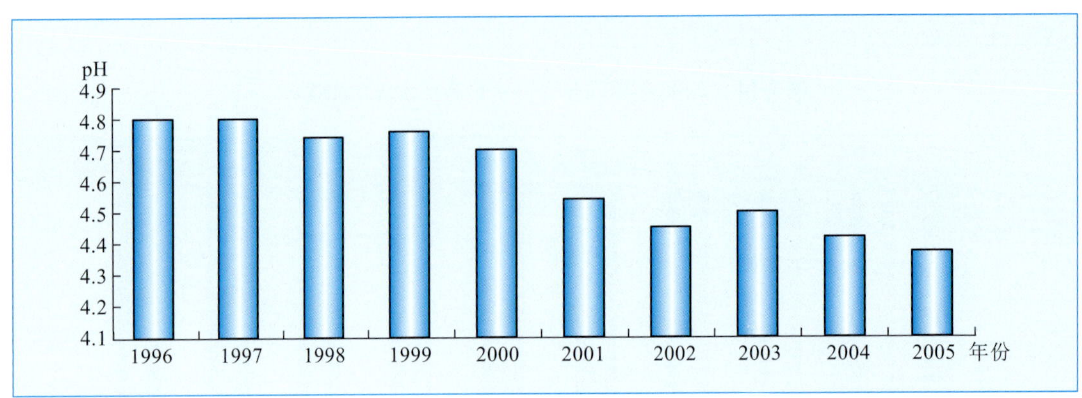

图 1-18　浙江省降水酸度变化趋势

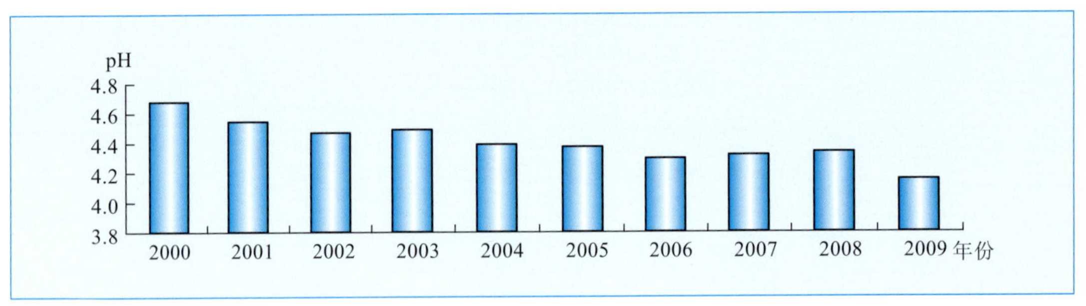

图 1-19　浙江省省控城市降水 pH 年均值变化趋势

1.3.1.3　水土流失没有根本遏制

据调查，浙江林业用地面积中，山体坡度 36°以上的面积共有 2455 万亩，占全省林业用地面积的 25%，这些地区往往山高坡陡、土层瘠薄、岩石裸露严重，森林采伐后难以更新或森林生态环境难以恢复，极易发生水土流失或泥石流等自然灾害。进入 20 世纪 80 年代后，浙江水土流失状况虽有所改善，但仍较严重。据浙江省水利厅 2000 年应用卫星遥感技术对全省水土流失状况调查结果表明：全省水土流失面积 16 212. 36km^2，占丘陵山地面积 26. 2%。其中，轻度侵蚀面积 10 004. 50km^2，占水土流失面积 61. 7%；中度侵蚀面积 5051. 81km^2，强度侵蚀面积 753. 92km^2，极强度侵蚀面积 355. 01km^2，剧烈侵蚀面积 47. 12km^2，分别占 31. 2%、4. 7%、2. 2% 和 0. 3%。较严重的水土流失造成肥沃的表土流失，导致土壤的肥力下降、土壤养分越来越贫瘠。土壤退化是环境退化的一个主要原因，它不仅导致林地养分的渐趋丧失，影响农林业生产，而且破坏了林地资源可持续利用的基础。水土流失还使大量的坡面泥沙被冲蚀、冲走，向农田、水库、河流淤积，使农田沙化，河床抬高，水质变坏，库容减少，沿江沿河的各种工程设施受到威胁，增加了洪水发生的频率和洪灾危害的程度。浙江“八大”水系的河床普遍存在抬高现象，部分河段抬高 0.5m 以上，如瓯江青田段与兰江的淤积层都在 1m 左右。

1.3.1.4　气候变化、城市热岛效应加剧

政府间气候变化专门委员会(IPCC)第三次评估报告指出，近 50 年的全球气候变暖主要是由人类活动大量排放的二氧化碳、甲烷、氧化亚氮等温室气体的增温效应造成的。在全球变暖的大背景下，中国近百年的气候也发生了明显变化。有关中国气候变化的主要观测事实包括：一是近百年来，中国年平均气温升高了 0.5 ~ 0.8℃，略高于同期全球增温平均值，近 50 年变暖尤其明显，特别是西北、华北和东北地区气候变暖，以及冬季增温最明显。从 1986 年到 2005 年，中国连续出现了 20 个全国性暖冬。二是近百年来，中国年均降水量变化趋势不显著，但区域降水变化波动较大。华北大部分地区、西北东部和东北地区降水量明显减少，平均每 10 年减少 20 ~ 40mm，其中华北地区最为明显；华南与西南地区降水明显增加，平均每 10 年增加 20 ~ 60mm。三是近 50 年来，中国主要极端天气与气候事件的频率和强度出现了明显变化。华北和东北地区干旱趋重，长江中下游地区和东南地区洪涝加重。四是近 50 年来，中国沿海海平面年平均上升速率为 2.5mm，略高于全球平均水平。五是中国山地冰川快速退缩，并有加速趋势。据科学家预测，中国未来的气候变暖趋势将进一步加剧。

在全球气候变化的大背景下，城市热岛效应也越发明显。主要原因是随着经济社会的快速发展，城市化进程越来越快，人口、生产、交通集中，在工业生产、家庭炉灶、空调、内燃机燃烧、机动车行驶等方面消耗能源的同时排放了大量废热、废气，使城市区域增加了许多额外的热量；同时，由于城市规划建设使得土地利用发生巨大变化，植被减少、柏油路和水泥建筑等急骤增加，从而造成城市热岛效应加剧。据英国气象局哈德利气候预报中心的贝茨研究结果，当大气中的 CO_2 量增加 2 倍时，热岛效应会增加 3 倍。上海气候中心的徐家良、柯晓新、周伟东 3 位专家研究发现，过去 50 多年来，长三角城市地区气温在升高，特别是 20 世纪 80 年代中期开始变暖趋势越加明显。20 世纪 90 年代上海、南京、杭州三地的年平均气温较 20 世纪 50 年代上升了 0.9℃，年平均最高气温上升了 0.6℃，年平均最低气温上升了 0.9℃；特别是冬季，20 世纪 90 年代冬季平均气温和平均最低气温较 20 世纪 50 年代上升了 1.1℃，冬季平均最高气温上升了 1.0℃。

1.3.2　资源问题

1.3.2.1　陆域面积小，土地资源非常紧缺

浙江陆域面积狭小，仅占全国陆域面积的 1%，而人口稠密，经济发达，人多地少的矛盾非常突出。2001 年末，全省共有耕地约 2400 万亩，人均耕地 0.54 亩，为全国人均耕地的 1/2，世界人均耕地的 1/7。而沿海地区人均耕地面积仅 0.49 亩，是全国沿海人均耕地的 60% 左右。从土地资源的分布及利用情况看，平原地区土地利用以耕地为主，耕地占土地总面积的 44.8%，其中水田又占耕地的 77.6%；丘陵山区土地利用则以林为主。

土地供应不足和土地使用集约化程度低的问题并存。

1.3.2.2 森林资源质量不高、分布不均

据1999年全省森林资源连续清查结果显示：浙江省森林面积8308.80万亩，活立木总蓄积量13 846.75万m^3。全省森林资源主要有以下特点：一是森林覆盖率高，但单位蓄积量低，人均占有量少。全省森林覆盖率(含灌木林地面积)为59.4%，位居全国前茅，但林分平均蓄积量31.91m^3/hm^2，仅为世界平均水平的28.0%；人均森林面积1.86亩，与全国1.92亩的人均占有量基本持平，人均森林蓄积2.60m^3，仅占全国平均水平的28.7%。二是林龄、树种结构不合理，可采资源少。林分资源中，幼、中龄林面积占林分面积的84.1%，蓄积占林分蓄积的66.2%；用材林即可及森林蓄积量仅占林分蓄积的20.2%；林分树种组成中以松木、杉木为主体的针叶树占绝对优势，其面积、蓄积分别达80%以上。三是经济林、竹林资源丰富，名特产品较多。全省经济林、竹林面积分别达21.2%和13.5%，名列全国前茅，且有许多我国特有名特产品。四是森林资源地域分布不均。全省80%以上的森林资源主要集中分布在浙南和浙西北地区，而沿海及浙北平原地区相对较少。

1.3.2.3 水资源短缺矛盾突出

浙江地处东南沿海，虽有"江南水乡"之称，降雨量较为丰沛，但由于水资源时空分布不均，旱涝灾害频发。一般5、6月间多梅雨，容易发生洪涝；7、8月受太平洋副热带高压控制，晴热少雨，经常出现干旱，同时又常受台风侵袭，带来暴雨，形成旱涝交替的局面。水旱灾害频繁交替的发生，对经济社会发展和人民生命财产安全影响极大。据对浙江1949~1989年发生的水旱灾害统计材料分析，期间共发生水灾181次，其中受害面积100万亩以上的有52次，受灾面积在500万亩以上的有13次；当年受旱面积超过500万亩以上或成灾减产3成以上的年份有11年。同时，由于环境污染等原因，从而造成了区域性缺水、水质型缺水和工程型缺水并存。随着经济社会的快速发展，区域性缺水和干旱年份的水资源供需矛盾日益突出，已经成为制约浙江经济社会可持续发展的重要因素。据有关资料显示：浙江多年平均水资源总量为937亿m^3，按单位面积计算居全国第5位。但人均水资源拥有量仅2119m^3，比全国人均水资源拥有量还低212m^3，而我国的人均水资源拥有量又只相当于世界人均数的1/4，居世界第121位。十年一遇的枯水年份，全省水资源总量约为579亿m^3，人均拥有量只有1309m^3，且时空分布很不平衡。全省有36个县(市、区)严重缺水，21个县(市、区)动态缺水。全省无灌溉条件的旱地405万亩，严重缺水的低产田510万亩，水资源紧缺已成为困扰浙江工农业发展的主要问题之一。但另一方面，仅杭州湾(钱塘江)每年白白流入大海中的淡水就高达380亿m^3，是目前浙江全年总用水量的1.85倍。

1.3.2.4 生物多样性破坏比较严重

当今世界，人类正以前所未有的速度改变着地球的面貌，一方面为人类生存创造了丰富的财富，另一方面也极大地改变了其他生物的生存环境。由于人类不合理的开发利用，导致地球上森林资源急剧减少，大量生物物种濒危甚至消亡。特别是工业化、城市化所带来的严重环境污染、对森林无节制的砍伐，以及生境破坏和生境的严重片断化，被公认为是造成当今世界生物多样性丧失的最大原因之一。据科学家估计，目前物种的丧失速度比人类干预以前自然灭绝速度要快1000~10 000倍！在未来30年中，估计全世界将有

5%～15%的物种将消失，也就是说每年可能失去1.5万～5万种物种，或者说在短短一天时间里，地球上就有40～150种物种销声匿迹。而一种物种一旦消失，人类及其后代将永远丧失这种可能将是非常宝贵的生物资源。1997～2000年，浙江省对77种国家指定和具浙江特色的野生植物物种进行了数量化调查监测，结果发现其中55种植物已属于濒危程度高、灭绝可能性大的小种群，20种植物的种群个体数量呈逐步下降趋势。

1.3.3 社会经济问题

浙江在改革开放的大潮中谱写了"资源小省、经济大省"的创业神话。然而，随着工业化过程中"量的扩张"，经济发展与资源保障、生态环境保护之间的矛盾也尖锐起来。整个经济社会发展还存在以下主要问题：一是经济发展方式不合理。传统工业化导致经济结构不合理、经济增长以量的扩张为主，粗放型增长方式尚未根本改变；二是经济社会发展与资源、环境不协调。经济快速增长与资源保障、生态环境保护之间的矛盾普遍存在。全省人均水资源占有量低于全国人均水平，人均耕地不及全国的一半，且后备资源有限；三是区域之间发展不平衡。金衢丽台舟等欠发达地区以及农村、山区经济社会发展比较差。到2020年全省经济总量将比2000年再翻两番，如果不从根本上转变经济增长方式、注意协调发展，必然带来资源消耗和污染物排放总量的剧增，制约经济社会的持续发展。浙江经济列车只有通过"生态经济"这一大桥，才能高速奔向"人口、资源、环境与经济社会协调发展"的彼岸。

1.4 公益林建设目的意义

1.4.1 公益林的基本内涵

公益林是指为维护和改善生态环境，保持生态平衡，保护生物多样性等满足人类社会的生态、社会需求和可持续发展为主体功能，主要提供公益性、社会性产品或服务的森林、林木、林地。公益林具有自然资源属性、环境资源属性和公用商品属性，其建设、保护和管理应由各级财政投入为主。公益林按事权等级划分，有国家级公益林和地方公益林，地方公益林又分为省级、市级和县级3个级次；按林种用途划分，可分为防护林、特种用途林两大林种，涵盖14个亚林种。

1.4.2 公益林的功能作用

生态环境是承载经济社会发展的基础，可持续发展是人类文明进步的标志。加强生态建设，维护生态安全是21世纪人类所面临的共同主题。走生产发展、生活富裕、生态良好的文明发展道路，是经济社会发展的迫切要求。森林是陆地生态系统的主体，是实现经济、社会、人与自然协调发展的关键和纽带，是自然界功能最完善的资源库、蓄水库、贮碳库和能源库，对改善生态环境、维护生态平衡起着决定性的作用。人类与森林是相互依存、共损共荣的关系。丰富的森林已成为国家富足、民族繁荣、社会文明的一个重要标志。

在新的历史时期，党中央、国务院把发展林业定位为："是实现科学发展的重大举措，是建设生态文明的首要任务，是应对气候变化的战略选择，是解决'三农'问题的重要途径。"同时指出"生态问题依然是我国可持续发展最突出的问题之一，生态产品已成为当今社会最短缺的产品之一，生态差距已构成我国与发达国家之间最主要的差距之一。”因此，林业必须坚持以人为本，促进人与自然和谐发展，实施以生态建设为主的发展战略。保障和促进人与自然的和谐发展，是国民经济和社会发展全局赋予林业最重要、最根本的时代重任，是以生态建设为主的林业发展战略的出发点和根本目标。建设完善的以生态公益林为主体的森林生态体系，就是为了维护和改善生态环境，保持生态平衡，保护生物多样性，以追求最大生态效益和社会效益为目的，提供多种公益性、社会性产品和服务，不断满足人类社会对生态环境的要求和可持续发展的需要。公益林的功能和作用主要体现在以下方面：

1.4.2.1　有效涵养水源，缓解水资源短缺矛盾

森林植被向来被称为“绿色水库”，具有良好的涵养水源作用，能变“集中降水”为“细水长流”。森林具有截留、涵养雨水，增加土壤水分下渗，抑制地表蒸发，缓和地表径流，并把地表径流转为土壤径流和地下径流，对降水形成的径流可起调节作用。即雨时减少径流，削减延缓洪峰；旱时均衡放水，防止断流，保水防旱。各类型的森林林冠对降雨截留率为10%～30%，枯枝落叶层的持水量一般在20～40t/km^2，森林土壤的持水量大约是无林地的20倍。一场暴雨一般可被森林完全吸收。在没有森林的情况下，降水会通过溪流很快流失；而在有森林的情况下，森林就会对降水起到蓄积和重新分配的作用，将其大部分水在原有地区循环。森林通过这些功能的综合作用而发挥其涵养水源和调节流量的功能。据测定，5万亩森林所蓄的水相当于一个百万立方米的小水库。林区内的河流常年水量均匀而稳定，而无林地区的河流雨季常造成洪水泛滥，旱季又容易浅涸甚至断流。森林的涵养水源作用中很重要的方面是保持河流水文稳定，有了森林的涵养水源，庇护土壤，水利设施才能长久发挥作用。在发生洪水时，森林还可削减洪峰70%～95%。因此，切实加强浙江钱塘江、瓯江、苕溪、甬江、飞云江、椒江、鳌江等七大水系源头区及其两侧、大中型水库和重要湖泊周围、主要城镇饮水区源头及其两侧的生态公益林建设与保护，努力增强这些地区森林的水源涵养、水土保持功能，为经济社会的可持续发展提供良好的水资源环境，是浙江公益林建设的重中之重。

1.4.2.2　有效防止水土流失，增强固土保肥功能

森林具有固土和减缓地表对外营力的作用，因而能有效地防止水土流失。森林地被物的覆盖对土壤起到有效的保护，森林植被庞大的根系对土壤起着有力的固结作用。森林能减少地表径流发生，防止雨水汇集形成洪水对土壤冲刷等，可以有效地控制水土流失，减少库容淤塞，防止河床淤积抬高，降低江河水体含沙量。据测定：1cm厚的枯枝落叶层，就可以把地表径流减低到裸露地的1/4以下，泥沙冲刷量几乎减少94%。在水土流失严重地区，通过植树造林，郁闭后的林地地表径流比造林前减少89.1%，河水含沙量减少61.9%，每平方千米年土壤流失量由原来的4000t减少到1500t。因此，“治水先治山、治山先治土、治土必兴林”越来越成为人们的共识。

1.4.2.3　有效防风固沙，减轻台风灾害损失

沿海地区是浙江经济发达地区。据统计，1999年浙江沿海地区国内生产总值3660.64亿元，占全省国内生产总值的68.2%。但由于濒临东南沿海，海岸线长，自然灾害频繁。浙江每年都要遭受数次台风袭击，每次台风所带来的狂风、暴雨和山体滑坡等自然灾害，对人民生命财产都带来很大威胁。如1994年17号、1997年11号台风造成直接经济损失分别为178亿元、198亿元。而建设以沿海防护林为主体的浙东南沿海生态公益林体系，对减轻台风等自然灾害造成的损失作用巨大。据调查测算，沿海防护林、农田林网可减弱风速28%～40%，增产粮食平均15%～20%。因此，建设生态公益林对改善沿海地区生态环境，促进经济发展意义重大。同时，也是掩护国防前沿地带众多的军事设施、改善军事环境的需要。

1.4.2.4 有效减缓温室效应，积极应对气候变化

森林通过光合作用，能吸收 CO_2，放出 O_2，把大气中的 CO_2 转化为碳水化合物，并以生物量的形式固定、贮存下来。这个过程国际上把它叫做森林碳汇。科学研究表明，林木生长 $1m^3$，平均吸收1.83t CO_2，放出1.62t O_2。每公顷森林平均每年可吸收20～40t CO_2，放出15～30t O_2。全球森林对碳的吸收和储量占全球每年大气和地表碳流动量的90%。因此，森林是生物圈中最有效的 CO_2 贮存器和调节器，能维持地球生物圈的生态平衡。增加森林面积，提高林分质量，对于积极应对全球气候变化意义十分重大。

1.4.2.5 有效保护生物多样性，实行可持续发展

生物多样性是人类社会赖以生存和发展的物质基础。目前地球上约有8万种植物可供人类食用，至今人类仅利用3000多种。在全球现有500万～3000万种生物中，其中一半以上在森林中栖息繁衍。这充分说明森林地带是物种多样性最丰富的地域之一。因此，生物多样性保护的重要基础就是要有效地保护和恢复森林资源、野生动植物资源和湿地资源。浙江地处东南沿海，集山水海洋之地利，生境复杂，全省森林覆盖率高达60.92%，被全球公认为三大生态系统的森林、海洋和湿地，在全国均具有重要地位，生物多样性极为丰富。目前，全省已建有县级以上森林与野生动物类型自然保护(小)区371个，面积250.51万亩；其中，国家级自然保护区7个，面积117.96万亩。省级以上森林公园107个，经营面积560.82万亩。这些地区生物多样性尤为丰富，特别是自然保护(小)区是浙江生物多样性保护的精华部分，应全部纳入公益林建设范围。这样不仅能更好地保护好森林生态系统中的生物物种资源、遗传资源，而且能使这些珍稀濒危野生动植物有一个良好的生存、栖息、繁衍的环境，种群数量得以恢复，使人类的可持续利用成为可能。

1.4.2.6 有效改善人居环境，促进人们身心健康

人居环境是与人民生活质量关系最为密切的方面之一。营造好的人居环境，目的是为了“人”能健康地生存繁衍、舒适安全地生活和工作。但是，随着社会经济的发展，工业化和城市化的推进，大量的工业“三废”排放，造成大气污染，臭氧层破坏，噪声污染。全球大气中因 CO_2 含量升高而产生“温室效应”，气温明显偏高。近几年来，浙江由于机动车大幅增加，大气 NO_x 不断增加，大气污染已由煤烟型污染向煤烟型和汽车尾气污染并重。工业发展产生大量的有害气体，致使酸雨污染明显增加，全省已有95%的面积被酸雨所覆盖，给农业和人民生活带来严重危害。如何改善生态和人居环境已引起了全人类的重视。“生态”、“绿色”、“健康”的人居环境已成为人们追求和向往的目标。森林除具有固碳释氧的重要功能外，还具有吸收有害气体、净化空气、减轻噪声等作用。每公顷森林每年能吸收700kg SO_2，可明显减轻工业酸雨的危害；噪声经过30m宽的林带，可降低6～8dB；而城市行道林带的滞尘率更是高达70%～90%。可见，按照全面建设小康社会、统筹人与自然和谐发展、统筹城乡发展的要求，加强城镇村庄周围、重要交通干线两侧、森林公园、风景名胜区等地区的生态公益林建设，对营造清洁优美宁静的工作、生活环

境，促进身心健康和森林生态旅游业的快速发展意义重大。

1.4.3 公益林的建设历程

历史经验告诉我们，生态兴则文明兴，生态衰则文明衰。辉煌的中华文明与长江、黄河流域的生态状况息息相关。曾经盛极一时的古埃及文明、古巴比伦文明等等所经历的由繁荣走向衰败的悲剧，很大程度上是因为这些地区人与自然的矛盾日益尖锐，导致生态破坏和环境恶化，使得文明淹没在历史的尘埃中。当今世界的发达国家，在其工业化初期和中期阶段，无不走过一条先污染后治理的传统工业化发展道路。

从20世纪60年代开始，人类对自身与自然关系的反思和认识日益深刻。1972年，联合国发表《人类环境宣言》郑重宣示，人类在开发利用环境的同时，也承担着维护自然的义务。20世纪90年代以来，以《里约热内卢环境与发展宣言》、《21世纪议程》、《关于森林问题的原则声明》、《气候变化框架公约》和《生物多样性公约》为代表的一系列具有里程碑意义的纲领性文件先后问世，标志着人与自然和谐发展的生态文明理念逐步成为世界共识。森林作为陆地生态系统的主体，因其对调节气候、涵养水源、保持水土、防风固沙、改良土壤、减少污染、美化环境、保护生物多样性、维系生态平衡和促进生态旅游等方面发挥着不可替代的作用，越来越受到世界各国的重视。

1.4.3.1 国外建设进程

尽管国外没有专门的“生态公益林”或“公益林”之称，但都非常重视森林的生态效益和社会效益的发挥，特别是发达国家。各国所称的“国家公园”、“森林公园”、“自然保护区”以及“禁伐区森林”等，其实质就相当于我们所称的“公益林”。

自1990年以来，全球用于木质和非木质产品生产的森林面积减少了6.07亿亩；用于水土保持的森林面积增加了6.20亿亩，在森林总面积中的比重增加了1.3个百分点；用于生物多样性保护的森林面积增加了14.40亿亩；用于提供休闲、旅游、教育及宗教场所等社会服务的森林面积增加了约236.25亿亩，全球森林向多功能利用转变。世界上有59%的国家用于木质和非木质产品生产的森林在森林面积中的比重下降，如马拉维、几内亚比绍、越南、斯洛伐克、洪都拉斯和秘鲁下降了20多个百分点。有53%的国家用于保持水土的森林在森林面积中的比重增加，如中国、阿尔巴尼亚、波兰和罗马尼亚增加了10多个百分点。有近70%的国家用于生物多样性保护的森林在森林面积中的比重增加，如喀麦隆、尼日利亚、泰国、德国、匈牙利、意大利、荷兰、西班牙、尼加拉瓜和秘鲁增加超过15个百分点。有15%以上的国家用于社会服务的森林在森林面积中的比重增加，如塞浦路斯、哈萨克斯坦、捷克、斯洛伐克、斯洛文尼亚和巴西增加超过5个百分点。

如澳大利亚，根据2003年森林资源调查数据，全国森林总面积24.6亿亩，森林覆盖率21.3%。其中国家公园和自然保护区面积就占全部森林面积的93.0%，用于商业用途的森林面积只占7.0%。

新西兰拥有森林面积约11 550万亩，森林覆盖率为28.0%，其中天然林为9600万亩，占83.1%。天然林主要用于保护生态环境，建立国家公园、森林公园和其他自然保护区进行保护。在天然林中国有林占76.6%。1991年颁布实施的《森林经营法》，要求对天然林利用严加管制，在天然林采伐、利用、加工方面，设置了严格的限制条件，总的原则是不鼓励天然林的工业利用。1993年修改的《森林法》只允许在450万亩私有天然林中按政府可持续和有效保护的条件，进行有限量的采伐利用。

根据2005年RPA的评估，美国国土面积约136.5亿亩，其中森林面积约51亿亩，占国土面积的37.4%。美国1878年通过林木及石料法案，开始有部分保护森林的内容，但仍以鼓励开发为主，森林的大量采伐给生态环境和人民生活带来了严重影响，认识到这种“利用”的破坏性后，于1891年制定了森林保护法，完善了森林经营管理及森林保护等方案。进入20世纪60年代后，美国议会又连续通过许多法案，强化森林的经营管理，开始从多用途、永续利用着眼，注意到森林的生物及环境效应。

加拿大是世界三大森林大国之一。根据1994年森林资源清查结果，加拿大林地面积为62.6亿亩，占国土面积45.0%。森林面积为62.1亿亩，森林覆盖率44.6%。其中有25.4亿亩为非生产林(主要为国有林和省有林区)被划为生态保护区，不允许采伐和人为活动；其余36.7亿亩林地为生产林，作为商品林区允许进行木材生产、采伐和收集其他林产品。但实际上，在36.7亿亩商品林区中，只有21.6亿亩森林采取了常规的森林经营措施，其余林地还几乎没有开发利用。

芬兰森林面积3.45亿亩，森林覆盖率69.0%(扣除陆上水域面积的森林覆盖率为76.0%)，人均森林面积58.5亩，是欧洲人均林地面积最多的国家。森林是芬兰最重要的自然资源，总蓄积为21.89亿m^3。是世界第二大纸(印刷纸出口约占全球的20%)和纸板出口国、第四大纸浆出口国。同时，对生态区位重要的森林进行严格保护，主要措施是划定保护区。芬兰的自然保护区分为8类，共1603个，面积4018.8万亩，占国土面积的7.6%。

1.4.3.2 全国建设历程

新中国成立初期，国民经济处于逐步恢复发展时期，社会对林业的主导需求主要是木材，加之受“以粮为纲”思想的影响，使得林地成了扩大耕地面积的重要来源。人们把森林当作一种单纯的经济资源，把林业仅仅当作一项基础产业，把林业部门当作一个产业部门，以木材生产为中心来组织和安排林业工作。改革开放以后，随着经济社会的不断发展和人民生活水平的不断提高，人们开始逐渐认识到林业既是一项重要的基础产业，又是一项重要的公益事业，同时兼有三大效益。

20世纪80年代末至90年代初提出了林业分类经营理念。即在社会主义市场经济体制下，根据社会对林业生态和经济两方面的需求，遵循森林有多种功能但主导利用可以有所不同的规律，将森林的五大林种相应地划分为公益林和商品林两大类，分别按各自的特点和规律运营的一种新型的林业经营机制政策和发展模式。1995年，林业部提出以森林的主导功能不同，将森林资源划分为商品林和公益林。国务院批准发布《林业经济体制改革总体纲要》(体改农[1995]108号)，林业部下发《关于开展林业分类经营改革试点工作的通知》(林策通字[1996]69号)。林业分类经营的目的就是要用少部分的商品林所生产的木材等来承担起大部分的生产任务，使所处生态重要或脆弱地区的公益林能更好地起到生态防护功能，从而建立起较完备的林业生态体系和较发达的林业产业体系。并开始实施以三北防护林建设工程为代表的生态工程，提出了建立林业生态体系和林业产业体系的目标。但限于当时的经济社会发展特征，决定了以木材生产为中心的发展模式仍然难以改变。

跨入新世纪，我国进入了全面建设小康社会，加快推进社会主义现代化的新的发展阶段。但是，恶劣的生态环境已经成为制约我国经济社会可持续发展的根本性因素之一，社会对生态环境的关注达到了前所未有的程度，改善生态环境日渐成为社会对林业的主导需求。随着国家可持续发展战略和西部大开发战略的实施，以六大林业重点工程的全面启动为标志，我国林业进入了一个以可持续发展理论为指导，全面推进跨越式发展的新阶段。加强生态建设成为林业工作的主要任务，天然林资源受到严格保护，木材生产逐步由以采伐天然林为主转向以采伐人工林为主，大规模的退耕还林渐次展开，森林生态效益补偿制度开始实施，全社会办林业形成气候，林业正在经历着一场由木材生产为主向以生态建设为主转变的极其深刻的历史性变革。1999 年，国家林业局下发《关于开展全国森林分类区划界定工作的通知》(林策发[1999]191 号)，选择部分省市开展了森林分类区划。

2001 年，国家林业局发布《国家公益林认定办法(试行)》(林策发[2001]88 号)，组织各省(自治区、直辖市)开展了大规模的公益林区划界定工作。同年，国家财政投入 10 亿元，在 11 个省(自治区、直辖市)进行了 2 亿亩国家级公益林生态效益补助试点，这标志着我国无偿使用森林生态效益的历史即将结束。2004 年，鉴于各省(自治区、直辖市)区划界定的国家级公益林规模偏大，财政承受能力有限，国家林业局、财政部又重新制定下发了《重点公益林区划界定办法》(林策发[2004]94 号)，对符合区划界定为国家级公益林的生态区位进行了压缩，要求各省(市、区)按此办法进行适当调整。同年，国家正式启动实施森林生态效益补偿制度，国家财政安排 20 亿元资金，对全国 4 亿亩国家级公益林按每亩每年 5 元的标准进行补助。2010 年，将权属为集体的国家级公益林的每亩每年补偿标准提高到 10 元。至 2009 年底，全国在建的国家级公益林面积为 10.49 亿亩，2010 年预计达 15 亿亩。2001 ~ 2010 年，中央财政共投入补助资金 370 多亿元。

1.4.3.3 浙江省建设历程

浙江公益林的建设历程大致与全国同步。1996 年，在建德市开展了林业分类经营试点工作；1997 ~ 1999 年，完成了全省各县(市、区)生态公益林总体规划，并根据《全国生态建设工程规划》，结合浙江省实际，于 2000 年编制了《浙江省生态公益林体系建设总体规划》和《浙江省生态公益林建设规划纲要》(以下简称《规划纲要》)。《规划纲要》报经省政府同意后下发各地执行。2000 年 11 月，省政府明确提出建设 3000 万亩重点公益林、2000 万亩一般公益林的目标。

2001 年，组织全省各地全面开展了公益林区划界定工作，全省共区划界定公益林面积 4609.08 万亩，占林业用地总面积的 46.9%。其中国家级公益林面积 2657.04 万亩，占 57.7%；省级公益林面积 1679.05 万亩，占 36.4%；市、县级公益林面积 272.99 万亩，占 5.9%。并全面启动实施公益林体系建设。“十五”期间省财政每年安排 4000 万元用于生态公益林建设。2001 年起，又对 25 个经济欠发达县(市、区)追加 1000 万元。同年，千岛湖及钱塘江上游 8 个县(市、区)的 300 万亩国家级公益林列入国家森林生态效益补助资金试点范围。

2004 年，根据国家的有关要求，省林业、财政主管部门又及时组织各地在 2001 年区划界定成果的基础上，对全省省级以上公益林作了进一步调整完善。完善后，全省省级以上公益林建设规模为 2993.00 万亩，占林业用地总面积的 30.47%。其中，国家级公益林面积 1396.80 万亩，省级公益林 1596.20 万亩。同年，浙江省委、省政府全面启动实施重点公益林森林生态效益补偿制度，按每亩每年 8 元的标准实行补偿。并先后于 2006 年、2007 年、2008 年和 2009 年，分别将全省省级以上公益林的最低补偿标准分别提高到 10 元、12 元、15 元和 17 元。同时，2008 年起全省国有林场的公益林补偿标准在此基础上再增加 2 元。

2009 年，浙江省委、省政府决定扩大省级公益林建设规模 1000 万亩，以进一步加大对农村，特别是欠发达地区的扶持力度。浙江省林业厅会同省财政厅及时组织有扩面要求的县(市、区)认真开展了省级公益林扩面区划界定工作。扩面后，全省省级以上公益林建设规模为 3910.48 万亩，占全省林业用地总面积的 39.80%。截至 2010 年底，全省各级财政已累计投入省级以上公益林补偿资金 30 多亿元。

2

DIVISION DELIMITATION OF PUBLIC WELFARE FORESTS

公益林区划界定

公益林区划界定就是以科学发展观和现代林业理论为指导，从区域生态环境建设和经济社会可持续发展的客观需要出发，以促进环境、资源与经济社会协调发展为根本目标，根据生态区位的重要性、生态环境的脆弱性和自然条件、森林资源分布等情况，在充分尊重群众意愿的基础上，按照国家、省有关规定和要求，逐一将公益林建设范围落实到山头地块，并经政府批准，以签订保护管理协议形式明确各方的责、权、利关系。

2.1 指导思想与原则

2.1.1 指导思想

公益林区划界定的指导思想是：以科学发展观和现代林业理论为指导，从本地区生态环境建设和经济社会可持续发展的客观需要出发，以建立比较完备的林业生态体系和比较发达的林业产业体系，促进环境、资源与经济社会协调发展为根本目标，根据生态区位的重要性、生态环境的脆弱性和自然条件、森林分布等情况，在充分尊重群众意愿的基础上，按照国家、省有关规定和要求以及规范化的工作程序，本着"生态优先、兼顾生产、量力而行、群众自愿"和"谁建设、谁管护，谁受益、谁补偿"的原则认真开展区划界定，为确保全省公益林达到布局合理、规模适中、功能齐全、结构稳定、效益显著的建设目标奠定坚实基础。

2.1.2 基本原则

在整个公益林区划界定工作过程中，始终遵循以下基本原则：

2.1.2.1 坚持"生态优先、兼顾生产"原则

在宏观确定两大森林类别规划比例的基础上，采取现场认定的办法界定公益林。生态公益林界定必须在森林分类区划所确定的生态区位范围内进行，区位内尽量界定，区位外严格控制，确保两类林的合理比例。应尽可能把生态区位极端重要、非常重要和生态环境极端脆弱、非常脆弱地区的森林、林木、林地优先区划界定为公益林；而立地条件好、产出率高、交通便利，将长期作为商品林经营区域或计划进行农业结构调整、因工程建设需要等原因即将被征占用的，或权属不清、证山不符、分利不明等地区的森林、林地不能区划界定为公益林。

2.1.2.2 坚持"统筹兼顾、尊重意愿"原则

正确处理森林生态效益、社会效益和经济效益之间的关系，兼顾国家、集体、个人三者利益，充分体现生态优先、保护和利用并重的原则，进一步调整和优化林业结构，提高林业生产力，增强林业整体效益。按生态环境建设需要，符合区划界定为公益林的，在实际界定过程中应充分尊重森林、林木、林地所有权人和使用权人(包括承包经营权人)的意愿。经充分宣传、协商，上述权益人同意区划界定为公益林的，应进行现场认定并签字确认。凡上述权益人经政策宣传仍不愿意列入公益林建设范围的，即使区位符合也不得强行界定为公益林。在保证林农基本生产生活资料的前提下，力求相对集中连片，以发挥其最大的生态效益和社会效益。采取稳步推进的策略，允许随着经济和社会的发展，依法经县级以上人民政府批准后，可以在林业用地规划范围内进行必要的调整。

2.1.2.3 坚持"政府主导、部门协作"原则

公益林区划界定工作是一项政府行为，必须坚持政府主导原则。各级政府应加强对公益林区划界定工作的领导，根据国家、本地区生态环境和区域经济发展的需要，当地人民政府应当提出公益林区划界定的原则、"两类林"的比例，制定出切合本地区实际的《公益林区划界定工作方案》并作出认真部署，所界定的生态公益林以县级以上人民政府决定的形式予以公布。业务部门依据县级人民政府批准的工作方案、生态公益林规划材料和近期

森林资源二类调查成果，在各级政府的领导下，采取“自下而上、上下结合”的办法进行区划界定。按地块和小班，由相关业务主管部门、乡镇人民政府、林权单位和对森林经营管护有连带责任关系的单位共同进行现场界定，以签订界定书或公益林保护管理协议的形式确定各方的责、权、利关系，报县级以上人民政府批准公布后实施。

2.1.2.4 坚持“依法界定、权证清晰”原则

林地是林农尤其是山区林农赖以生存之本，山林权证是确认森林、林木及林地所有权或使用权的唯一法律凭证。区划界定应以林权证为基本依据，不得随意变更原有的林地所有权和使用权，保持林权稳定，防止出现新的山林纠纷。区划界定时应逐一核对林权证，确保森林生态效益补偿资金的补偿对象必须与森林、林木、林地所有权人和使用权人（包括承包经营权人）的山林权证（或承包合同）相一致。区划界定时尚未定权发证的林地以及发证工作以后新增的林地，要根据中共中央、国务院《关于保护森林发展林业若干问题的决定》（中发［1981］12 号）的文件要求，凡是权属清楚的，由县或县以上人民政府核发林权证；对擅自改变森林、林木、林地权属和在已经核发林权证的林地上又发放其他证书的，以其原有林权证为准；原林权证登记四至不清或数据不实的要依法核准后再进行区划界定；依法流转使林权发生改变的，要在其完成了林权权属变更登记之后进行，非法变更的一律无效。今后再发生流转，不得随意改变林种性质。

2.2 目的与任务

2.2.1 目的

公益林区划界定目的是为推进全省林业分类经营改革，逐步建立起适应社会主义市场经济体制，符合林业特点和运营规律的林业分类经营新体制，实施森林生态效益补偿制度创造条件，为构筑林业生态网络和林业产业体系的基本框架奠定基础，为制订全省以生态公益林体系建设为重点的林业发展规划和林业产业政策提供依据，为实现浙江大地山川秀美的生态环境建设目标提供可靠保障。按照《中华人民共和国森林法》第四条和《中华人民共和国森林法实施条例》第八条的规定，并依据浙江省人民政府批转的《浙江省生态公益林建设规划纲要》，通过合法程序逐一将生态公益林落实到山头地块，并以签订公益林界定书或保护管理协议的规范形式，确定各有关方的责、权、利关系，逐步建立起适应社会主义市场经济的生态公益林经营管理体制和森林生态补偿机制，进一步推进林业分类经营改革。

2.2.2 任务

公益林区划界定任务就是依据森林分类体系和公益林区划界定范围、标准，将全省林业用地面积中符合区划界定为生态公益林条件的区域，逐一落实到小班和山头地块，并按照事权划分标准确定国家公益林和地方公益林，通过合法程序，经政府批准，以签订协议等规范形式确定有关各方在今后公益林经营管理中的责、权、利关系。具体包括以下几方面任务：

2.2.2.1 制订工作方案

按《浙江省森林分类区划界定操作细则》第二章第十条所规定的内容、要求进行认真

制订，同时必须经专家审定、当地县级人民政府批准后方可按此方案组织实施。

2.2.2.2 分类区划

充分利用生态公益林规划材料和近期二类资源调查成果，根据生态区位的重要性、生态环境的脆弱性和受益对象，依据《浙江省生态公益林认定办法(暂行)》和《浙江省森林分类区划界定操作细则》中有关国家级、省级生态公益林认定标准，先进行生态公益林的总体布局，以确保所划定的各级生态公益林符合国家、省的有关认定标准和生态区位的要求，然后在实地补充调查或重新区划调查的基础上，将生态公益林具体落实到山头地块，标记于图、表、卡上。

2.2.2.3 公益林界定

在各级政府组织领导下，由县级林业部门代表、乡镇人民政府代表、村民委员会代表共同组成现场区划界定工作组，对照公益林区划图，深入实地与公益林地所有者和经营者一起进行现场界定，确保公益林面积、权属、权益无争议，并经公示无异议后，签订公益林界定书或保护管理协议。

另外，还要汇总统计、编表制图、撰写报告，提交公益林区划界定成果资料；办理各级生态公益林的申报、审批、公布、立牌等工作；建立生态公益林区划界定档案，制定档案管理办法。

2.3 区划界定依据

浙江省公益林区划界定工作，主要依据以下有关法律、法规、规章、文件、规范等的规定和要求进行。

2.3.1 全国公益林建设类型区划

根据我国林业、农业、水土保持、环境区划、自然环境和社会经济条件，以及生态环境建设项目组织管理的便利程度，将全国划分为东北地区、三北风沙地区、华北中原地区、黄河中上游地区、长江中上游地区、中南华东(南方)地区、东南沿海及热带地区、青藏高原冻融地区8个生态公益林建设类型区域。浙江属于“中南华东(南方)地区”，主要建设方向是加强水源涵养林、水土保持林和平原农田防护林建设。根据国家《生态公益林建设导则》(GB/T 18337.1－2001)和《生态公益林建设规划设计通则》(GB/T18337.2－2001)的有关规定，以下特殊保护和重点保护区域为生态公益林建设重点地区(表2－1～表2－3)。

2.3.1.1 特殊保护地区

特殊保护地区指生态地位极端重要地区和生态环境极端脆弱地区。生态地位极端重要地区包括：各级自然保护区的核心区；未经人为干扰的地带性顶级群落；国家一、二级保护植物集中分布的原生地；国家一级保护野生动物的栖息地、繁殖地；具有国际或国家意义的自然与文化遗产地及周围的森林，历史性和具有特定意义的纪念地森林；国境线、国界江(河)以内第一层山脊或平坦地区至少5km内及国防与军事禁区；流程1000km以上河

表 2-1 全国生态公益林建设类型区域

区域	范围	特点	建设方向
黄河中上游地区	山西、陕西、内蒙古、甘肃、宁夏、青海、河南的大部分或部分地区	世界上面积最大的黄土覆盖地区，因气候干旱少雨，加上过垦过牧，造成植被稀少，水土流失十分严重	以治理水土流失、恢复植被为中心，采取退耕还林(草)、封山禁牧、生物措施、农艺措施和工程措施相结合，封、飞、造相结合，灌草先行、逐步提高，加大坡耕地改造和沟道治理力度
长江中上游地区	四川、贵州、云南、重庆、湖北、湖南、江西、青海、甘肃、陕西、河南、西藏的大部或部分地区	大部分山高坡陡、峡险谷深，生态环境复杂多样，水资源充沛、土壤保水保土能力差，人多地少、旱地坡耕地多。因受不合理耕作、过牧和森林大量采伐影响，导致水土流失日趋严重，土壤日趋瘠薄	以保护天然林、恢复林草植被、退耕还林(草)为中心，营造水土保持林、水源涵养林和人工草地，开展小流域和山区综合治理，禁止滥垦乱伐、过度利用，控制人为水土流失
三北风沙地区	东北西部、华北北部、西北大部的干旱地区	自然条件恶劣，干旱多风，植被稀少，风沙面积大；天然草场广而集中，但草地“三化”(退化、沙化、盐渍化)严重，生态十分脆弱。农村燃料、饲料、肥料、木料缺乏，生产、生存条件差	以遏制荒漠化、防沙治沙为中心，采取综合措施营造防风固沙林，增加沙区林草植被，用植物固沙、沙障固沙建立农田牧场保护网，减轻风沙危害
中南华东（南方）地区	福建、江西、湖南、湖北、安徽、江苏、浙江、上海、广西、广东的全部或部分地区	红壤广泛分布于海拔500m以下的丘陵岗地，因人口稠密、森林过度砍伐，毁林毁草开垦，植被遭到破坏，水土流失加剧，泥沙下泄淤积江河湖库	以植树造林、改造坡耕地为中心，生物措施和工程措施并举，加大封山育林和退耕还林(草)力度。山顶发展水源涵养林和水保林，山中下部适度发展用材和经济林，平原地区发展农田防护林
华北中原地区	北京、天津、河北、河南、山东、山西的部分地区及江苏、安徽的淮北地区	山区山高坡陡，土层浅薄，水源涵养能力低，潜在重力侵蚀地段多。黄泛区风沙土较多，极易受风蚀、水蚀危害。东部滨海地带土城盐碱化、沙化明显	加快石质山地造林绿化步伐，开展缓坡整修梯田，陡坡地退耕还林种草，沟底修筑拦沙坝，多林种配植，绿化荒山荒坡荒沟；并完善和提高平原绿化与城镇、乡村绿化美化水平
东北地区	黑龙江、吉林、辽宁大部及内蒙古东部地区	以黑土、黑钙土、暗棕壤为主，地面坡度缓而长，表土疏松，极易造成水土流失，损坏耕地，降低地力。区内天然林与湿地资源分布集中，因森林过伐，湿地遭到破坏，干旱、洪涝频繁发生，甚至已威胁到工业基地和大中城市安全	限制对天然林、天然次生林的采伐，培育和恢复森林资源；积极保护天然草地和湿地资源；完善三江平原和松辽平原农田防护林网；综合治理水土流失，减少级坡面和耕地冲刷
青藏高原冻融地区	青海、西藏、新疆大部或部分地区	绝大部分是海拔3000m以上的高寒地带，以冻融侵蚀为主。人口稀少、牧场广阔，东部及东南部有大片林区，自然生系统保存完整，但天然植被一旦破坏将难以恢复	以保护现有的自然生态系统为主，加强天然草场、长江、黄河源头水源涵养林和原始森林的保护，防止不合理开发
东南沿海及热带地区	海南、广东、广西、云南、福建的全部或部分地区	气候炎热、雨水充沛、干湿季节明显，保存有较完整的热带雨林和热带季雨林系统。但因人多地少，毁林开荒严重，水土流失日趋严重。沿海地区处于海陆交替、气候突变地带，极易遭受台风、海啸、洪涝等自然灾害的危害	以保护热带雨林、季雨林资源，维护热带雨林系统生态平衡和可持续经营为中心。高山区上部应保留足够的水源林，中下部农地应梯田化，配置坡面；沿海地区大力造林绿化，营造海岸防护林，建设农田林网，减轻台风等自然灾害造成的损失

注：1. 表中暂未列入台湾省、香港和澳门特别行政区。2. 资料来源：国家质量技术监督局《生态公益林建设导则》(GB/T 18337.1－2001)。

表 2-2　生态脆弱性等级划分因子及其域值

因　子	类型区	生态脆弱性等级			
		1 级：极端脆弱	2 级：非常脆弱	3 级：比较脆弱	4 级：一般脆弱
坡度	东北区	≥ 36°	26° ~35°	16° ~25°	≤15°
	南方、东南区	≥ 46°	36° ~45°	26° ~35°	≤25°
	其他区	≥ 36°	31° ~35°	26° ~30°	25°
植被盖度	三北、黄河	≤0. 2	0. 3 ~0. 4	0. 5 ~0. 6	≥ 0. 7
	其他地区	≤0. 1	0. 2 ~0. 3	0. 4 ~0. 5	≥ 0. 6
裸岩率	全国	≥51%	41% ~50%	21% ~40%	≤20%
土壤侵蚀程度	三北、黄河、长江、东南区	严重侵蚀（崩山、深度沟蚀、侵蚀沟活动明显），沟壑密度 > $3km/km^2$，沟蚀面积 >21%	强度侵蚀（沟蚀、重度面蚀），沟壑密度 1 ~ $3km/km^2$，沟蚀面积 15% ~20%	中度侵蚀（表土面蚀较严重），沟壑密度 < $1m/km^2$，沟蚀面积 10%	轻度或无明显侵蚀，表土层基本完整
土壤侵蚀程度	其他地区	表土层无保留，心土层裸露，受剥蚀。沟壑密度 > $2km/km^2$，沟蚀面积 > 15%	表土层保留厚度 <1/2，心土层和母质层完整。沟壑密度 < $2km/km^2$，沟蚀面积 > 15%	表土层开始受剥蚀，心土层和母质层完整	表土层完整
风力侵蚀程 度	全国	极强度风蚀（广布沙丘、沙垄，流动性大）	强度风蚀（有流动或半固定性沙丘或风蚀残丘）	中度风蚀（常见半固定、固定的沙地、沙垄或沙质土）	轻、微度风蚀
农田牧场分布特点	全国		面积大、集中连片	面积较大，但交错分布	零星分布
海岸基质类 型	全国	沙质海岸线 200m 以内或泥质海岸线 100m 以内	泥质海岸线 200m 以外 500m 以内或泥质海岸线 100m 以外 300m 以内	砾质	基岩完整

注：1. 表中类型区按生态公益林建设类型区划结果。2. 资料来源：国家质量技术监督局《生态公益林建设规划设计通则》（GB/T 18337. 2 –2001）。

表 2-3　生态重要性等级划分因子及其域值

对象	生态重要性等级			
	1 级：极端重要	2 级：非常重要	3 级：比较重要	4 级：一般重要
河流	流程 1000km 以上河流和一级支流发源地汇水区	流程 500km 以上河流和一级支流发源地汇水区，以及 1000km 以上河流一级支流上游两侧自然地形第一层山脊以内地段	其他河流发源地汇水区及中上游两侧	其他河流中下游两侧
湖库	高原湖泊、饮用水源湖库周边自然地形中第一层山脊以内和平坦处 500m 以内地段	库容 1000 万 ~1 亿 m^3 湖库周边自然地形中第一层山脊以内和平坦处 500m 以内地段	库容 10 ~ 1000 万 m^3 湖库周边	库容 10 万 m^3 以下湖库周边
山体	重要分水岭的山顶、山帽或山脊	其他山体的山顶、山脊	山体中上部	下部与山谷

（续）

对象	生态重要性等级			
	1级：极端重要	2级：非常重要	3级：比较重要	4级：一般重要
公路 铁路		生态脆弱性等级2级以上山区国道、省主干线两侧一面坡以内，生态脆弱性等级2级以下山区和风沙区国道、省道两侧100m以内；平原地区两侧6~12m以内地段	县、乡村及以下级公路两侧	
自然保护区	核心区	缓冲区	实验区	
森林公园与风景区	国家级	省(自治区、直辖市)级	地(市)、县级	
天然林	地带性顶级群落(原始林)	未经干扰或干扰较轻，位于生态脆弱性等级2级以上地区的天然次生林	其他集中成片分布的天然次生林	其他天然次生林

注：1. 生态重要性3、4级的河流、水体、道路的两侧范围由各地自行规定。2. 资料来源：国家质量技术监督局《生态公益林建设规划设计通则》(GB/T 18337.2－2001)。

流及一级支流和具有特殊地位河流的源头汇水区；高原湖泊周围自然地形第一层山脊以内或其周围平地500m以内地段。生态环境极端脆弱地区包括：南方和热带沿海地区山体坡度46°以上，其他地区36°以上的地段；季降水变率70%以上地区；土壤侵蚀达到严重侵蚀程度的地区(黄河、长江、三北与东南区出现崩山、深度沟蚀，沟壑密度＞3km/km^2，沟蚀面积＞21%；其他地区表土层无保留，心土层裸露受剥蚀，沟壑密度＞2km/km^2，沟蚀面积＞15%)；潜在重力侵蚀(塌方、滑坡、泥石流)严重的地段；沿海沙质海岸线200m以内或泥质海岸线100m以内地段；严重荒漠化地区的植被生长区；森林植被分布上限的高山、高原、高寒冻融地区。

2.3.1.2 重点保护地区

重点保护地区指生态地位非常重要地区和生态环境非常脆弱地区。生态地位非常重要地区包括：国家、省级风景名胜区、森林公园；自然保护区的缓冲区与实验区；国家三级保护植物集中分布的原生地，国家二级保护野生动物的栖息地与繁殖地；干扰程度较轻且集中连片的原始林；大中型城市及城乡结合部；流程500km以上河流及一级支流的源头汇水区，以及流程1000km以上河流及一级支流上游两岸自然地形第一层山脊以内地区；库容1亿m^{3}的水库、湖泊周边自然地形第一层山脊以内或平坦地区500m以内地区；山区与沙区国道及干线铁路线两侧山坡或平坦地区6~12m以内地段；省级公路两侧山坡50m以内，平坦地区4~10m以内地段；流程1000km以上河流流域分水岭；绿洲植被生长区；城镇饮水源区；雪线以下500m及冰川外围2km以内。生态环境非常脆弱地区包括：山体坡度东北＞25°，南方和热带沿海地区＞35°，其他地区＞30°地段；季降水变率50%以上地区；地表侵蚀达到强度侵蚀程度地区(黄河、长江、三北与东南区出现沟蚀，重度面蚀，沟壑密度1~3km/km^2，沟蚀面积15%~21%；其他地区表土层保留＜1/2，沟壑密度＜2km/km^2)；5m/s以上风速天数年＞50d的区域；石质山区及岩石裸露程度＞40%的地区；一般荒漠化地区包括沙化、漠化、石化、盐碱化地区；干热、干旱河谷区。

2.3.2 浙江生态省建设规划纲要

2003 年 8 月颁布实施的《浙江生态省建设规划纲要》明确将全省划分为 6 个生态功能区 15 个生态亚区，从而为浙江生态省建设和经济社会发展规划和布局提供科学依据。

2.3.2.1 浙东北水网平原生态区

浙东北水网平原生态区含钱塘江河口生态亚区、宁绍平原城镇及农业生态亚区和杭嘉湖平原城镇及农业生态亚区。包括杭州市、嘉兴市、湖州市、宁波市、绍兴市的 20 多个县(市、区)，是浙江省最大的平原区。该区平原地势低平，海拔多在 10m 以下，区内湖泊众多，水网密布，有“水乡泽国”之称。其主导生态功能为城镇密集的生态经济区，同时兼有泄水排涝和湿地的功能。目前存在的主要生态问题是：工业废水、生活污水和农业面源污染导致水环境破坏；地下水超量开采导致地面沉降；洪涝、渍害和酸雨比较严重。保护和发展方向主要是：调整优化工业结构和布局，建设先进制造业基地，积极发展高新技术产业和现代服务业，大力推进城市化和农业、农村现代化；加大水污染综合治理和河口治理力度，净化河湖水体，严格控制并逐步减少地下水超采，优化水资源配置；保护古文化遗址和湿地资源；大力发展生态农业和生态旅游业，建设绿色食品和有机食品基地，搞好基本农田建设和农区林网建设。

2.3.2.2 浙西北山地丘陵生态区

浙西北山地丘陵生态区含天目山脉森林生态亚区，千岛湖流域森林、湿地生态亚区和钱塘江中游森林生态亚区。包括湖州市、杭州市、衢州市、金华市、绍兴市的近 20 个县(市、区)。天目山脉和千里岗山脉遍布全区，中山环绕，山高坡陡，河谷深邃。天目山国家级自然保护区被纳入联合国“人与生物圈”计划。主要水系有钱塘江水系的富春江、新安江、分水江和太湖水系的东、西苕溪。该区是杭嘉湖地区水源供给地和浙北地区重要的生态屏障，也是浙江省生态环境较好的地区和“黄金旅游”之地。该区的主导生态功能为保持和提高源头径流能力与水源涵养能力、保护生物多样性和保持水土。目前存在的主要生态问题是：山溪性河流落差大、蓄水能力差，易使下游发生洪涝灾害；局部地区水土流失较重，滑坡灾害多发。保护和发展方向主要是：搞好退耕还林、封山育林，建设水源涵养林；开展小流域综合治理，保护千岛湖水质，加强重要生态功能区保护与建设；鼓励下山脱贫和外迁内聚，积极发展生态工业、生态农业，倡导生态旅游。

2.3.2.3 浙中丘陵盆地生态区

浙中丘陵盆地生态区含浙中丘陵农业生态亚区和金衢盆地城镇及农业生态亚区。包括绍兴市、金华市、台州市、宁波市、衢州市的近 30 个县(市、区)，是浙江省最大的丘陵、盆地集中分布区。区内有钱塘江水系的衢江、金华江、浦阳江、曹娥江等，椒江水系，甬江水系的奉化江等；丘陵起伏平缓，底部开阔，由河谷中部向南北两侧呈阶梯状分布。该区是浙江省农业、林果业和畜牧业商品基地。该区的主导生态功能是保持水土、涵养水源、保护生物多样性。目前存在的主要生态问题是：水土流失严重，东阳江、浦阳江和曹娥江下游污染较重。保护和发展方向主要是：提高森林覆盖率和水源涵养能力，建立水系源头等重要生态功能保护区，加强小流域综合治理和水土流失治理；搞好水库配套工程、农田灌溉设施和标准防洪堤建设，增强防洪抗旱能力；实施“沃土工程”，合理开发后备土地资源，建设以农林牧复合经营为重点的生态农业；积极发展生态工业，大力推进城市化。

2.3.2.4 浙西南山地生态区

浙西南山地生态区含乌溪江流域农林生态亚区、瓯江流域森林生态亚区和飞云江流域森林生态亚区。包括衢州市、金华市、丽水市、台州市、温州市的近30个县(市、区)，是浙江省山地面积最大、海拔最高的一个山区，为瓯江、飞云江、鳌江等水系的发源地，也是钱塘江支流乌溪江、江山港、武义江的发源地。该区是浙江省的主要林业基地，也是我国最大的食用菌生产基地，并拥有为数众多的珍稀濒危动植物资源。该区的主导生态功能为保护生物多样性，保持和提高源头径流能力和水源涵养能力，保持水土。目前存在的主要生态问题是：山高源短流急，自然蓄水能力较差，洪涝、干旱和山体滑坡等突发性灾害频发；一些地方食用菌的不当发展，破坏了阔叶林资源，森林生态功能减弱；坡地、陡坡地过度开发，水土流失较为严重。保护和发展方向主要是：提高针阔混交和常绿阔叶林比例，建设生态公益林，加强水系源头水源涵养和生物多样性保护；加快速生菇木林的营造，调整农林牧业生产结构；建设一批骨干水利工程，搞好流域综合治理，提高抗灾能力；大力发展生态旅游和生态农业，合理开发山区水电资源；鼓励下山脱贫和外迁内聚，努力培育新的经济增长点。

2.3.2.5 浙东沿海及近岸生态区

浙东沿海及近岸生态区含浙东沿海城镇及农业生态亚区和浙东滨海湿地生态亚区。包括温州市、台州市和宁波市的近20个县(市、区)，地势低平，海拔多在300m以下。区内有温瑞平原和温黄平原，有甬江、椒江、瓯江、飞云江和鳌江等五大入海河流的河口和象山港、三门湾、乐清湾，滩涂资源比较丰富。该区南部有我国最北的红树林分布点，北部杭州湾两岸的湿地是大量候鸟迁徙的中途栖息地，是浙江省加工制造业和农林、水产等的重点产区。该区的主导生态功能为保护生物多样性，维护河口、港湾生态环境和发展生态经济。目前存在的主要生态问题是：水环境污染较重，湿地减少，生物多样性指数下降，丘陵坡地过度开发使水土流失较为严重，入海陆源污染物增加和不合理的开发建设威胁河口、港湾及海洋生态环境。保护和发展方向主要是：调整优化工业结构和布局，加快工业园区生态化改造，加强污染的综合治理，大力削减SO_2和污水排放总量；控制农业面源污染，建设沿海防护林带、农区防护网和城镇公共绿地；加强各入海河口的综合整治和滩涂、港湾的合理开发利用，协调好城市建设、工业发展与湿地保护的关系；大力发展生态农业、生态工业和生态旅游业。

2.3.2.6 浙东近海及岛屿生态区

浙东近海及岛屿生态区含浙东北海洋生态亚区和浙东南海洋生态亚区。包括舟山市、台州市和温州市6个海岛县(区)在内的所有海域和岛屿。所在海域处于亚热带季风气候，多台风、干旱等灾害性天气。区内海岛礁石众多，形成我国最大的舟山渔场。南麂列岛国家级海洋自然保护区被纳入联合国“人与生物圈”计划。全区港口航道资源得天独厚，海洋渔业和海洋旅游资源丰富。该区主导生态功能是保护生物多样性和发展海洋生态经济。目前存在的主要生态问题是：近岸海域污染加重，赤潮频繁发生；海洋生物资源特别是经济鱼类资源严重衰退；淡水资源短缺；台风、暴潮灾害时有发生。保护和发展方向主要是：加大入海污染物的控制和治理力度，建设标准海塘和海岸防护林体系；加强海域的合理开发利用与保护，发展港口航运、船舶修造业、生态渔业、生态旅游和新兴海洋产业；

建立海洋生态特别保护区，严格执行休渔期、禁渔区制度，加大放流增殖，建设人工鱼礁，推进渔业农牧化；加快水利设施建设，增加供蓄水能力；积极推进重点海岛的基础设施建设，不断改善海洋经济发展环境。

2.3.3 浙江省主体功能区区划

根据资源环境承载能力、现有开发密度和发展潜力，统筹考虑未来人口分布和经济布局等因素，将国土空间划分为优化开发、重点开发、限制开发和禁止开发四类主体功能区，是贯彻落实国家“十一五”规划的一个重要任务。浙江主体功能区划的初步构想如下：

2.3.3.1 禁止开发区域

禁止开发区域指依法设立的各类自然保护区域，包括国家级和省级自然保护区、历史文化遗产、重点风景名胜区、森林公园、地质公园等。要依据法律法规和相关规划实行强制性保护，严禁不符合主体功能定位的开发活动。加强人口转移的力度，将这些区域内的人口逐步转移到更适宜生活和生产的地区，减少禁止开发区域的人为破坏。

2.3.3.2 限制开发区域

限制开发区域指资源环境承载能力较弱、大规模集聚经济和人口的条件不够好并关系到较大区域范围生态安全的区域，如江河水系源头地区、重要水源保护区、自然灾害频发区等。这些地区要坚持保护优先、适度开发，逐步成为全省乃至更大区域范围的生态屏障，着力引导人口向重点开发区域和优化开发区域转移，有选择地发展特色优势产业，实行点状集约开发。

2.3.3.3 重点开发区域

重点开发区域指资源环境承载能力较强、集聚经济和人口条件较好的区域，如环杭州湾和温台沿海地区的部分临港、滨海地区，金衢丽地区具有一定规模和开发前景的低丘缓坡和河谷盆地。这些区域要加快基础设施建设，创造良好的投资环境，积极承接国际产业转移，建设先进制造业基地，加快推进工业化和城市化，进一步加快产业和人口的集聚，承接限制开发和禁止开发区域的人口转移，成为全省经济新的增长点。

2.3.3.4 优化开发区域

优化开发区域指开发密度已经较高、资源环境承载能力开始减弱的区域，如环杭州湾和温台沿海的城镇密集区、大中城市的城区和近郊区等。这些区域在产业上，要加快发展现代服务业，强化城市功能，发展高新技术产业和先进制造业，提高增长质量，提升参与全球分工与竞争的层次。在空间发展上，要限制城市空间的过度和无序扩张，疏解老城区过高的人口密度，积极培育城市群，强化区域空间的整合。

2.3.4 其他有关法律法规文件

(1)《中华人民共和国森林法》和《中华人民共和国森林法实施条例》；

(2)国务院常务会议通过的《全国生态环境建设规划》；

(3)《中共中央、国务院关于保护森林发展林业若干问题的决定》；

(4)《国务院批转国家体改委关于一九九二年经济体制改革要点的通知》(国发[1992]12号)；

(5)《林业体制改革总体纲要》(国家体改委、林业部体改农[1995]108号文，国务院发布)；

(6)《林业部关于开展林业分类经营改革试点工作的通知》(林策通字[1996]69 号)；

(7)《国家林业局关于开展全国森林分类区划界定工作的通知》(林策发[1999]191 号)；

(8)国家林业局关于发布《国家公益林认定办法(暂行)》的通知(林策发[2001]88 号)；

(9)国家林业局财政部关于印发《国家林业局财政部重点公益林区划界定办法》的通知(林策发[2004]94 号)；

(10)LY/T 1556—2000《公益林与商品林分类技术指标体系》林业行业标准(林科发[2000]662 号)；

(11)GB/T18337. 1—2001《生态公益林建设导则》；

(12)GB/T18337. 2—2001《生态公益林建设规划设计通则》；

(13)GB/T18337. 3—2001《生态公益林建设技术规程》；

(14)《浙江省生态环境建设规划》；

(15)《浙江省农业与农村现代化建设纲要》(1998 年中共浙江省委第九届十四次全会通过)；

(16)《浙江省国民经济和社会发展“十五”计划和 2010 年规划纲要》；

(17)《浙江省公益林管理办法》(省政府令第 260 号，2009 年)；

(18)《关于抓紧编制县级生态公益林规划的通知》(浙林造[1999]130 号)；

(19)《关于印发浙江省生态公益林建设规划纲要的通知》(省发展计划委员会、省林业局浙计规划[2001]664 号)；

(20)《关于印发浙江省生态公益林认定办法(暂行)的通知》(浙林造[2001]228 号)；

(21)《关于印发浙江省营林系列技术规程规范的通知》(浙林造[2001]162 号)；

(22)《关于开展全省森林分类区划界定工作的通知》(浙林分类[2001]2 号)；

(23)《浙江省森林分类区划界定操作细则》(浙林分类[2001]3 号)；

(24)浙江省林业厅、财政厅关于印发《省级公益林扩面工作指导意见》的通知(浙林造[2009]61 号)；

(25)政府颁发的林权证书及其他具有法律效力的有关文件和林地、林木使用权、经营权的有关协议、合同等。

2.4 重要生态区位

2.4.1 河流

据水利部门提供的资料，浙江省自北而南有苕溪、运河水系、钱塘江、甬江、椒江、瓯江、飞云江和鳌江等八大水系，浙江省主要河流长度、流域面积详见表 2-4。各水系流域面积在 10km^{2}的干、支流(不包括平原河道)有 2441 条。全省除平原河道外，流域面积在 100km^{2}以上的支流共 212 条，其中一级支流 110 条，二级支流 71 条，三级支流 28 条，四级支流 3 条。

表 2-4 浙江省主要河流长度及流域面积

km，km^2

流域名称	河流名称	河长	流域面积
长江	苕溪	158	4576
	运河水系		7500 *
东南沿海诸河	钱塘江	668	55558 *
	甬江	133	4518
	椒江	209	6603
	瓯江	384	18100
	飞云江	193	3719
	鳌江	81	1530

注：“ * ”指包括省外的流域面积；资源引自浙江省水利厅于 1999 年出版的《浙江省河流简明手册》。

表 2-5 钱塘江干流、主要一级支流基本特征

km，km^2

江河名称		起　点	讫　点	河　长	流域面积
钱塘江（全流域）		南源青芝埭尖	芦潮港与外游山连线	612	55558
		北源六股尖		668	
主要干支流	南源兰江	青芝埭尖	梅城	303	19468
	北源新安江	六股尖	梅城	359	11674
	富春江	梅城	东江嘴	102	7176
	钱塘江	东江嘴	芦潮港	207	23171
	金华江	磐安龙乌尖	兰溪马公滩	195	6782
	曹娥江	磐安塘坪长坞	新三闸	182	5931
	江山港	江山龙井坑	衢县双港口	137	1946
	乌溪江	浦城大福罗	衢县樟树潭	156	2577
	芝 溪	衢县三十六弯	衢县篁墩	64	350
	灵山港	遂昌和尚岭	龙游驿前	91	727
	寿昌江	建德翁家	建德叶家	66	692
	分水江	绩溪山云岭	桐庐城北	164	3444
	渌渚江	临安张村坞	桐庐窄溪	63	747
	壶源江	浦江高塘	富阳青江口	103	761
	浦阳江	浦江岭脚	萧山小砾山	150	3453

注：资料引自浙江省水利厅于 1999 年出版的《浙江省河流简明手册》。

2.4.1.1 钱塘江水系

钱塘江是浙江省最大的河流，也是我国东南沿海一条独特的河流，以雄伟壮观的涌潮著称于世。钱塘江有南北两源，北源新安江，南源兰江。北源新安江自安徽流入新安江水库经建德在梅城与兰江汇合；南源兰江由衢江和金华江在兰溪汇合后，向北流至梅城与新安江汇合，干流继续东北流至绍兴境内纳曹娥江之水一并注入东海（表 2-5）。流域面积 55 558km^2（浙江境内 48 080km^2），干流长 668km。钱塘江支流众多，其中流域面积

100km^{2}以上的支流有 143 条(浙江境内 123 条)，其中：一级支流有 63 条(浙江境内 51 条)；二级支流 54 条(浙江境内 46 条)；三级支流 23 条，四级支流 3 条，均在浙江境内。浙江境内涉及衢州、杭州、金华、绍兴、宁波、嘉兴、丽水、台州 8 个市。

2.4.1.2　苕溪水系

苕溪为黄浦江上游，古名苕水、苕溪水，在浙江北部，属长江水系的太湖流域，也是浙江主要河流中唯一不在本省入海的河流。苕溪有东苕溪、西苕溪两大源流(表 2-6)。苕溪河长 158km，流域面积 4576km^2。流域面积 100km^{2}以上的支流共有 8 条，其中一级支流 7 条，二级支流 1 条。涉及杭州、湖州两市，临安、安吉等 6 个县(市、区)。

表 2-6　苕溪水系流域面积 100km^{2}以上一级支流基本特征　　km，km^2

干流名称	一级支流名称	河长	流域面积	备注
苕溪		157.8	4576.4	东源
		145.5		西源
东苕溪		151.4	2265.1	
	中苕溪	47.8	229.0	
	北苕溪	46.5	310.4	
	余英溪	40.8	178.9	
	埭溪	33.0	175.2	
西苕溪		139.1	2267.5	
	南溪	48.3	383.7	
	浒溪	37.0	314.6	
	浑泥港			

注：资料引自浙江省水利厅于 1999 年出版的《浙江省河流简明手册》。

2.4.1.3　运河水系

运河水系属长江水系太湖流域，也称“杭嘉湖东部平原”河网水系(表 2-7)。流域面积 7500km^2，其中浙江境内 6481km^2。运河水系是以纵横交错的河道形成的平原河网水系，流域内地表径流北注入太湖，东注入黄浦江，“南排工程”兴建后，有部分水量经由南排工程的各个排水闸注入钱塘江。由于京杭运河横贯其中，故称“京杭运河水系”，简称“运河水系”。北排河道主要有：运河、澜溪塘、东塘、北横塘、南横塘、练市塘、金牛塘、白马塘、大坝水道和薛河等；入黄浦江河道主要有：俞汇塘、红旗塘、三店塘、平湖塘、上海塘、广陈塘等；南排入钱塘江河道主要有：上塘河、长山河、南台头河、盐官下河等；入太湖河道主要有：大钱港、幻溇港、濮溇港、汤溇港等；涉及嘉兴、杭州、湖州 3 个市 6 个县(市、区)。

2.4.1.4　瓯江水系

发源于庆元、龙泉两县(市)交界的百山祖锅帽尖，流经龙泉、云和、莲都、青田、永嘉、瓯海、鹿城、龙湾等 8 个县(市、区)，由温州湾入东海。地跨丽水、温州、金华、台州 4 个市的 18 个县(市、区)。干流长 383.8km，流域面积 18 099.5km^2，是浙江的第二大河流(表 2-8)。

表 2-7 运河水系主要河道基本特征

km

河道名称		起 点	讫 点	河长	备注
北排河道	京杭运河	杭州市钱塘江	北京市通县	1801.0	
	澜溪塘(浙段)	桐乡市乌镇	鸭子坝	14.1	至江苏平望镇
	东塘(浙段)	湖州市二里桥	南浔镇省界	37.0	至江苏平望镇
	北横塘	湖州市大钱港	陆家漾	22.6	
	南横塘	湖州市西山漾	上林村东省界	20.5	
	双林塘	湖州市和孚漾	桐乡市乌镇西栅	31.2	
	练市塘	湖州市菱湖镇	桐乡市乌镇	22.0	
入黄浦江河道	俞汇塘(浙段)	嘉善县芦墟塘	池家浜	22.0	至上海圆泄泾
	红旗塘	嘉兴市沉石荡	池家浜	20.6	
	三店塘	嘉兴市城东	池家浜	32.0	
	平湖塘	嘉兴市 83 号铁路桥	平湖市东湖	28.8	
	上海塘	平湖市东湖	平湖市泖口镇	20.4	
	广陈塘	平湖市东湖	平湖市南桥乡	17.2	
入钱塘江	上塘河	杭州市德胜坝	海宁市盐官镇	48.0	
	长山河	桐乡市洲泉镇	海盐县长山闸	66.7	
	南台头	桐乡市北孟庙	海盐县南台头	42.4	
	盐官下河	桐乡市大麻镇	海宁市盐官下河	25.6	
入太湖	大钱港	湖州市和孚漾	太湖	22.0	
	幻溇港	湖州市北横塘	太湖	2.7	
	濮溇港	湖州市东塘	太湖	9.5	
	汤溇港	湖州市东塘	太湖	12.0	

注：资料引自浙江省水利厅于 1999 年出版的《浙江省河流简明手册》。

表 2-8 瓯江水系流域面积 100km^2 以上一级支流基本特征

km，km^2

干流名称	一级支流名称	河长	流域面积	备注
瓯江		383.8	18099.5	
龙泉溪	八都溪	44.2	395.8	
	均溪	26.9	206.8	
	岩樟溪	27.9	228.5	
	大贵溪	32.4	187.5	
	安仁溪	23.6	128.7	
	浮云溪	28.3	337.6	
大溪	松阴溪	119.2	1981.2	
	宣平溪	77.0	831.0	
	小安溪	67.8	557.8	
	好溪	128.9	1339.6	
	祯埠溪	34.9	224.9	
	船寮溪	40.5	357.8	

（续）

干流名称	一级支流名称	河长	流域面积	备注
瓯江	小溪	219.1	3574.0	
	四都港	44.5	301.1	
	菇溪	34.8	150.5	
	西溪	32.6	164.5	
	戍浦江	43.8	246.7	
	楠溪江	141.1	2435.8	
	瞿溪	24.1	352.6	温瑞平原
	温瑞塘河（温州）	19.5		
	柳市塘河	29.2	244.5	柳市平原
	永强塘河	20.2	145.6	

注：资料引自浙江省水利厅于1999年出版的《浙江省河流简明手册》。

2.4.1.5 甬江水系

甬江位于浙江东部，河长133.0km，流域面积4518.1km^2（表2-9）。由奉化江、姚江两江汇集而成，两江在宁波市区三江口会合后东北流经镇海外游山入海。甬江两源中，姚江略长，流域面积奉化江略大。干流分为奉化江（南源）、姚江（北源）和甬江河段。流域面积100km^{2}以上的支流仅鄞江、县江、康岭溪、通明江、东江5条，均为一级支流。水系的中、下游主要是平原河道。该水系主要涉及宁波市所辖各县（市、区）。

表2-9 甬江水系流域面积100km^{2}以上河流基本特征 km，km^2

干流名称	一级支流名称	河长	流域面积	备注
甬江		133.0	4518.1	北源
		118.7		南源
奉化江		93.1	2223.0	
	康岭溪	22.6	131.6	
	县江	69.5	219.0	
	东江	41.7	116.1	
	鄞江	69.4	348.4	
姚江		107.4	1934.1	
	通明江	19.2	144.6	

注：资料引自浙江省水利厅于1999年出版的《浙江省河流简明手册》。

2.4.1.6 椒江水系

椒江亦称灵江，发源于缙云、仙居与永嘉三县边界的括苍山水湖岗石长坑。干流流经仙居、临海、椒江，注入台州湾，河长208.9km，流域面积6602.7km^2（表2-10）。其中流域面积100km^{2}以上的支流共14条，其中一级支流12条，二级支流2条。流域面积始丰溪最大，永宁江次之。该水系主要涉及台州市所辖各县（市、区）及金华市的磐安县。

表 2-10 椒江水系流域面积 $100km^2$ 以上一级支流基本特征 km，km^2

干流名称	一级支流名称	河长	流域面积	备注
椒江		208.9	6602.7	
永安溪	曹店港	22.4	105.4	
	九都坑	24.3	106.6	
	十三都坑	41.4	226.1	
	十八都坑	32.5	113.5	
	北岙坑	24.5	190.5	
	朱溪	49.2	379.3	
	双港溪	22.2	141.4	
灵江	始丰溪	134.2	1615.6	
	大田港	53.2	522.2	
	义城港	43.6	228.8	
椒江	永宁江	83.1	889.8	
	龙溪	22.6	300.7	包括椒江平原面积

注：资料引自浙江省水利厅于 1999 年出版的《浙江省河流简明手册》。

2.4.1.7 飞云江水系

飞云江位于浙江省南部，在瓯江以南，鳌江以北。发源于景宁畲族自治县景南乡的白云尖西北坡，自西向东流经泰顺、文成两县，在瑞安市上望镇新村入东海。河长 193.4km，流域面积 3719.0km^2（表 2-11）。其中流域面积 $100km^2$ 以上的支流有 8 条，均为一级支流且系山溪性河流，落差大，坡降陡。该水系主要涉及温州市的文成、泰顺、瑞安及丽水市的景宁等县（市、区）。

表 2-11 飞云江水系流域面积 $100km^2$ 以上一级支流基本特征 km，km^2

干流名称	一级支流名称	河长	流域面积	备注
飞云江		193.4	3719.0	
	里光溪	26.5	154.4	
	洪口溪	50.2	358.8	
	莒江溪	27.3	175.1	
	峃作口溪	40.5	287.0	
	泗溪	42.4	244.2	
	玉泉溪	40.3	275.3	
	高楼溪	29.4	125.3	
	金潮溪	42.6	349.0	
	瑞平塘河	15.6	198.2	瑞平平原
	温瑞塘河（瑞安）	24.8	272.1	温瑞平原

注：资源引自浙江省水利厅于 1999 年出版的《浙江省河流简明手册》。

2.4.1.8 鳌江水系

鳌江位于浙江省最南部，发源于文成县桂山乡吴地山麓桂库村上游，干流长 81.0km，流域面积 1530.2km²(表 2-12)，流域范围大部分属平阳、苍南两县。流域面积 100km² 以上的支流有 4 条，其中一级支流 3 条，二级支流 1 条，以南港为最大。

表 2-12 鳌江水系流域面积 100km² 以上一级支流基本特征 km，km²

干流名称	一级支流名称	河长	流域面积	备注
鳌江		81.0	1530.2	
	怀溪	19.5	103.4	
	带溪	23.1	100.0	
	南港	56.9	495.8	

注：资源引自浙江省水利厅于 1999 年出版的《浙江省河流简明手册》。

2.4.1.9 出省河流

(1)苏庄溪

苏庄溪为流入江西省河流。是江西省信江的二级支流，发源于开化县境内罗家，自北而南流经苏庄镇，折向西流过茗川口境，至江西省海口汇入乐安江。苏庄溪河长 42km，开化县境内集水面积 225km²。

(2)竹口溪

竹口溪为流入福建省河流。是福建省闽江的二级支流，发源于庆元县西北边境的黄畲寨尖，东南流经黄真，过双沈后折西南流，经竹口至新窑出境，在福建省松溪县大布汇入松溪。竹口溪河长 22km，庆元县境集水面积 274km²。

(3)松源溪

松源溪为流入福建省河流。又称槎溪，是福建省闽江一级支流建溪的二源之一，发源于浙闽边界洞宫山庆元县风岗尖，北流经杨楼，转东北过蒙淤后，与松源溪北源汇合，折向西流，经庆元县城至菊水纳安溪，经马蹄岙水电站出境，至福建省松溪县大布汇入松溪。松源溪河长 61km，庆元县境集水面积 634km²。

(4)寿泰溪

寿泰溪为流入福建省河流。又名罗阳溪，是福建交溪一级支流，发源于福建省寿宁县东北边境飞龙岩东麓，南流经地洋，至杨梅州南折东流，于溪底寮西北入浙江省泰顺县境，沿边界南行，至交溪口与仕阳溪汇合入交溪。寿泰溪全长 77km，其中沿边界线 27.5km，泰顺县境内集水面积 193km²。

(5)仕阳溪

仕阳溪为流入福建省河流。又称东溪，发源于浙江省南雁荡山麓九峰村，西南流横穿泰顺县东南部，经玉西、泗溪、东溪、雪溪、仕阳、章成、后章、龟湖等乡镇，至交溪口与寿泰溪汇合出境，入福建省交溪。仕阳溪全长 48km，泰顺县境集水面积 482km。

2.4.2 湖泊、水库

浙江省主要湖泊有 34 个，其中重要湖泊为千岛湖和太湖；其他主要湖泊有杭州西湖、鄞州东钱湖、嘉善汾湖、嘉兴连泗荡、德清下渚湖和慈溪外杜湖等 32 个。分布于“杭嘉湖”及“宁绍平原”一带。

据不完全统计，截至2009年末，全省共有各类水库4207座，总库容396.21亿m^3，其中库容1000万m^3以上的大、中型水库有180座。库容在1亿m^3以上的大型水库主要有新安江（千岛湖）水库、湖南镇水库、珊溪水库、紧水滩水库、富春江水库、长潭水库、牛头山水库、横锦水库、白水坑水库、碗窑水库、赋石水库、青山水库、里石门水库、分水江水利枢纽、长诏水库、铜山源水库、白溪水库、亭下水库、下岸水库、四明湖水库、皎口水库、周公宅水库、南江水库、陈蔡水库、对河口水库、老石坎水库、横山水库、石壁水库、南山水库、汤浦水库、滩坑水库等31座，总库容360.68亿m^3（表2-13）。

表2-13　浙江省重要湖泊和部分大型水库情况　　km^2，万m^2

库　名	级别	所在地	集水面积	总库容	正常库容
太湖	重要	江苏，湖州、嘉兴			
新安江水库	大型	建德市新安江镇	1044.2	2162600	1786000
滩坑水库	大型	青田县北山镇	3330	352000	212000
湖南镇水库	大型	衢县湖南镇	2197	206700	158200
珊溪水库	大型	文成珊溪镇等	1529	180400	129100
紧水滩水库	大型	云和县紧水滩镇	276.1	139300	103483
富春江水库	大型	桐庐县七里垅	316.45	87400	44100
长潭水库	大型	黄岩区北洋镇	441.3	69100	45700
牛头山水库	大型	临海市邵家渡镇	254	30250	15900
横锦水库	大型	东阳市东江镇	378	28085	17030
白水坑水库	大型	江山市大峦口等	330	24400	21500
碗窑水库	大型	江山市碗窑乡	212.5	22280	20830
赋石水库	大型	安吉县孝丰镇	331	21800	10250
青山水库	大型	临安市青山镇	603	21500	3850
里石门水库	大型	天台县龙溪乡	296	19900	12180
分水江水利枢纽	大型	桐庐县分水镇	2630	19260	7733
长诏水库	大型	新昌县拔茅镇	276	18690	13640
铜山源水库	大型	衢县杜泽镇	180	17240	12058
白溪水库	大型	宁海县岔路镇	254	16840	14500
亭下水库	大型	奉化市溪口镇	176	15024	10000
下岸水库	大型	仙居县溪港乡	257	15000	13600
四明湖水库	大型	余姚市梁弄镇	103.1	12354	7946
皎口水库	大型	鄞县章水镇	259	11981	7808
周公宅水库	大型	鄞县章水镇	132	11720	

（续）

库　名	级别	所在地	集水面积	总库容	正常库容
南江水库	大型	东阳市湖溪镇	210	11676	9100
陈蔡水库	大型	诸暨市陈蔡镇	187	11640	6190
对河口水库	大型	德清县武康镇	148.7	11600	4650
老石坎水库	大型	安吉县下汤乡	258	11540	5400
横山水库	大型	奉化市尚田镇	150.8	11180	7650
石壁水库	大型	诸暨市陈宅镇	108.8	11027	3931
汤浦水库	大型	上虞市汤浦镇	457	23500	
南山水库	大型	嵊州市长乐镇	110	10284	6987

2.4.3 交通干线

浙江境内建有沪杭、浙赣、宣杭、萧甬、金千（金华至千岛湖）、新长（长兴至新沂）等国铁干支线和金温（金华至温州）地方铁路，截至2009年底，全省铁路运营里程达1665km（其中复线里程1065km）。同时，已建成或基本建成沪杭、杭甬、甬台温、温福、杭宁等高速铁路，运营里程已达720km多。

截至2009年底，全省公路通车里程达106 942km。已建有杭宁、沪杭甬、甬台温、杭州绕城（包括至杭州萧山国际机场高速）、杭金衢、上三线、同三线、金丽温、乍嘉苏、杭黄、杭新景、甬金、杭浦、丽龙、龙丽、诸永等高速公路，共计里程已达3298km。境内有G104（京福线，包括复线）、G205（山广线）、G318（湖浔线）、G320（上畹线）、G329（杭沈线）、G330（温寿线）等6条国道，省道67条，全省一级公路里程4089km、二级公路里程8882km。

2.4.4 自然保护（小）区

截至2009年底，全省已建有森林与野生动物类型的自然保护区共计18个，面积148.99万亩（表2-14）。其中国家级自然保护区有天目山、清凉峰、凤阳山—百山祖、乌岩岭、古田山、九龙山和大盘山等7个，省级自然保护区有安吉龙王山等4个，县级自然保护区7个。此外，相继建立了各类型自然保护小区353个，合计面积101.52万亩；省级以上湿地公园9个（其中国家级6个），保护湿地面积85万亩。许多县（市、区）正在积极筹备保护区、保护小区的新建、扩建和升级等工作，从而使浙江省的自然保护区逐步向多类型、多系列、多层次方向发展。

浙江天目山国家级自然保护区始建于1956年，1986年经国务院批准晋升为国家级自然保护区。保护区地处浙江省西北部临安市境内，东、南部与临安市西天目乡毗邻，西部与临安市千洪乡和安徽省宁国市接壤，北部与浙江龙王山省级自然保护区交界。地理坐标为东经119°23′47″～119°28′27″，北纬30°18′30″～30°24′55″。其区域南北跨度约12km，东西跨度7.8km。总面积64 260亩，其中国有山林面积15 270亩，集体山林面积48 990亩。区内主峰仙人顶海拔1506m。该区具有中亚热带向北亚热带过渡的特征并受海洋暖湿气候的影响较深，森林植被茂盛，高山深谷地形复杂，形成季风强盛、四季分明、气候温和、

表 2-14 浙江省森林与野生动物类型自然保护区基本情况 亩

保护区名称	级别	所在地	保护对象	面积
浙江天目山国家级自然保护区	国家级	临安市	森林和野生动物，古柳杉群	64260
浙江清凉峰国家级自然保护区	国家级	临安市	森林和野生动物，梅花鹿	168780
浙江乌岩岭国家级自然保护区	国家级	泰顺县	森林和野生动物，黄腹角雉	282923
浙江凤阳山—百山祖国家级自然保护区	国家级	庆元县 龙泉市	森林和野生动物，百山祖冷杉	390772
浙江古田山国家级自然保护区	国家级	开化县	森林和野生动物，黑麂，熊	121605
遂昌九龙山国家级自然保护区	国家级	遂昌县	森林和野生动物，黑麂、黄腹角雉	82875
磐安大盘山国家级自然保护区	国家级	磐安县	野生动植物	68370
安吉龙王山省级自然保护区	省级	安吉县	森林和野生动物，银缕梅	18638
长兴尹家边扬子鳄省级自然保护区	省级	长兴县	扬子鳄	1840
诸暨东白山省级自然保护区	省级	诸暨市	野生动植物、香榧种质资源	76073
景宁望东洋高山湿地省级自然保护区	省级	景宁县	高山湿地	17922
仙居括苍山自然保护区	县级	仙居县	动植物，阔叶林	70155
松阳箬寮岘自然保护区	县级	松阳县	野生动植物	17743
绍兴兰亭大庙坞鹭鸟自然保护区	县级	绍兴县	白鹭	1500
常山太公山鸟类自然保护区	县级	常山县	野生动植物	428
武义牛头山自然保护区	县级	武义县	野生动植物	45000
瑞安大洋坑自然保护区	县级	瑞安市	野生动植物	8325
岱山官山岛和秀山岛湿地保护区	县级	岱山县	湿地，河麂	52650

雨水充沛、光照适宜、复杂多变的森林生态气候。主要保护对象：一是濒危珍稀野生动植物；二是典型、完好的中亚热带森林生态系统及其生物多样性，以及以大柳杉、野生银杏、金钱松为代表的古树名木群落；三是奇特的岩石、岩溶地貌景观及整个生态环境；四是以禅源寺、周恩来纪念亭等为代表的人文景观。保护区境内共有各种动物 65 目 465 科 4716 种，其中兽类 74 种，隶属于 8 目 21 科；鸟类 148 种，隶属于 12 目 36 科；两栖类 20 种，隶属于 2 目 7 科；爬行类 44 种，隶属于 3 目 9 科；鱼类 55 种，隶属于 6 目 13 科；昆虫类 4209 种，隶属于 33 目 351 科；蜘蛛类 166 种，隶属于 1 目 28 科。被列为国家和省重点保护的野生动物共有 84 种，其中国家一级重点保护 6 种；国家二级重点保护 33 种；省重点保护动物 45 种。采自该保护区的昆虫模式标本达 700 种之多。有高等植物 246 科 974 属 2160 种。其中苔藓植物 291 种，隶属于 60 科 142 属；蕨类植物 151 种(含 2 变种)，隶属于 35 科 68 属；种子植物 1718 种，隶属于 151 科 764 属。属国家一级保护的植物有：银杏、南方红豆杉、天目铁木 3 种，属国家二级保护的植物 15 种。在种子植物中，有 25 个属于我国特有属，有 24 种属于天目山特有种，有 85 种植物模式标本采自该区。保护区地带性植被为常绿阔叶林，植被的分布有着明显的垂直界限。自山麓到山顶垂直带谱为：海拔 870m 以下为常绿阔叶林区；870 ~ 1110m 为常绿、落叶阔叶混交林；1100 ~ 1380m 为落叶阔叶林；1380 ~ 1506m 为落叶矮林。

浙江清凉峰国家级自然保护区于1999年经国务院批准建立国家级自然保护区。位于临安市境内西部，与安徽省歙县、绩溪交界，东经118°50′～119°12′、北纬30°01′～30°18′。主峰海拔1787.4m，是浙江西部最高峰，位于浙江、安徽分界线上。该保护区由龙塘山森林生态系统保护区域、千顷塘野生梅花鹿保护区域和顺溪坞珍稀濒危植物保护区域三部分组成，总面积168 780亩。属森林和野生动物类型自然保护区。由于其独特的地理位置和自然条件，生物资源和区系成分具有古老性、过渡性、多样性、联系广泛及珍稀物种多、密度大等特点，尤其是保存着世界珍稀、濒危的野生动物——华南梅花鹿的最大野生种群，具有很高的保护价值。是我国经济发达的长江三角洲地区难得的保存完好的物种基因库。主要保护对象有梅花鹿、黑麂等多种野生动物，中亚热带北部亚地带山地复杂多样的森林生态系统、较完整的植被垂直带谱、多种珍稀濒危植物、特有属种、模式标本植物。现已查明2000多种高等植物，隶属于242个科。夏蜡梅在清凉峰的种群数量之大、群落类型之多，全世界绝无仅有，是国家重点保护植物夏蜡梅的一个完美的物种基因库。区内国家重点保护野生植物有银杏、南方红豆杉、银缕梅、金钱松、夏蜡梅、七子花、连香树、杜仲、鹅掌楸、独花兰、黄山梅、香果树、华东黄杉、野大豆、青檀、黄山花楸、长序榆、紫茎、八角莲、天目木姜子、天目木兰、黄山木兰、小花木兰、凹叶厚朴、短萼黄连、银鹊树、金刚大、领春木、明党参、延龄草、短穗竹、天麻、榧树、樟树、浙江楠、花榈木、金荞麦、榉树等38种。珍稀植物有顶花板凳果、大叶三七、独花兰、天目瑞香、秃叶黄皮树、獐耳细辛、猫儿屎、青钱柳等；模式标本采自该区的有昌化铁线蕨、长叶蹄盖蕨、华中峨眉蕨、临安鳞毛蕨、山核桃、夏蜡梅、乳源木莲、拟倒向鳞毛蕨、大叶葱芥、昌化泡果荠、中华景天、垂丝石楠、昌化悬钩子、浙江冬青、五裂锐角槭、安徽槭、昌化槭、秀丽槭、长尾秀丽槭、建始槭、浙江蘡薁、浙皖凤仙花、华双蝴蝶、浙江大青、海州香薷、短梗母草、光杆石竹、龙塘山谷精草等。国家重点保护野生动物有梅花鹿、云豹、豹、黑麂、白颈长尾雉、中华秋沙鸭、猕猴、穿山甲、豺、水獭、大灵猫、小灵猫、金猫、青鼬、斑羚、鬣羚、小天鹅、白枕鹤、鸳鸯、白鹇、勺鸡、褐翅鸦鹃、鸢、苍鹰、赤腹鹰、雀鹰、松雀鹰、红隼、草鸮、红角鸮、长耳鸮、领鸺鹠、斑头鸺鹠、虎纹蛙、毛冠鹿、食蟹獴、貉、狼、狐、豪猪、豹猫、鼬獾、小白额雁、白鹭、夜鹭、红翅凤头鹃、大杜鹃、四声杜鹃、戴胜、大拟啄木鸟、姬啄木鸟、蚁䴕、黑枕绿啄木鸟、星头啄木鸟、斑啄木鸟、三宝鸟、黑枕黄鹂、红嘴蓝鹊、寿带、红嘴相思鸟、喜鹊、松鸦、牛头伯劳、棕背伯劳、虎纹伯劳、红尾伯劳、眼镜蛇、五步蛇、黑眉锦蛇、平胸龟、脆蛇蜥、滑鼠蛇、大树蛙、黑紫蛱蝶、金裳凤蝶、宽尾凤蝶、中华虎凤蝶、尖板曦箭蜓、拉步甲、彩臂金龟等80种。

浙江乌岩岭国家级自然保护区建立于1975年，1994年晋升为国家级自然保护区。位于浙江省泰顺县境内西北部，属洞宫山脉，西与福建省的寿宁县、福安市接壤，北接浙江省的文成、景宁二县，地理位置为东经119°37′8″～119°50′00″、北纬27°20′52″～27°48′39″，总面积282 923亩。以我国特有的世界珍稀濒危物种黄腹角雉和原生生态系统为主要保护对象，是我国濒临东海最近的森林生态类型的国家级自然保护区。该区植物种类占浙江省植物种类的50%，是重要的天然“生物基因库”。已查明的有种子植物1863种，隶属158科775属，占浙江省种子植物的55%，是保护区整个自然生态系统的主要组成部分。其中，蕨类植物45科94属287种，苔藓植物58科155属358种，真菌61科129属212

种。国家一级保护的有南方红豆杉、莼菜等4种，国家二级保护的有金毛狗、福建柏、金钱松、华东黄杉等20种。区内动物资源丰富，动物地理分布和区系组成上有华南区特色。已查明的有脊椎动物4纲27目81科218属342种，其种类占浙江省的53%，脊椎动物中以鸟类最多；有昆虫15目131科1041种，其中蝶类有22科54属85种。属国家一级保护的有黄腹角雉、云豹等8种，属国家二级保护的有穿山甲、豺、白鹇、斑羚等42种。该区是我国特有的珍稀濒危物种黄腹角雉的唯一保种基地和原产地人工繁殖基地，其野外种群数量已经发展到400多只。

浙江凤阳山—百山祖国家级自然保护区由凤阳山保护区和百山祖保护区合并而成，1992经国务院批准晋升为国家级自然保护区。总面积390 772亩。其中：百山祖自然保护区位于浙西南与闽北交界的“全国生态环境第一县”庆元县境内，成立于1985年8月。保护区由两大块组成：一是县境东北部以百山祖为中心一块，位于东经119°3′53″～119°6′44″、北纬27°40′54″～27°50′13″，面积为156 612亩，属百山祖乡行政辖区内；二是县境南部安南乡境内五岭坑一块，面积6591亩，两块合计面积为163 202亩。百山祖西南坡为闽江支流松源溪的源头，东北坡为瓯江主流的发源地，东南坡为福安江的发源地，素有“三江之源”之称。主要保护对象为百山祖冷杉、华南虎等珍稀濒危野生动植物，以及区系成分具有明显华南区特色的典型性、多样性的生物资源及其生境。据初步调查，区内高等植物271科1059属2567种。其中裸子植物9科32属63种；被子植物164科796属1942种；蕨类植物36科82属236种，主要分布在常绿、落叶阔叶林下；苔藓植物62科149属326种，其中叶附生苔5科13属38种。另有真菌资源12目37科97属256种，其中97种为浙江省地理分布新记录种，4种和2个变种为中国地理分布新记录种。有脊椎动物4纲26目74科254种，其中两栖纲2目8科22种，爬行纲3目9科43种，鸟纲13目34科132种，哺乳纲8目23科57种。有昆虫22目247科1346属2192种；有蜘蛛22科75种。其中发现昆虫新属9个，涉及4目8科；新种247个，涉及12目70科；中国分布新记录科1个，新记录属17种，涉及5目12科；浙江分布新记录种40个，涉及4目13科。在百山祖诸多的物种中，属国家级重点保护动物55种，国家重点保护植物31种，建议列入国家或省级保护植物16种，采自百山祖模式植物36种，省级保护动物39种。其中1976年定名发表的百山祖冷杉为百山祖自然保护区特有植物，1987年被国际物种保护委员会(SSC)列为全球最濒危的12种植物之一，中国大陆仅此1种。目前这种冷杉自然生长仅存3株。1998年10月又在百山祖自然保护区内重现的华南虎是分布在我国的稀有虎亚种，是世界上现存的5个亚种中最濒危的一个亚种，为国家一级保护动物，属世界最濒危的十大物种之一，世界上野生华南虎现存数量约为20只，目前在百山祖自然保护区发现3只。由此可见，百山祖自然保护区在生物多样性保护方面具有特殊的保护和研究价值。凤阳山自然保护区位于浙江省西南部的龙泉市境内，成立于1975年5月。地理位置处于东经119°06′～119°15′、北纬27°46′～27°58′，与屏南、龙南、兰巨3乡镇和庆元县百山祖乡毗邻。保护区管理范围为227 571亩，其中国有山林63 678亩。主要保护对象是典型性的中亚热带森林生态系统。区内分布有常绿阔叶林、常绿落叶混交林、落叶阔叶林、针阔混交林、针叶林、竹林、山顶矮曲林、灌丛、稀灌草甸和草坡，还有大面积的原始森林。区内有维管束植物167科609属1273种(包括变种)，其中木本植物91科272属663种。属国家一级重点保护植物有伯乐树、红豆杉、南方红豆杉3种；属国家二级重点保护的有香果树、福建柏、白豆杉等18种。列入《国家重点保护野生动物》名录的有53种，其中属一级保护的有华南虎、金钱豹、云豹、黄腹角雉等8种；二级保护的有大灵猫、小灵猫、短尾猕猴、苏门羚、水獭、赤腹鹰、穿山甲、小隼、夜鹰、白鹇等45种。

浙江古田山国家级自然保护区于1975年被浙江省人民政府列为省级自然保护区，2001年经国务院批准晋升为国家级自然保护区。地处浙江、江西两省交界，位于浙江省西部开化县境内。地理坐标东经118°03′49.7″～118°11′12.2″、北纬29°10′19.4″～29°17′41.4″，总面积121 605亩。以我国特有的世界珍稀濒危物种白颈长尾雉、黑麂及其栖息地的森林生态系统为主要保护对象。据统计，区内共有高等植物244科897属1991种。其中苔类22科39属89种、藓类33科103属236种、蕨类34科66属166种、种子植物155科689属1500种(本区种子植物分别占全国种子植物科、属、种总数的44.2%、20.2%、5.16%，占浙江省种子植物科、属、种总数的81.9%、51.7%、41.6%)。区内属国家一级保护野生植物有南方红豆杉，属国家二级保护野生植物有长序榆、凹叶厚朴、花榈木、毛红椿等14种。有省级珍稀植物竹柏、乳源木莲、野含笑等12种。特别是香果树、野含笑、紫茎这3种珍稀植物群落之大，分布之集中，在全国罕见。该区植物包含有我国特有属14个：如金钱松属、青钱柳属、杜仲属、鸡仔木属等；在浙江植物区系中仅见分布于古田山的种类有栓翅爬山虎、福建石楠、婺源安息香等10种。该区还是古田山鳞毛蕨、开化鳞毛蕨、重齿石灰花楸、浙江红山茶、短茎萼脊兰等5种植物的模式标本产地。区内有脊椎动物26目67科239种，其中兽类8目21科58种，鸟类13目30科104种，两栖类2目7科26种，爬行类3目9科51种。其中，属国家一级重点保护动物有白颈长尾雉、黑麂、豹、云豹4种，属国家二级重点保护野生动物有白鹇、黑熊、小灵猫等30种，省级重点保护野生动物32种。经过20多年的保护和建设，该区范围白颈长尾雉和黑麂种群数量分别达到了500～600只和300～400只。节肢动物门种类繁多，仅昆虫纲就有22目191科759属1156种。是我国古田山澳汉蚱、古田山耳蝉、古田山细蚊等一大批昆虫(目前已定名的有164种)模式标本的产地。

遂昌九龙山国家级自然保护区始建于1983年，2003年经国务院批准晋升为国家级自然保护区。位于浙江省遂昌县西南部的浙江、福建、江西三省毗邻地带，地理坐标为东经118°49′38″～118°55′03″、北纬28°19′10″～28°24′43″，东西宽8.8km，南北长10.5km，总面积82 875亩。属森林生态系统自然保护区类型。据调查，区内有蕨类植物35科73属227种，种子植物114科611属1342种(裸子植物18种，被子植物1324种)，苔藓植物65科185属436种，地衣58属159种，大型真菌39科101属209种。有伯乐树、南方红豆杉2种国家一级保护植物，白豆杉、长叶榧、连香树、鹅掌楸等16种国家二级保护植物，另有白豆杉属、香果树属、伯乐树属等15个中国特有属和银鹊树、南方铁杉等9种珍稀濒危植物。是遂昌冬青、九龙山景天等40种植物模式标本原产地。区内已知的昆虫93科443属587种，蜘蛛21科48属94种，鱼类8科20属25种，两栖类8科13属34种，爬行类9科30属49种，鸟类35科93属145种，兽类22科47属61种。两栖类、爬行类、鸟类和兽类种数分别占浙江省总数的77.3%、59.8%、30.2%和60.6%。

磐安大盘山国家级自然保护区建立于1992年，2002年经国务院批准晋升为国家级自然保护区。位于浙江省磐安县的中部、县城安文镇东南10km处，包括大盘山主峰及周边地区，范围集中连片，地理位置介于东经 120°28′05″ ~ 120°33′40″、北纬 28°57′05″ ~ 29°01′58″,总面积 68 370 亩。大盘山主峰海拔 1245m，素有“群山之祖，诸水之源”之称，是天台山、会稽山、仙霞岭和括苍山的承接处，系浙江省钱塘江、瓯江、灵江、曹娥江四大水系主要支流的发源地和分水岭。该区是目前我国唯一的野生药用生物种质资源类型自然保护区，是一个以珍稀濒危野生药用植物和道地中药材种质资源及其原生地生态系统为主要保护对象的资源管理型自然保护区。区内已知分布有陆生脊椎动物 26 目 72 科 281 种，其中两栖类 2 目 7 科 22 种，爬行类 3 目 9 科 46 种，鸟类 13 目 36 科 146 种，兽类 8 目 20 科 67 种。有鱼类 4 目 7 科 20 种，昆虫 21 目 144 科 604 种。有维管植物 1002 种，隶属于 166 科 566 属，其中蕨类植物 29 科 45 属 62 种，裸子植物 6 科 16 属 24 种，被子植物 131 科 504 属 916 种。分布有大型经济真菌 103 种，隶属 29 科 53 属。其中：国家一级重点保护野生植物有南方红豆杉；国家二级重点保护野生植物有榧树、长叶榧、凹叶厚朴、香果树、榉树、樟、七子花、野大豆、金荞麦等 9 种；列入《中国植物红皮书》的有短萼黄连、八角莲、黄山木兰、紫茎、明党参、银钟花、天麻等 7 种(已列入国家重点保护野生植物名录的种类除外)；列入《中国物种红色名录植物》的有三尖杉、粗榧等 34 种(除去上述已列种类)；浙江珍稀植物青钱柳、光叶榉等 13 种。国家一级保护野生动物有云豹、金钱豹、黑麂、白颈长尾雉等 4 种，国家二级保护动物有虎纹蛙、鸳鸯、黑耳鸢、苍鹰、赤腹鹰、雀鹰、松雀鹰、日本松雀鹰、普通鵟、白鹇、短耳鸮、猕猴、穿山甲、豺、大灵猫、小灵猫、斑羚等 36 种；省级重点保护的动物有大树蛙、平胸龟、眼镜蛇、五步蛇、豪猪、狼、狐等 35 种。该区是我国东部药用植物野生种或近缘种的最重要的种质资源库，也是传统道地中药材“浙八味”中白术、白芍、玄参、元胡、贝母的原产地，是开展药用植物保护、栽培、教学和科研的大型基地，在中医药界占有重要地位。目前保护区已知有野生药用维管植物 851 种，其中载入《中华人民共和国药典(2005 年版)》的有 154 种；收入《浙江省中药炮制规范(2005 年版)》的有 290 种。国家二级重点保护野生药材物种有凹叶厚朴；国家三级重点保护野生药材物种有华中五味子、紫草、天门冬等 3 种；浙江道地药材有芍药、延胡索、浙玄参、麦冬、乌药、紫花前胡、白花前胡、榧树、栀子、梅、玉竹等 11 种；名贵珍稀药用植物有南方红豆杉、三尖杉、香果树、野大豆、短萼黄连、闹羊花、马银花、明党参、天麻、细茎石斛、大叶三七、八角莲、三叶青、斑叶兰、支柱蓼、独花兰、华重楼、金刚大等。

2.4.5 自然与人文遗产地

截止 2001 年，浙江省经国务院批准的自然与人文遗产地主要有余姚市河姆渡遗址、文成县刘基庙(墓)、杭州市历史文化名城、绍兴市历史文化名城、宁波市历史文化名城、衢州市历史文化名城、临海市历史文化名城及台州府城墙、新昌大佛寺、绍兴印山越国王陵、诸暨市斯氏古民居建筑群、长兴县新四军苏浙军区旧址及《世界地质遗产——长兴灰岩》“金钉子”等(表 2-15)。

2.4.6 军事禁区

浙江为我国东南沿海国防前哨，境内国防军事禁区众多，主要分布在舟山、湖州、杭州、温州、宁波、台州等地区的 33 个县(市、区)范围。

表 2-15　浙江省经国务院批准的自然与人文遗产地情况

名　称	所在地	批准文号
杭州市历史文化名城	杭州市	国发[1982]26 号
绍兴市历史文化名城	绍兴市	国发[1982]26 号
河姆渡遗址	余姚市	国发[1982]34 号
衢州市历史文化名城	衢州市	国发[1994]3 号
临海市历史文化名城	临海市	国发[1994]3 号
宁波市历史文化名城	宁波市	国发[1986]104 号
刘基庙(墓)	文成县	国发[2001]25 号
台州府城墙	临海市	国发[2001]25 号
桃渚城	临海市	国发[2001]25 号
绍兴印山越国王陵	绍兴市	国发[2001]25 号
斯氏古民居建筑群	诸暨市	国发[2001]25 号
新四军苏浙军区旧址	长兴县	国发[2001]25 号

2.4.7　森林公园、风景名胜区

2.4.7.1　森林公园

截至 2009 年底，全省共有省级以上森林公园 107 个，总面积 560.82 万亩。其中，国家级森林公园 35 个，总面积 334.17 万亩；省级森林公园 72 个，总面积 226.65 万亩。

国家级森林公园分别为：杭州午潮山、余杭径山(山沟沟)、临安青山湖、建德富春江、桐庐大奇山、桐庐瑶琳、淳安千岛湖、宁波四明山、鄞州天童、奉化溪口、宁海双峰、乐清雁荡山、永嘉龙湾潭、瑞安花岩、苍南玉苍山、文成铜铃山、绍兴兰亭、诸暨五泄、嵊州南山湖、安吉竹乡、平湖九龙山、金华双龙洞、武义牛头山、开化钱江源、衢江紫微山、常山三衢、江山仙霞、龙游大竹海、青田石门洞、遂昌、松阳卯山、天台华顶、仙居、温岭大溪、诸暨香榧等(表 2-16)。

表 2-16　浙江省国家级森林公园情况

公园名称	级别	面积(亩)	所在地
午潮山国家森林公园	国家级	7830	西湖区
径山(山沟沟)国家森林公园	国家级	80625	余杭区
青山湖国家森林公园	国家级	96750	临安市
富春江国家森林公园	国家级	125445	建德市
大奇山国家森林公园	国家级	10500	桐庐县
瑶琳国家森林公园	国家级	6750	桐庐县
千岛湖国家森林公园	国家级	1425000	淳安县
四明山国家森林公园	国家级	68895	宁波市
天童国家森林公园	国家级	10605	鄞州区
溪口国家森林公园	国家级	2835	奉化市
双峰国家森林公园	国家级	10905	宁海县
雁荡山国家森林公园	国家级	12615	乐清市

（续）

公园名称	级别	面积(亩)	所在地
龙湾潭国家森林公园	国家级	23430	永嘉县
花岩国家森林公园	国家级	39360	瑞安市
玉苍山国家森林公园	国家级	35685	苍南县
铜铃山国家森林公园	国家级	40875	文成县
兰亭国家森林公园	国家级	10050	绍兴县
五泄国家森林公园	国家级	14175	诸暨市
南山湖国家森林公园	国家级	32831	嵊州市
安吉竹乡国家森林公园	国家级	270000	安吉县
九龙山国家森林公园	国家级	6555	平湖市
双龙洞国家森林公园	国家级	11655	金华市
浙江牛头山国家森林公园	国家级	19388	武义县
钱江源国家森林公园	国家级	184005	开化县
紫微山国家森林公园	国家级	82500	衢江区
三衢国家森林公园	国家级	16005	常山县
仙霞国家森林公园	国家级	51742	江山市
浙江大竹海国家森林公园	国家级	46899	龙游县
石门洞国家森林公园	国家级	64425	青田县
遂昌县国家森林公园	国家级	359302	遂昌县
卯山国家森林公园	国家级	20775	松阳县
华顶国家森林公园	国家级	58005	天台县
仙居国家森林公园	国家级	44700	仙居县
大溪国家森林公园	国家级	50625	温岭市
诸暨香榧国家森林公园	国家级	43143	诸暨市

省级森林公园分别为：余杭东明山、余杭长乐、萧山石牛山、萧山杨静坞、富阳贤明山、富阳龙门、富阳黄公望、临安太湖源、临安昌化、建德新安江、北仑瑞岩寺、奉化黄贤、奉化斑竹、宁海南溪温泉、宁海桃花溪、余姚东岗山、象山清风寨、象山南田岛、鹿城西郊、瓯海西雁荡、瓯海茶山、永嘉四海山、永嘉五星潭、平阳南雁、瑞安集云山、瑞安福泉山、苍南石聚堂、文成石垟、泰顺天关山、泰顺三魁、诸暨杭坞山、嵊州鹿山、上虞祝家庄、新昌罗坑山、湖州梁希、德清莫干山、长兴桃花岕、安吉龙山、金华东方红、磐安花台山、兰溪六洞山、义乌华溪、义乌望道、永康千金山、东阳八面山、东阳南山、浦江三角潭、武义壶山、衢州桔海、莲都大山峰、丽水白云、龙泉龙渊、云和仙宫湖、景宁草鱼塘、庆元巾子峰、缙云大洋山、缙云括苍山、椒江大陈岛、黄岩方山、玉环大鹿岛、临海云峰、仙居括苍、仙居木口湖、温岭江厦、舟山普陀山、舟山长岗山、杭州半山、富阳城市、慈溪达蓬山、兰溪城市、绍兴稽东香榧、桐庐白云源等。

2.4.7.2 风景名胜区

截至2010年，全省共有省级以上风景名胜区60多处，总面积约750万亩。其中，经国务院批准的国家级风景名胜区有18处，总面积530.85万亩；经浙江省人民政府批准的省级风景名胜区有40多处。

国家级风景名胜区分别为：杭州西湖、新安江—富春江、雁荡山(含中雁、南雁)、普陀山(含朱家尖)、嵊泗列岛、楠溪江、天台山、莫干山、双龙、雪窦山、仙都、江郎山、仙居、浣江—五泄、方岩、百丈漈—飞云湖、方山—长屿硐天、天姥山等(表2-17)。

省级风景名胜区分别为：南北湖、仙岩、石门洞、六洞山、超山、南明山—东西岩、泽雅、瑶溪、滨海—玉苍山、洞头、仙华山、龙潭—大莱口、穿岩十九峰、岱山岛、寨寮溪、东钱湖、桃渚、桃花岛、大佛寺、曹娥江、鉴湖、天荒坪、三都—平岩、大明山、方山—南嵩岩、烂柯山—乌溪江、沃洲湖、九峰山—大佛寺、鸣鹤—上林湖、吼山、划岩山、九峰、花溪—夹溪、钱江源、天童—五龙潭、三衢石林、下渚湖、白露山—芝堰、云中大漈、大鹿岛、响石山、箬寮—安岱后、双苗尖—月山等。

表2-17 浙江省经国务院批准的风景名胜区情况

万亩

名 称	级别	批准时间	面积	所在地
西湖	国家级	1982年	9	杭州市
新安江—富春江	国家级	1982年	168.45	杭州市、富阳市、桐庐县、建德市、淳安县
雁荡山	国家级	1982年	43.5	温州市、平阳市、乐清市
普陀山	国家级	1982年	6.3	舟山市普陀区
嵊泗列岛	国家级	1988年	5.25	嵊泗县
楠溪江	国家级	1988年	93.75	永嘉县
天台山	国家级	1988年	8.7	天台山
莫干山	国家级	1994年	6.45	德清县
双龙洞	国家级	1994年	9	金东区
雪窦山	国家级	1994年	12.75	奉化市
仙 都	国家级	1994年	24.9	缙云县
江郎山	国家级	2002年	1.779	江山市
仙居	国家级	2002年	28.17	仙居县
浣江—五泄	国家级	2002年	7.5	诸暨市
方岩	国家级	2004年	13.8	永康市
百丈漈—飞云湖	国家级	2004年	83.82	文成县
方山—长屿硐天	国家级	2005年	3.9	温岭市
天姥山	国家级	2010年	3.825	新昌县

2.4.8 海岸线、海岛

浙江位于东南沿海，海岸曲折，港湾众多，杭州湾、象山港、三门湾和乐清湾是浙江四大海湾。海岸线总长度达6486km，其中大陆海岸线2250km，岛屿星罗棋布，自北而南有泗礁、岱山、舟山、金塘、朱家尖、六横、南田、玉环、洞头等面积在500m^{2}以上的岛屿3061个。其中：舟山群岛为我国最大群岛，陆域面积1258km^2，海域面积20 800km^2，下辖定海、普陀两区和岱山、嵊泗两县；象山县位于象山港和三门湾之间，三面环海，呈半岛地形，沿海分布有南田等大小岛屿400余个；玉环县由全省第二大岛玉环岛和楚门半岛等大小130余个岛屿组成；洞头县全县由洞头岛等180余个大小岛屿组成。浙江的海岸线和海岛主要分布在舟山、宁波、台州、温州以及绍兴、杭州、嘉兴等地区。

2.4.9 山体坡度36°以上地区

据调查，浙江省林业用地面积中，山体坡度36°以上的面积共计2455.20万亩，占全省林业用地面积的25%。其中山体坡度在36°～45°的面积有1993.90万亩，占林业用地总面积的20.3%；山体坡度在45°以上的面积有461.30万亩，占林业用地总面积的4.7%。主要分布在浙西南、浙西北、浙东地区的洞宫山、仙霞岭、雁荡山、天目山、千里岗山、龙门山、括苍山、大盘山、四明山、天台山、会稽山等山脉。

2.5 区划界定标准

2.5.1 森林类别划分

根据国家和省有关森林资源调查技术规定，遵循林业分类经营的指导思想，按主导功能不同将森林(含林地)分为公益林和商品林两个类别(表2-18)。

2.5.1.1 公益林

以保护和改善人类生存环境、维持生态平衡、保存物种资源、科学实验、森林旅游、国土保安等需要为主要经营目的的有林地、疏林地、灌木林地和其它林地，包括防护林和特种用途林。公益林按事权等级划分为国家级公益林和地方公益林。

2.5.1.2 商品林

以生产木材、竹材、薪材、干鲜果品和其他工业原料等为主要经营目的的有林地、疏林地、灌木林地和其他林地，包括用材林、薪炭林和经济林。商品林按经营状况划分为好、中、差3个等级。

2.5.2 公益林林种划分

根据《生态公益林建设》系列标准和森林资源调查有关技术规定，公益林按森林的主导功能不同，分为防护林和特种用途林两大类。防护林又分为水源涵养林、水土保持林、防风固沙林、农田牧场防护林、护岸林、护路林和其他防护林等7个亚林种；特种用途林又分为国防林、实验林、母树林、环境保护林、风景林、名胜古迹和革命纪念林、自然保护林等7个亚林种。

2.5.2.1 防护林

防护林以发挥生态防护功能为主要目的的有林地、疏林地和灌木林地。

(1)水源涵养林

以涵养水源、改善水文状况、调节区域水分循环，防止河流、湖泊、水库淤塞，以及保护饮用水水源为主要目的的有林地、疏林地和灌木林地。具有下列条件之一者，可划为水源涵养林：流程在500km以上的江河发源地汇水区，主流与一级、二级支流两岸山地自然地形中的第一层山脊以内；流程在500km以下的河流，但所处地域雨水集中，对下游

表 2-18　林种分类系统

森林类别	林种	亚林种	代码
公益林	防护林	水源涵养林	111
		水土保持林	112
		防风固沙林	113
		农田牧场防护林	114
		护岸林	115
		护路林	116
		其他防护林	117
	特种用途林	国防林	121
		实验林	122
		母树林	123
		环境保护林	124
		风景林	125
		名胜古迹和革命纪念林	126
		自然保护林	127
商品林	用材林	短轮伐期用材林	231
		速生丰产用材林	232
		一般用材林	233
	薪炭林	薪炭林	240
	经济林	果树林	251
		食用原料林	252
		林化工业原料林	253
		药用林	254
		其他经济林	255

注：1. 代码的第一位为“森林类别”的代码，第二位为“林种”代码；第三位为“亚林种”代码；2. 资料来源于《国家森林资源连续清查技术规定》(2004 年)。

工农业生产有重要影响，其河流发源地汇水区及主流、一级支流两岸山地自然地形中的第一层山脊以内；大中型水库与湖泊周围山地自然地形第一层山脊以内或平地 1000m 以内，小型水库与湖泊周围自然地形第一层山脊以内或平地 250m 以内；雪线以下 500m 和冰川外围 2km 以内；保护城镇饮用水源的有林地、疏林地和灌木林地。

(2) 水土保持林

以减缓地表径流、减少冲刷、防止水土流失、保持和恢复土地肥力为主要目的的有林地、疏林地和灌木林地。具备下列条件之一者，可划为水土保持林：东北地区(包括内蒙古东部)坡度在 25°以上，华北、西南、西北等地区坡度在 35°以上，华东、中南地区坡度在 45°以上，森林采伐后会引起严重水土流失的；土层瘠薄，岩石裸露，采伐后难以更新或生态环境难以恢复的；土壤侵蚀严重的黄土丘陵区塬面、侵蚀沟、石质山区沟坡、地质结构疏松等易发生泥石流地段的；主要山脊分水岭两侧各 300m 范围内的有林地、疏林地和灌木林地。

(3)防风固沙林

以降低风速、防止或减缓风蚀，固定沙地，以及保护耕地、果园、经济作物、牧场免受风沙侵袭为主要目的的有林地、疏林地和灌木林地。具备下列条件之一者，可以划为防风固沙林：强度风蚀地区，常见流动、半流动沙地(丘、垄)或风蚀残丘地段的；与沙地交界250m以内和沙漠地区距绿洲100m以外的；海岸基质类型为沙质、泥质地区，顺台风盛行登陆方向离固定海岸线1000 m范围内，其他方向200m范围内的；珊瑚岛常绿林；其他风沙危害严重地区的有林地、疏林地和灌木林地。

(4)农田牧场防护林

以保护农田、牧场减免自然灾害，改善自然环境，保障农牧业生产条件为主要目的的有林地、疏林地和灌木林地。具备下列条件之一者，可以划为农田牧场防护林：农田、牧场境界外100m范围内，与沙质地区接壤250～500m范围内的；为防止、减轻自然灾害，在田间、牧场、阶地、低丘、岗地等处设置的林带、林网、片林。

(5)护岸林

以防止河岸、湖岸、海岸冲刷或崩塌，固定河床为主要目的的有林地、疏林地和灌木林地。具备下列条件之一者，可以划为护岸林：主要河流两岸各200m及其主要支流两岸各50m范围内的，包括河床中的雁翅林；堤岸、干渠两侧各10m范围内的；红树林或海岸500m范围内的有林地、疏林地和灌木林地。

(6)护路林

以保护铁路、公路免受风、沙、水、雪侵害为主要目的的有林地、疏林地和灌木林地。具备下列条件之一者，可以划为护路林：林区、山区国道及干线铁路路基与两侧(设有防火线的在防火线以外，下同)的山坡或平坦地区各200m以内，非林区、丘岗、平地和沙区各50m以内；林区、山区、沙区的省、县级道路和支线铁路路基与两侧各50m以内，其他地区各10m范围内的有林地、疏林地和灌木林地。

(7)其他防护林

以防火、防雪、防雾、防烟、护鱼等其他防护作用为主要目的的有林地、疏林地和灌木林地。

2.5.2.2　特种用途林

特种用途林以保存物种资源、保护生态环境，用于国防、森林旅游和科学实验等为主要经营目的的有林地、疏林地和灌木林地。

(1)国防林

以掩护军事设施和用作军事屏障为主要目的的有林地、疏林地和灌木林地。具备下列条件之一者，可以划为国防林：边境地区的有林地、疏林地和灌木林地，其宽度由各省按照有关要求划定；经林业主管部门批准的军事设施周围的有林地、疏林地和灌木林地。

(2)实验林

以提供教学或科学实验场所为主要目的的有林地、疏林地和灌木林地，包括科研试验林、教学实习林、科普教育林、定位观测林等。

(3)母树林

以培育优良种子为主要目的的有林地、疏林地和灌木林地，包括母树林、种子园、子代测定林、采穗圃、采根圃、树木园、种质资源和基因保存林等。

(4)环境保护林

以净化空气、防止污染、降低噪音、改善环境为主要目的，分布在城市及城郊结合部、工矿企业内、居民区与村镇绿化区的有林地、疏林地和灌木林地。

(5)风景林

以满足人类生态需求，美化环境为主要目的，分布在风景名胜区、森林公园、度假区、滑雪场、狩猎场、城市公园、乡村公园及游览场所内的有林地、疏林地和灌木林地。

(6)名胜古迹和革命纪念林

位于名胜古迹和革命纪念地(包括自然与文化遗产地、历史与革命遗址地)的有林地、疏林地和灌木林地，以及纪念林、文化林、古树名木等。

(7)自然保护林

各级自然保护区、自然保护小区内以保护和恢复典型生态系统和珍贵、稀有动植物资源及栖息地或原生地，或者保存和重建自然遗产与自然景观为主要目的的有林地、疏林地和灌木林地。

2.5.3 公益林事权等级划分

公益林按事权等级不同，划分为国家级公益林和地方公益林两大类。

国家级公益林由地方人民政府根据国家有关规定划定，并经国务院林业主管部门核查认定的公益林。国家级公益林划分标准按国务院林业主管部门的有关规定执行。

地方公益林由各级地方人民政府根据国家和地方的有关规定划定，并经同级林业主管部门核查认定的公益林。又分为省级公益林、市级公益林和县级公益林。

2.5.3.1 国家级公益林

根据国家林业局、财政部印发的《重点公益林区划界定办法》(林策发[2004]94号)第七条规定及有关精神，浙江省范围内符合以下生态区位要求的区域，可以区划界定为国家级公益林。

(1)重要江河源头

重要生态区域的江河干流源头(钱塘江含富春江、新安江，瓯江)自源头起向上以分水岭为界，向下延伸20km，汇水区内江河两侧最大20km以内的林地；流域面积10 000km^{2}以上的一级支流源头(黄浦江源头苕溪)，自源头起向上以分水岭为界，向下延伸10km，汇水区内江河两侧最大10km以内的林地。

浙江主要涉及钱塘江源头、瓯江源头和长江一级支流黄浦江源头。

钱塘江源头在浙江涉及南源兰江的东、西两源。西源—衢江源头发源于安徽省休宁县青芝埭尖，涉及开化县。东源—金华江源头发源于磐安尚湖镇(山环乡)茏葱坞龙乌尖，涉及磐安县、东阳市。上述两源源头向下延伸20km汇水区内的江河两侧最大20km以内的林地，可以区划界定为国家级公益林。

瓯江源头发源于庆元、龙泉交界的百山祖锅帽尖，涉及龙泉市、庆元县。瓯江源头向下延伸20km汇水区内的江河两侧最大20km以内的林地，可以区划界定为国家级公益林。

长江一级支流黄浦江源头有东、西两源之分。东源—东苕溪源头发源于东天目山的水竹坞，涉及临安市、安吉县。西源—西苕溪源头发源于天目山麓大沿坑，涉及安吉县。黄浦江东、西两源源头向下延伸 10km 汇水区内的江河两侧最大 10km 以内的林地，可以区划界定为国家级公益林。

(2)重要江河两岸

重要生态区域的江河干流两岸(钱塘江、瓯江)，以及河长在 300km 以上，且流域面积在 2000km^2以上的一级支流两岸(黄浦江)，干堤以外 2km 以内从林缘起，为平地的向外延伸 2km，为山地的向外延伸至第一重山脊的林地。

浙江主要涉及钱塘江干流两岸、瓯江干流两岸和黄浦江(苕溪)干流两岸。

钱塘江干流两岸主要涉及钱塘江北源上游新安江两岸的淳安县、建德市；钱塘江南源上游兰江及其西源衢江两岸的开化县、常山县、柯城区、衢江区、龙游县、兰溪市；钱塘江南源上游兰江东源金华江两岸的东阳市、义乌市、金东区、婺城区、兰溪市；钱塘江中游富春江两岸的桐庐县、富阳市、萧山区；钱塘江下游干流两岸的杭州城区(拱墅区、西湖区等)、萧山区、海宁市和上虞市等。

瓯江干流两岸主要涉及庆元县、龙泉市、云和县、莲都区、青田县、永嘉县、温州市区(瓯海区、鹿城区、龙湾区)和乐清市等。

黄浦江干流两岸主要涉及东苕溪两岸的临安市、余杭区、德清县、湖州市区和西苕溪两岸的安吉县、长兴县和湖州市区。

(3)国家级自然保护区

森林和陆生野生动物类型的国家级自然保护区的林地。

浙江主要有天目山、清凉峰、乌岩岭、古田山、凤阳山—百山祖、九龙山、大盘山 7 个森林和陆生野生动物类型的国家级自然保护区。

其中：天目山、清凉峰国家级自然保护区涉及临安市；乌岩岭国家级自然保护区涉及泰顺县；古田山国家级自然保护区涉及开化县；凤阳山—百山祖国家级自然保护区涉及龙泉市、庆元县；九龙山国家级自然保护区涉及遂昌县；大盘山国家级自然保护区涉及磐安县。

(4)重要湿地和水库

重要湿地和水库周围 2km 以内从林缘起，为平地的向外延伸 2km、为山地的向外延伸至第一重山脊的林地。要求重要湿地的面积在 5 万 hm^2 以上；重要水库的库容在 6 亿 m^3 以上。

浙江境内重要湿地主要为太湖，涉及长兴县和湖州市区。

重要水库目前有 7 座。其中：新安江水库涉及淳安县、建德市；滩坑水库涉及青田县、景宁县、文成县；湖南镇水库涉及衢江区、遂昌县；珊溪水库涉及文成县、泰顺县；紧水滩水库涉及云和县、龙泉市；富春江水库涉及桐庐县、建德市；长潭水库涉及黄岩区。

(5)沿海基干林带、红树林

沿海防护林基干林带、红树林、台湾海峡西岸第一重山脊临海山体的林地。

沿海防护林基干林带划定范围：基岩质海岸为岩岸临海第一重山脊以内的林地；淤泥质海岸为潮间带向陆地延伸 1km 区域内的基干林带；沙质海岸为海水涨潮的最高限向岸上延伸 1km 区域内的基干林带。涉及平湖市、海盐县、海宁市、上虞市、余姚市、慈溪市、镇海区、北仑区、鄞州区、奉化市、象山县、宁海县、三门县、临海市、椒江区、路桥区、温岭市、玉环县、乐清市、龙湾区、鹿城区、瑞安市、平阳县、苍南县、洞头县、定海区、普陀区、岱山县、嵊泗县等县(市、区)。

红树林是指生长在热带和亚热带海岸潮间带或海潮能到达的河流入海口的木本植物群落。浙江省共有3种红树林树种：真红树植物仅秋茄1种，属人工引种；半红树植物有海滨木槿和苦槛蓝2种。秋茄林在温州市的乐清、永嘉、鹿城、瑞安、苍南等县(市、区)均有分布，海滨木槿林仅分布于舟山定海区和宁波奉化的海岛上，苦槛蓝林分布于台州的玉环和温岭以及温州龙湾区。

(6)国防军事设施周围

浙江位于东南沿海国防前哨，为海峡西岸的重要组成部分，区域内军事设施众多，建设和保护好军事设施周围的重点公益林，事关国家国防安全，对于掩蔽军事设施、改善军事环境具有十分重要的战略意义。因此，国家同意浙江境内的国防军事设施周围(包括国防战略公路两侧)的林地，可以区划界定为国家级公益林。主要涉及除绍兴市外的杭州等10个市，长兴、天台等30个县(市、区)。

(7)试点地区公益林

主要指2001年已列入国家森林生态效益补偿试点范围，但对照林策发[2004]94号又不符合上述界定为国家级公益林生态区位要求的原试点区范围的公益林，国家考虑到政策的连续性，同意可继续作为国家级公益林进行区划界定。浙江主要涉及淳安县、建德市、开化县、常山县、江山市、柯城区、衢江区、龙游县等8个原千岛湖、钱塘江上游试点区的部分地区。

2.5.3.2 省级公益林

根据生态区位重要性和生态环境脆弱性和浙江生态环境建设的客观需要，依据《浙江省森林分类区划界定操作细则》和浙江省林业厅、财政厅联合印发的《省级公益林扩面指导意见》的有关规定，符合以下生态区位要求的区域可以区划界定为省级公益林。

(1)县级以上自然保护(小)区

包括省级、县级森林和野生动物类型自然保护区、省级自然保护小区、其他分布有省级以上重点保护野生植物、野生动物及其栖息地的林地。

(2)省级以上自然与文化遗产地

经国务院、省人民政府批准的自然与人文遗产地内的森林、林地。

(3)城镇重要饮用水源保护地

城镇重要饮用水源保护地集水区范围内的森林、林地。

(4)主要水系源头、两侧

流程80~500km河流的干流、一级支流源头20km以内汇水区，或流程500km以上河流二级支流源头10km以内汇水区的森林、林地，以及两岸自然地形第一层山脊以内或平地500m范围内的森林、林地。

(5)大中型水库周围

库容1000万~6亿m^3的水库、湖泊周围集水区范围内或平地500m范围内的森林、林地。

(6)主要通道两侧

国铁、地方铁路、国道(含高速公路)、省道、干线河流两侧第一层山脊以内或平地

1000m 范围内的森林、林地。

(7)省级以上森林公园、风景区

经国务院、省人民政府批准的国家级和省级森林公园、风景名胜区范围内的森林、林地。

(8)重要城镇周围

大中型城市及城乡结合部自然地形第一层山脊线范围内的森林、林地。

(9)坡度 36°以上地区

山体坡度在 36°以上，土层瘠薄、岩石裸露(岩石露出地面 50% 以上)、森林采伐后难以更新或森林生态环境难以恢复的森林、林地。

(10)沿海防护林

沿海海岛范围内的生态公益林地以及其他未列入国家级公益林建设范围的沿海防护林。

(11)下山移民地区

整个行政村或自然村整体搬迁下山移民地区范围内的森林、林地。

(12)成片天然阔叶林或针阔混交林

连片面积 500 亩以上的天然阔叶林或针阔混交林。

2.5.3.3 市、县级公益林

各地在国家级公益林、省级公益林区划界定的基础上，可根据当地经济社会发展和生态建设的需要，按有关规定和要求区划界定一定规模的市级公益林和县级公益林，由当地财政实行森林生态效益补偿。

2.5.4 公益林保护等级划分

生态公益林按保护等级划分为特殊保护、重点保护和一般保护 3 个等级，划分标准执行《生态公益林建设规划设计通则》(GB/T18337.2－2001)和国务院林业主管部门的有关规定。

2.5.4.1 特殊保护公益林

位于生态重要性等级和生态脆弱性等级 1 级地区的生态公益林地，以及所有的国防林。

2.5.4.2 重点保护公益林

位于生态重要性等级和生态脆弱性等级 2 级地区的生态公益林地，以及所有的实验林、环境保护林、名胜古迹和革命纪念林、风景林。

2.5.4.3 一般保护公益林

除特殊保护和重点保护地区以外的其他公益林。

国家级公益林按照生态区位差异一般分为特殊和重点保护公益林，地方公益林按照生态区位差异一般分为重点和一般保护公益林。

2.6 区划界定程序

公益林区划界定工作按以下工作程序组织开展。即：研究汇报—工作准备—政策宣

传—村乡申请—区划界定—质量检查—县级成果编制及上报—全省汇总及报批—签订协议。

2.6.1 研究汇报

各市、县(市、区)林业主管部门应将公益林区划界定工作的目的意义、区位条件、区划原则、工作程序、质量及时间要求等情况，以及初步的工作方案等及时向当地政府汇报，以便政府进行决策研究。

2.6.2 工作准备

包括组织、技术、物资准备。

2.6.2.1 组织准备

省、市、县、乡镇应按有关要求分别成立林业分类经营或公益林建设领导小组，由同级人民政府主要领导任组长，林业、财政、计划、水利、交通、环保、农业、建设部门等的负责人为成员，负责研究解决公益林区划界定工作中的重大问题，协调各部门之间的关系。领导小组下设办公室，由同级林业主管部门的领导任办公室主任，林业主管部门的营林生产、资源林政、办公室、计划财务、调查规划等科、室及其他部门的有关人员为成员，负责公益林区划界定相应的组织指导工作。办公室具体负责工作方案编制、有关规程制订、队伍组织培训、业务技术指导、质量检查验收、成果编制及审核、申报等工作。

2.6.2.2 技术准备

重点做好现有相关资料的收集和具体工作方案的编制等工作。工作方案必须组织有关专家进行会审，经县级人民政府批准后组织实施。基础材料的收集、整理、完善是搞好公益林区划界定工作的基础和关键，除收集自然、社会经济情况和有关林业政策等资料外，应重点收集以下资料：一是涉及确定生态区位和公益林事权等级及类型划分的技术资料，充分掌握本地区各种生态区位情况。如江河水系的干支流分布，重要湖泊、小(一)型以上水库库容、集水面积等，道路(铁路、国道、省道、高速公路、国防公路以及县乡道)名称、里程，各级政府批准建立的各类自然保护区、自然与人文遗产地和具有特殊保护意义地区清单，各级森林公园和风景名胜区等基本情况。除收集已建成的部分外，还应注意收集近期规划建设项目的基本情况。二是生态公益林规划材料、最近期森林资源调查资料(包括小班卡、图、统计表、成果报告等)、生态公益林规划资料(生态公益林规划方案、生态公益林规划统计表、生态公益林规划分布图等)。三是林地林木权属有关资料(政府颁发的林权证书，“三定”的山林权属图表，自留山确认的图、表或协议，林木转让、抵押、租赁等协议、合同，世行贷款造林的有关图表等)。四是其他长江防护林、太湖防护林、沿海防护林、世行贷款造林、原料林基地、特色基地等规划和实施材料。

2.6.2.3 物资准备

重点做好外业调查用图、公益林小班登记卡、公益林保护管理协议书及其他工具、文具的准备工作。

2.6.3 政策宣传

通过广播、电视、报刊、会议、标语、座谈等多种形式，结合《浙江省公益林管理办法》的宣传贯彻，广泛开展政策宣传。重点加强公益林建设目的意义、现有成效，各级公益林区划界定的区位要求及原则，公益林建设保护管理有关要求，现有补偿政策及标准等方面的宣传。要求做到客观真实，家喻户晓。

2.6.4 村、乡申请

在广泛政策宣传的基础上，有区划界定为公益林愿望并符合生态区位条件的森林、林木、林地所有权人和使用权人(包括承包经营权人)，以行政村为单位向当地乡(镇)人民政府提出书面申请，各村情况汇总后，乡(镇)人民政府向县级林业主管部门提出书面申请。各村的申请材料必须附有要求申请列入公益林山场的“公益林小班一览表”，以及山林权属、分户面积都已清楚的分户“签名表”或村民代表会议书面决议。即所申请列入公益林山场的山林权属、分户面积(或所占比例)必须搞清楚。凡一个公益林小班涉及两个及以上权益人的，权益人之间首先要落实好分户面积并签字盖章无异议；权属为村集体的，要求召开村民代表会议(必须有2/3以上的村民代表参加)，对是否同意列入公益林及今后公益林补偿资金使用管理等内容作出明确的书面决议，并经全体村民代表过半数通过(签字盖章)；权属为生产队或村民小组的，要求权属单位的全体户主签字盖章认可。

2.6.5 区划界定

县级林业主管部门接到书面申请材料后，及时指派业务技术人员会同乡、村有关人员组织现场调查工作组，赴现场对要求划入公益林建设管理地块的区位条件是否符合、四至权属是否清晰、群众意愿是否真实等情况作进一步调查核实。符合要求的，按公益林小班区划的有关规定和要求进行现场勾绘和相关因子调查，并以村为单位，将公益林小班调查区划材料进行反馈，经森林、林木、林地所有权人和使用权人(包括承包经营权人)签字盖章确认并张贴公示无异议后，方可进行数据汇总上报；不符合要求的要做好解释说服工作。

2.6.6 质量检查

县(市、区)组织自查，省、市抽查，市林业局要组织对辖区内各县(市、区)的公益林区划界定成果材料进行验收。重点检查所区划界定的公益林区位条件是否符合、四至权属是否清晰、群众意愿是否真实、小班区划是否合理、手续材料是否完备、面积精度及调查记载内容等是否符合要求。

2.6.7 县级成果编制及上报

内外业质量检查、审核无误后，以县为单位按规定要求编制公益林区划界定成果报告、统计表、县乡公益林分布图等，并组织有关专家评审论证通过后，以县(市、区)人民政府文件形式向省人民政府申报，涉及国家级公益林的省人民政府向国务院主管部门申报。

公益林区划界定内外业工作所形成的下述成果资料必须及时归档保存。主要包括：村及乡(镇)要求区划界定为公益林的书面申请；公益林小班区划现场调绘工作底图(1∶10 000)；公益林小班登记卡；公益林保护管理协议书(含分户签名表，因长期在外经商务工需委托亲朋好友代签字盖章的书面委托书，村民代表会议书面决议）；外业质量检查登记表及县级质量检查报告，市级成果验收意见；村级公示材料；公益林区划界定成果报告（含统计表，对区划界定结果要作详细说明）；乡镇公益林分布图（比例尺 1/1 万或 1/5万）、全县公益林分布图（比例尺 1/10 万）；公益林小班数据库。其中，下列材料必须按规定要求和份数上报省林业厅和财政厅。县级人民政府关于要求列入省级以上公益林建设范围的申报文件；设区的市或者县级人民政府补偿资金承诺书；公益林区划界定成果报告（含统计表）；关于成立县（市、区）公益林建设领导小组及其办公室的文件；外业质量检查验收报告及成果验收意见；全县公益林分布图和各乡镇公益林分布图；公益林小班数据库。

2.6.8 全省汇总及报批

省林业厅、省财政厅对各县上报数据材料进行审核、汇总，提出具体实施方案，联合上报省政府和国家林业局、财政部，经省级以上人民政府批准后组织实施。

2.6.9 签订公益林界定书或保护管理协议

经省级以上人民政府批准公益林建设规模后，县级人民政府应与列入公益林建设范围的森林、林木、林地所有权人和使用权人（包括承包经营权人）正式签订公益林界定书或保护管理协议书。并按照《浙江省公益林管理办法》等有关规定和要求，进一步明确责任，认真做好公益林建设、管护及补偿等政策措施的落实工作。

3

RESULTS OF DIVISION DELIMITATION

区划界定结果

浙江省共区划界定省级以上公益林面积3910.48万亩，占林业用地总面积的39.80%，分布于11个市、85个县(市、区)。全省公益林总体布局呈现以钱塘江等八大水系源头及两侧的树状分布为主体，以铁路、国道、高速公路周围等带状分布为骨架，以自然保护区、大中型水库周围、森林公园、风景名胜区、国防军事禁区等块状分布为基础的总体框架，基本符合浙江省以保护大江大河、大中型水库、重要交通干线、国防前哨和自然保护区为核心，以提高水源涵养、水土保持功能和改善人居环境为重任的公益林建设目标。

3.1 建设规模与布局

根据国家、省有关公益林区划界定的标准和要求，针对浙江省生态区位重要性、生态环境脆弱性、生态环境现状和经济社会发展水平，考虑到公益林和商品林两类林的合理比例和分布，并在充分尊重群众意愿的基础上，通过认真、细致的现场区划界定，全省共区划界定省级以上公益林总面积3910.48万亩，占林业用地总面积的39.80%，分布于11个市、85个县(市、区)。其中：国家级公益林面积1396.80万亩，占公益林总面积的35.72%；省级公益林面积2513.68万亩，占公益林总面积的64.28%(表3-1、图3-1)。除嘉兴、湖州两市外，其他各市的省级以上公益林面积占林业用地面积比例均在30%以上。

表3-1 各市省级以上公益林区划界定结果

万亩，%

统计单位	林业用地面积	省级以上公益林建设规模						
		总计			其中：国家级公益林		其中：省级公益林	
		面积合计	占林业用地比重	占全省公益林比重	面积小计	所占比例	面积小计	所占比例
浙江省	**9826.40**	**3910.48**	**39.80**	**100.00**	**1396.80**	**35.72**	**2513.68**	**64.28**
杭州市	1719.69	585.01	34.02	14.96	392.82	67.15	192.19	32.85
宁波市	661.34	219.18	33.14	5.60	33.75	15.40	185.43	84.60
温州市	1113.5	419.31	37.66	10.72	158.09	37.70	261.22	62.30
嘉兴市	64.31	8.57	13.33	0.22	3.26	38.04	5.31	61.96
湖州市	420.36	120.04	28.56	3.07	36.02	30.01	84.02	69.99
绍兴市	694.42	238.19	34.30	6.09	0.44	0.18	237.75	99.82
金华市	1027.39	381.36	37.12	9.75	77.96	20.44	303.40	79.56
衢州市	980.23	361.37	36.87	9.24	234.12	64.79	127.25	35.21
舟山市	99.17	76.45	77.09	1.96	56.86	74.38	19.59	25.62
台州市	900.02	337.67	37.52	8.64	72.67	21.52	265.00	78.48
丽水市	2145.97	1163.33	54.21	29.75	330.81	28.44	832.52	71.56

全省公益林在空间区划布局上，呈现以树状、带状布局为骨架，块状布局为基础的总体框架，基本符合浙江以保护大江大河、大中型水库、重要交通干线、国防前哨和自然保护区为核心，以提高水源涵养、水土保持功能和改善人居环境为重任的公益林建设目标。

①树状布局：以钱塘江、瓯江、苕溪、甬江、飞云江、椒江、鳌江、京杭运河等八大江河水系为主干，众多一、二级支流为分支的“树状分布”格局。该布局的公益林以水源涵养林、水土保持林、护岸林为主，面积约占全省生态公益林总面积的54.59%。

②带状布局：以纵横交错的铁路、高速公路、国防公路、省道、县乡道以及海岸线为构架的“带状分布”格局。该布局的生态公益林以水土保持林、护路林、农田防护林、防风固沙林为主，面积约占全省生态公益林总面积的13.98%。

③块状布局：以众多湖泊、水库、自然保护区、自然与人文遗产地、森林公园、风景

名胜区、国防军事禁区、大中型城市城乡结合部等为依据的“块状分布”格局。该布局的生态公益林以水源涵养林、自然保护区林、风景林、名胜古迹和革命纪念林、国防林、环境保护林为主，面积约占全省生态公益林总面积的 31.43%（图 3-2）。

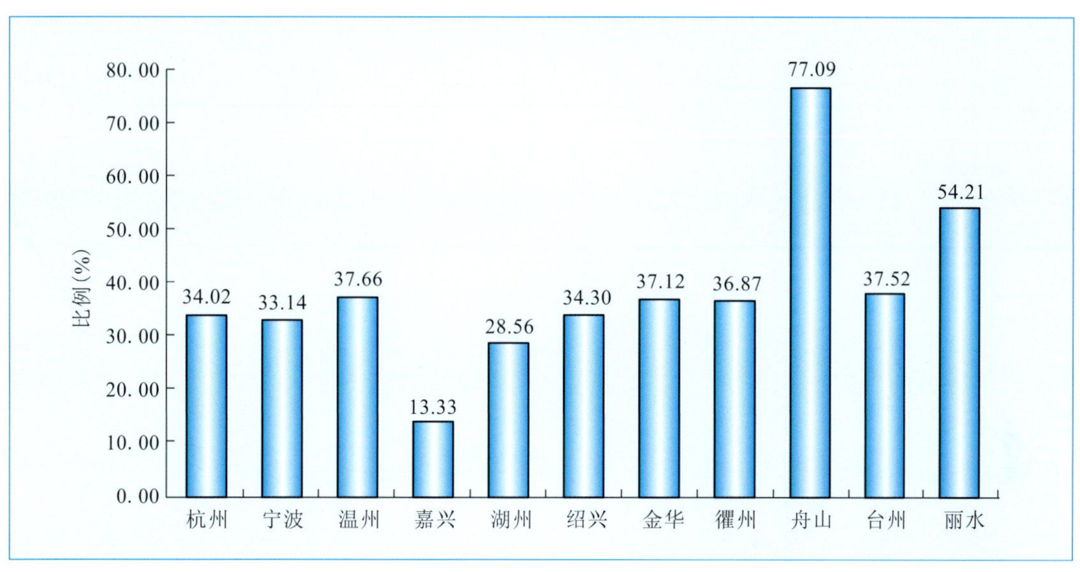

图 3-1　浙江各市公益林占林业用地面积比例

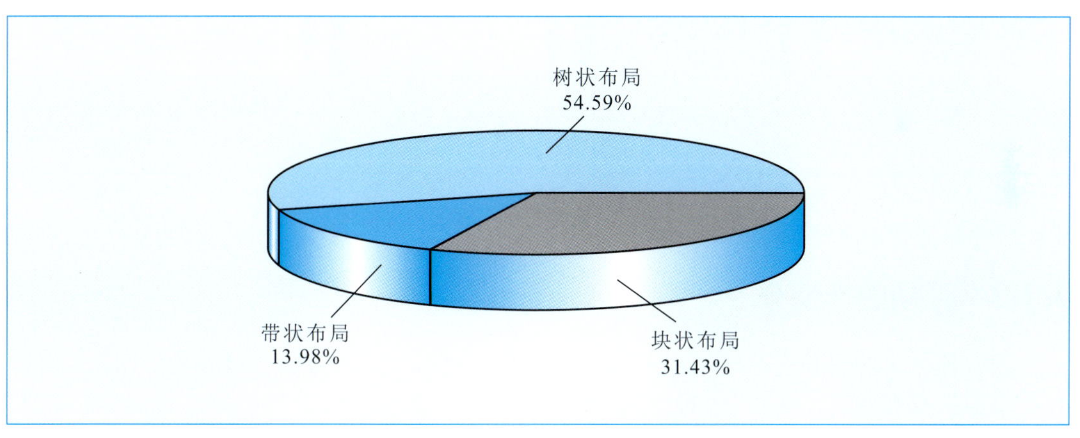

图 3-2　浙江公益林总体布局情况

3.1.1　按事权等级分

3.1.1.1　国家级公益林

全省共区划界定国家级公益林面积 1396.80 万亩，占全省林业用地总面积的 14.21%，占全省省级以上公益林面积的 35.72%（图 3-3）。分布于 11 个市 69 个县（市、区），其中：杭州市 392.82 万亩，占全省国家级公益林面积的 28.12%；丽水市 330.81 万亩，占 23.68%；衢州市 234.12 万亩，占 16.76%；温州市 158.09 万亩，占 11.32%；金华市 77.96 万亩，占 5.58%；台州市 72.67 万亩，占 5.20%；舟山市 56.86 万亩，占

4.07%；湖州市36.02万亩，占2.58%；宁波市33.75万亩，占2.42%；嘉兴市3.26万亩，占0.23%；绍兴市0.44万亩，占0.03%。

3.1.1.2 省级公益林

全省共区划界定省级公益林面积2513.68万亩，占全省林业用地总面积的25.58%，占全省省级以上公益林面积的64.28%。分布于11个市80个县(市、区)。其中：丽水市832.52万亩，占全省省级公益林面积的33.12%；金华市303.40万亩，占12.07%；台州市265.00万亩，占10.54%；温州市261.22万亩，占10.39%；绍兴市237.75万亩，占9.46%；杭州市192.19万亩，占7.65%；宁波市185.43万亩，占7.38%；衢州市127.25万亩，占5.06%；湖州市84.02万亩，占3.34%；舟山市19.59万亩，占0.78%；嘉兴市5.31万亩，占0.21%。

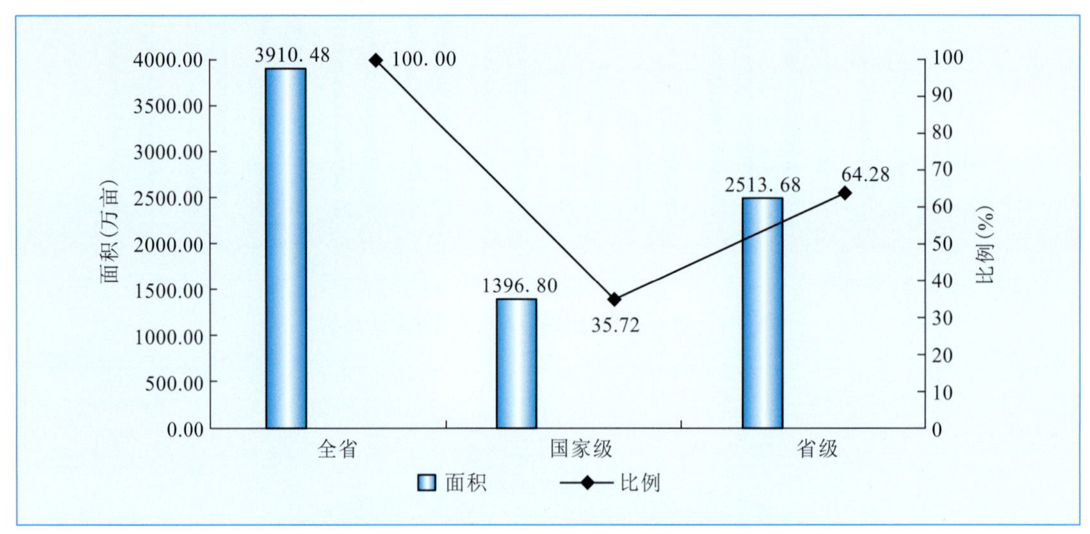

图3-3 浙江公益林按事权等级构成情况

3.1.2 按功能类型分

公益林按主导功能类型可分为2个一级林种，14个二级林种。根据浙江所处生态区位的重要性和脆弱性，按照“因害设防”原则，浙江公益林以防护林中的水源涵养林和水土保持林为主。全省共区划界定以水源涵养、水土保持、防风固沙等国土保安为主要功能的防护林3532.90万亩，占公益林总面积的90.42%；以保存物种、保护生态环境、保障国防和科研等为主要目的的特种用途林374.53万亩，占公益林总面积的9.58%(图3-4)。

防护林中，水源涵养林2143.46万亩，占防护林总面积的60.62%；水土保持林1196.57万亩，占33.84%；防风固沙林和农田防护林35.47万亩，占1.00%；护岸林22.44万亩，占0.63%；护路林138.01万亩，占3.91%。因此，防护林中近95%为水源涵养林和水土保持林，水源涵养林主要分布在河流的源头汇水区及其两侧和水库周围；水土保持林以交通干线两侧和陡坡为主(图3-5)。

特种用途林中，国防林67.86万亩，占特用林总面积的18.12%；实验林1.21万亩，占0.32%；母树林0.74万亩，占0.20%；环境保护林11.97万亩，占3.20%；风景林

106.63 万亩，占 28.47%；名胜纪念林 24.18 万亩，占 6.45%；自然保护区林 161.94 万亩，占 43.24%（图 3-6）。

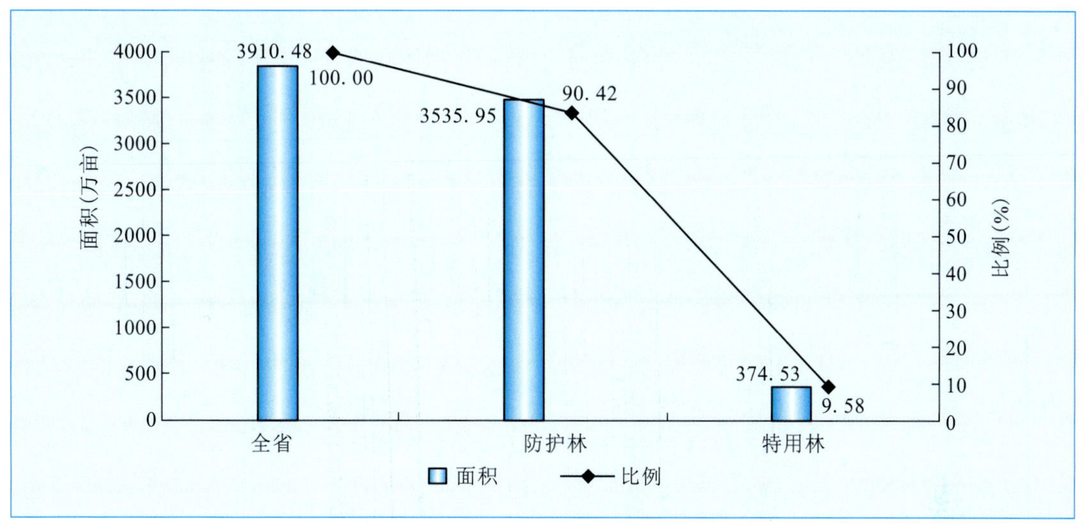

图 3-4　浙江公益林按主导功能构成情况

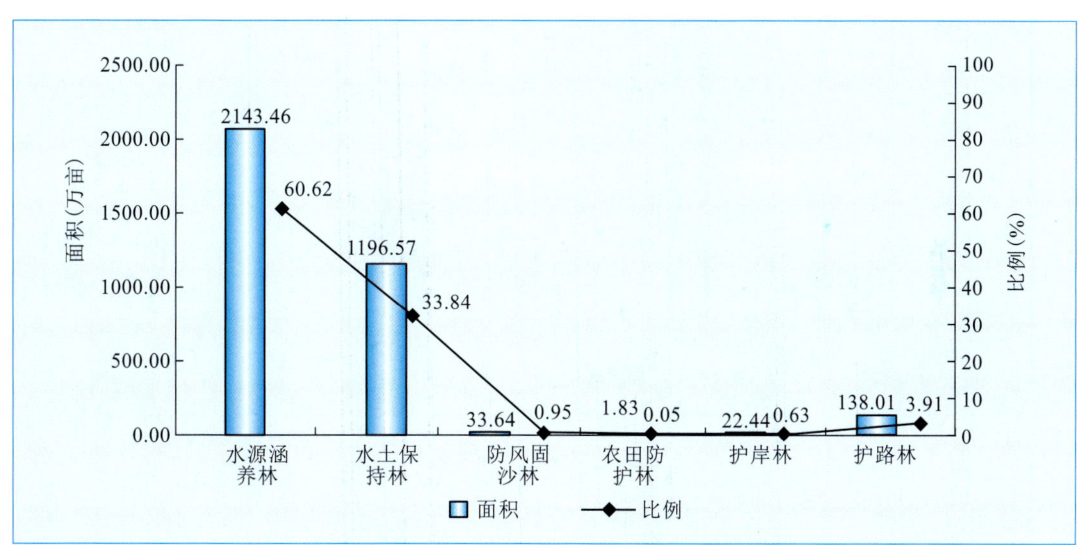

图 3-5　防护林中各二级林种构成情况

3.1.3　按林木权属分

因浙江林地多为集体林，国有林比重很小，区划界定为公益林的面积中，林地权属为国有的面积仅为 333.40 万亩，占全省公益林总面积的 8.52%；林地权属为集体所有的公益林面积 3577.08 万亩，占 91.48%。

集体林中按林木所有权和使用权分，属村级集体统管的公益林面积为 2218.81 万亩，占 56.74%；属队（组）统管的公益林面积为 253.67 万亩，占 6.49%；属个人承包经营的

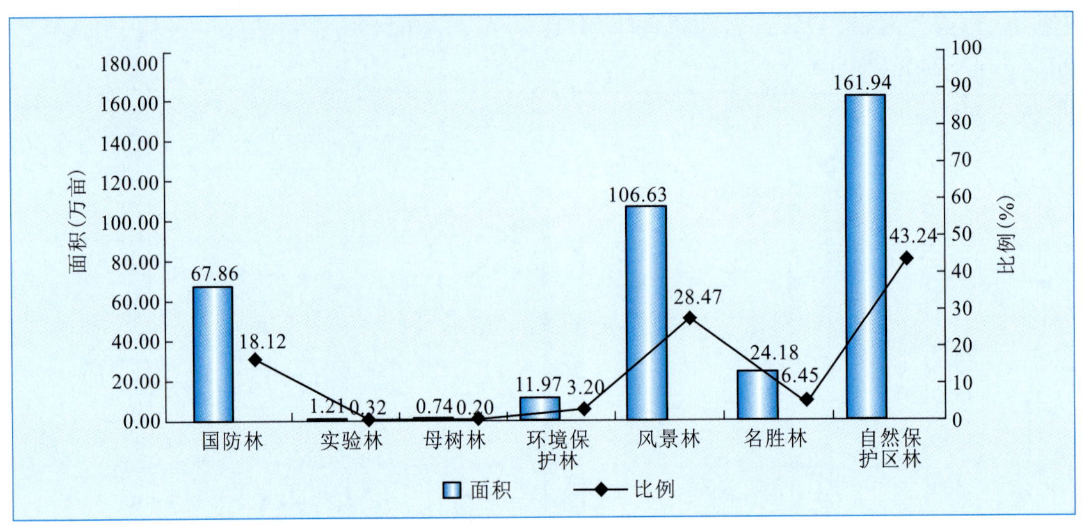

图 3-6 特用林中各二级林种构成情况

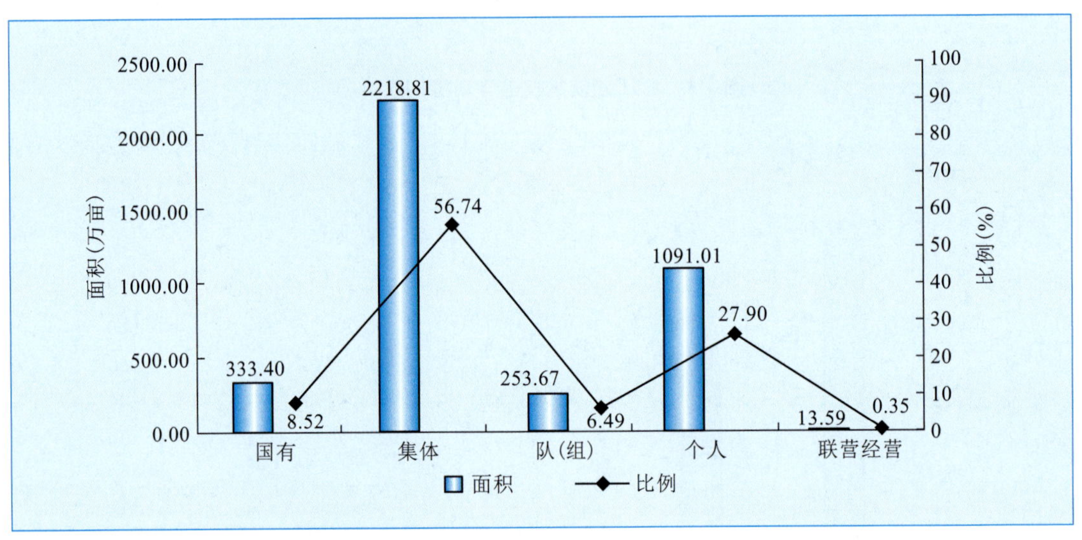

图 3-7 浙江公益林按林木所有权构成情况

公益林面积为 1091.01 万亩，占 27.90%；属联营经营的公益林为 13.59 万亩，占 0.35%（图 3-7）。

3.1.4 按地类分

浙江省级以上公益林总面积中按地类分，有林地为 3756.83 万亩，占公益林总面积的 96.07%；疏林地为 3.09 万亩，占 0.08%；灌木林地为 113.28 万亩，占 2.90%；未成林造林地为 14.32 万亩，占 0.37%；宜林地为 9.23 万亩，占 0.23%；无立木林地为 13.73 万亩，占 0.35%（图 3-8）。

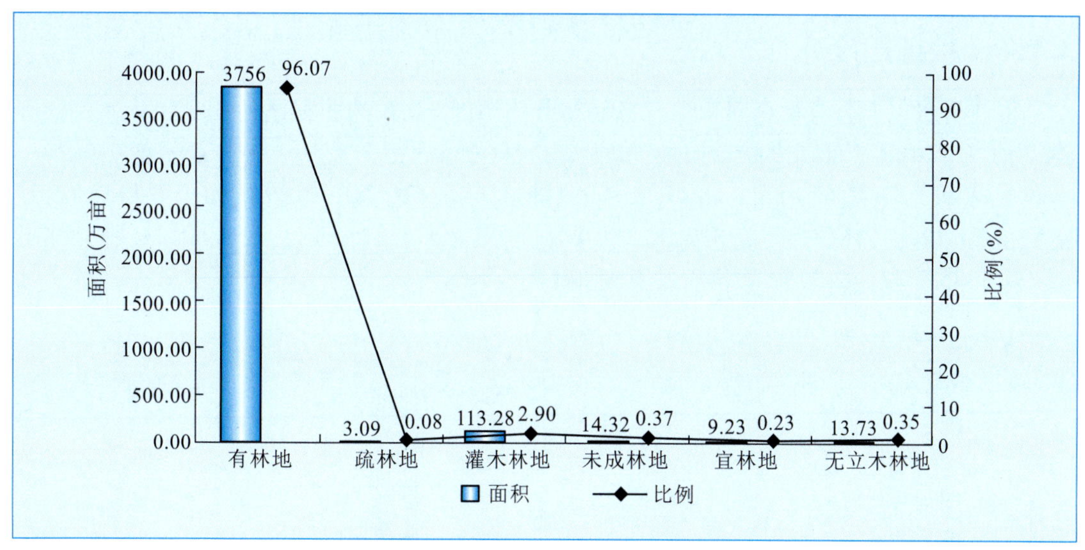

图 3-8 浙江公益林按地类构成情况

3.1.5 按森林群落类型分

目前，浙江公益林的树种结构和森林群落类型已大有改善，阔叶林和针阔混交林的比重快速上升，但仍不理想，主要问题是以松木、杉木为主的针叶林比重偏高，达到近1/2，树种结构调整的任务还相当繁重。

各主要森林群落类型的面积和比重分别为：阔叶林面积 1113.69 万亩(其中硬阔面积 1017.77 万亩)，占 28.48%；针阔混交林面积 536.90 万亩，占 13.73%；针叶林面积 1898.38 万亩(其中松木林面积 1389.89 万亩)，占 48.55%；竹林面积 207.86 万亩(其中毛竹林面积 192.39 万亩)，占 5.31%；灌木林面积 113.27 万亩，占 2.90%；其他面积 40.38 万亩，占 1.03%(图 3-9)。

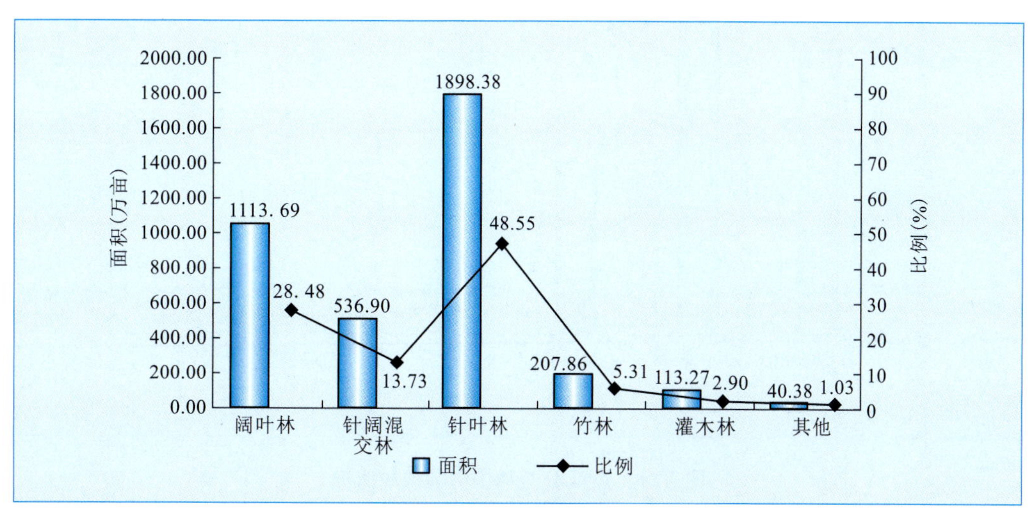

图 3-9 浙江公益林按森林群落类型构成情况

3.1.6 按郁闭度分

浙江省级以上公益林总面积中，目前林分郁闭度 >0.5 的面积已达 3272.89 万亩，占 83.70%。其中林分郁闭度≥0.9 的面积为 286.59 万亩，占 7.33%；林分郁闭度在 0.70～0.89 的面积为 1847.65 万亩，占 47.25%；林分郁闭度在 0.50～0.69 的面积为 1138.65 万亩，占 29.12%；林分郁闭度在 0.30～0.49 的面积为 376.37 万亩，占 9.62%；林分郁闭度 <0.30 的面积为 261.22 万亩，占 6.68%（图 3-10）。

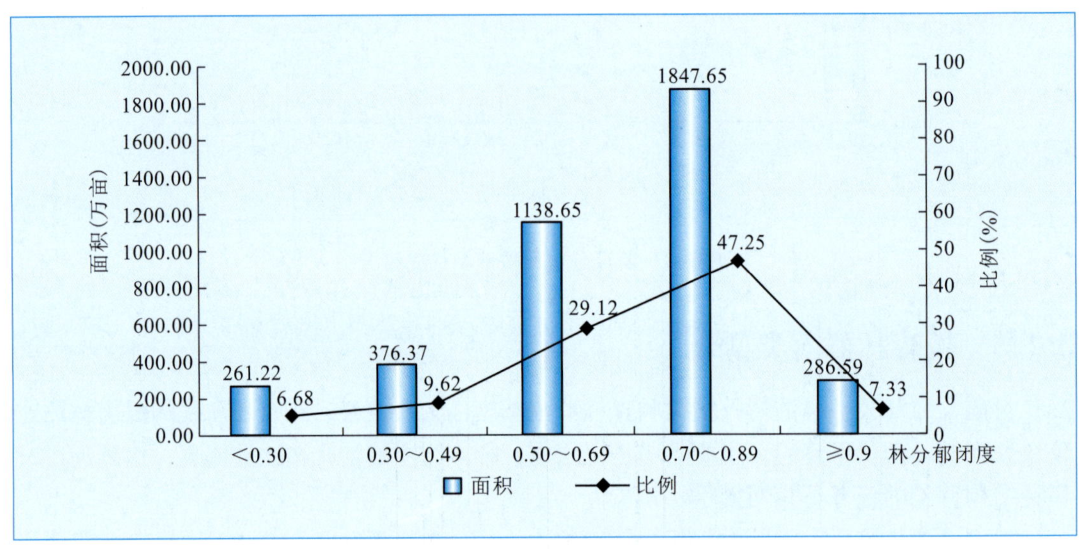

图 3-10　浙江公益林按林分郁闭度构成情况

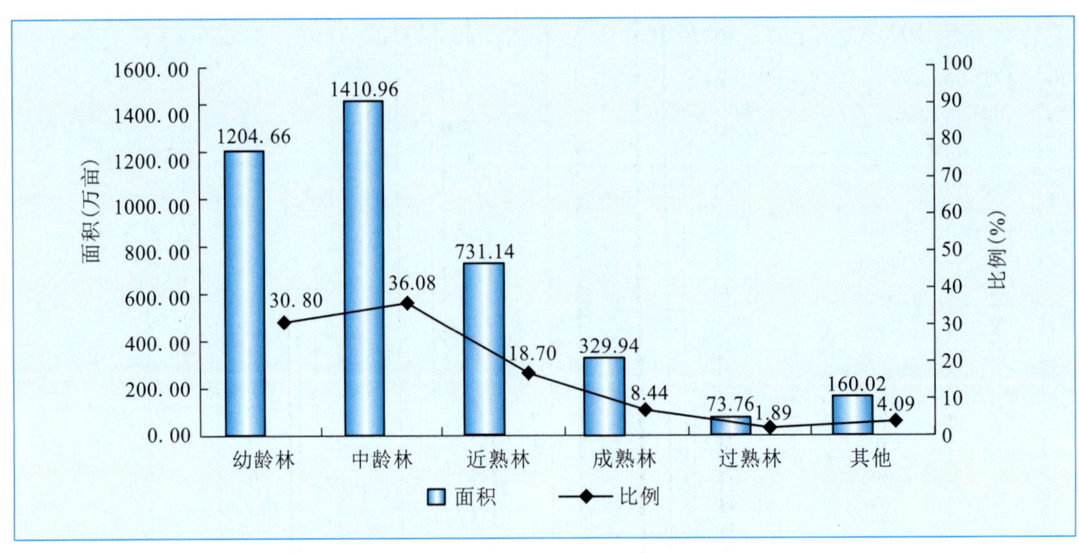

图 3-11　浙江公益林按林龄构成情况

3.1.7 按林龄分

浙江公益林目前以幼、中龄林为主，近熟林以上林分仅为1134.84万亩，占29.02%。其中幼龄林面积为1204.66万亩，占30.80%；中龄林面积为1410.96万亩，占36.08%；近熟林面积为731.14万亩，占18.70%；成熟林面积为329.94万亩，占8.44%；过熟林面积为73.76万亩，占1.89%；其他灌木林地、未达林分标准的林地面积为160.02万亩，占4.09%(图3-11)。

3.2 按生态区位分布

3.2.1 国家级公益林

浙江共区划界定国家级公益林1396.80万亩，主要分布于新安江等7座库容6亿m^3以上的大型水库周围、钱塘江等3条重要江河源头及两岸、天目山等7个国家级自然保护林，以及沿海基干林带和国防军事设施周围等重要生态区位地区。其中：重要水库周围占44.65%，重要江河两岸占14.57%，沿海基干林带占10.17%，试点地区占8.97%，国家级自然保护区占8.34%，国防军事设施周围占7.15%，重要江河源头地区占6.08%，重要湿地周围占0.07%。各市国家级公益林按生态区位区划界定结果详见表3-2、图3-12。

表3-2 国家级公益林按生态区位区划界定结果 万亩

统计单位	合计	重要江河源头	重要江河两岸	国家级自然保护区	重要湿地	重要水库	沿海基干林带	国防设施周围	试点地区
浙江省	**1396.80**	**84.90**	**203.57**	**116.44**	**1.02**	**623.65**	**142.07**	**99.84**	**125.31**
杭州市	392.82	8.71	46.28	22.61		299.32		15.90	
宁波市	33.75						31.70	2.05	
温州市	158.09		11.94	28.24		69.76	32.29	15.86	
嘉兴市	3.26						2.27	0.99	
湖州市	36.02	8.85	20.70		1.02			5.45	
绍兴市	0.44		0.05				0.39		
金华市	77.96	32.85	25.25	6.97				12.89	
衢州市	234.12	27.03	32.84	12.21		35.83		0.90	125.31
舟山市	56.86						50.50	6.36	
台州市	72.67					38.23	24.92	9.52	
丽水市	330.81	7.46	66.51	46.41		180.51		29.92	

3.2.1.1 重要江河源头

浙江在钱塘江、瓯江和黄浦江(苕溪)源头区共区划界定国家级公益林84.90万亩。其中：钱塘江源头59.88万亩，占该区位国家级公益林面积的70.53%；瓯江源头7.46万亩，占8.78%；长江一级支流黄浦江(苕溪)源头17.56万亩，占20.69%(表3-3)。

钱塘江源头分布于开化县27.03万亩、磐安县30.23万亩、东阳市2.62万亩。

瓯江源头分布于龙泉市5.94万亩、庆元县1.52万亩。

长江一级支流黄浦江源头(苕溪)分布于临安市8.70万亩、安吉县8.86万亩。

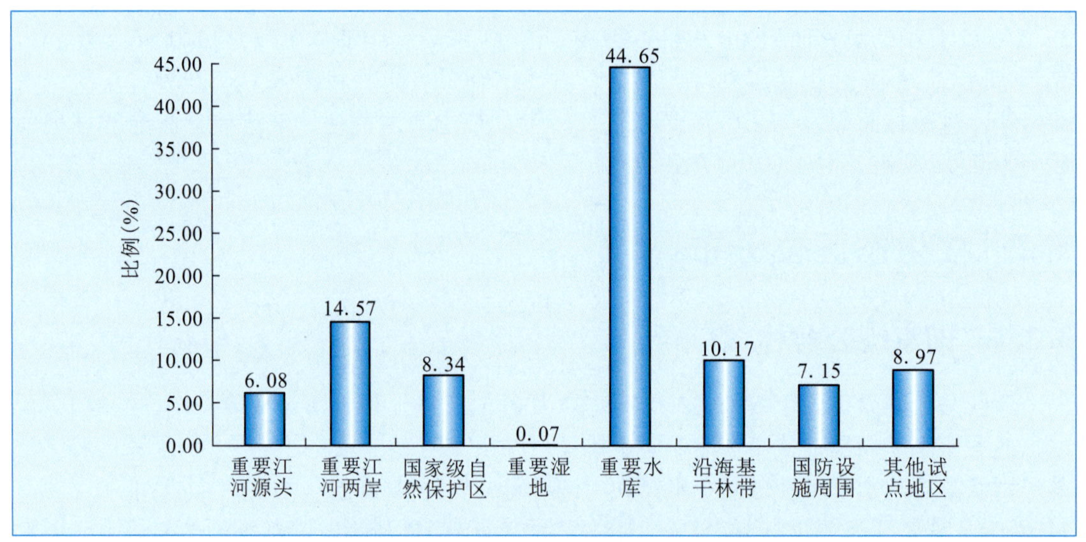

图3-12 国家级公益林中各生态区位所占比例

表3-3 重要江河源头区划界定结果

亩

统计单位	计	钱塘江源头	瓯江源头	黄浦江(苕溪)源头
浙江省	**849036**	**598791**	**74590**	**175655**
临安市	87059			87059
安吉县	88596			88596
东阳市	26234	26234		
磐安县	302265	302265		
开化县	270292	270292		
龙泉市	59398		59398	
庆元县	15192		15192	

3.2.1.2 重要江河两岸

浙江在钱塘江、瓯江和黄浦江(苕溪)干流两岸共区划界定国家级公益林203.57万亩，其中钱塘江干流两岸95.08万亩，占该区位国家级公益林面积的46.70%；瓯江干流两岸78.45万亩，占38.54%；黄浦江上游苕溪干流两岸30.04万亩，占14.76%(表3-4)。

钱塘江干流两岸分布于开化县22.08万亩、常山县10.18万亩、柯城区0.36万亩、龙游县0.22万亩、兰溪市8.60万亩、东阳市12.32万亩、义乌市1.77万亩、金东区2.57万亩、建德市8.82万亩、桐庐县9.58万亩、富阳市15.64万亩、萧山区0.97万亩、西湖区1.71万亩、滨江区0.21万亩、绍兴县0.05万亩。

瓯江干流两岸分布于龙泉市16.25万亩、云和县9.97万亩、莲都区11.60万亩、青田县28.68万亩、永嘉县3.95万亩、鹿城区7.76万亩、龙湾区0.23万亩。

黄浦江上游苕溪两岸涉及临安市 9.35 万亩、安吉县 17.43 万亩、德清县 0.83 万亩、长兴县 1.15 万亩、吴兴区 1.28 万亩。

表 3-4　重要江河两岸区划界定结果

亩

统计单位	计	钱塘江两岸	瓯江两岸	黄浦江(苕溪)两岸
浙江省	**2035755**	**950776**	**784490**	**300489**
西湖区	17149	17149		
滨江区	2101	2101		
萧山区	9722	9722		
临安市	93500			93500
富阳市	156449	156449		
桐庐县	95763	95763		
建德市	88155	88155		
鹿城区	77636		77636	
龙湾区	2307		2307	
永嘉县	39471		39471	
吴兴区	12838			12838
长兴县	11498			11498
安吉县	174310			174310
德清县	8343			8343
绍兴县	480	480		
金东区	25702	25702		
义乌市	17666	17666		
东阳市	123192	123192		
兰溪市	86005	86005		
柯城区	3566	3566		
龙游县	2170	2170		
常山县	101818	101818		
开化县	220838	220838		
莲都区	116048		116048	
龙泉市	162533		162533	
云和县	99662		99662	
青田县	286833		286833	

3.2.1.3　国家级自然保护区

浙江在天目山、清凉峰、乌岩岭、凤阳山—百山祖、古田山、九龙山、大盘山等 7 个森林和陆生野生动物类型的国家级自然保护区，共区划界定国家级公益林面积 116.44 万亩，占保护区总面积的 98% 以上(表 3-5)。

表 3-5 国家级自然保护区区划界定结果

亩

统计单位	计	天目山	清凉峰	乌岩岭	凤阳山—百山祖	古田山	九龙山	大盘山
浙江省	**1164383**	**62817**	**163300**	**282330**	**381195**	**122125**	**82903**	**69713**
临安市	226117	62817	163300					
泰顺县	282330			282330				
磐安县	69713							69713
开化县	122125					122125		
龙泉市	240821				240821			
庆元县	140374				140374			
遂昌县	82903						82903	

浙江天目山国家级自然保护区 6. 28 万亩，占该区位国家级公益林面积的 5. 39%，分布于临安市；

浙江清凉峰国家级自然保护区 16. 33 万亩，占 14. 02%，分布于临安市；

浙江乌岩岭国家级自然保护区 28. 23 万亩，占 24. 25%，分布于泰顺县；

浙江古田山国家级自然保护区 12. 21 万亩，占 10. 49%，分布于开化县；

浙江凤阳山—百山祖国家级自然保护区 38. 12 万亩，占 32. 74%，分布于龙泉市 24. 08 万亩、庆元县 14. 04 万亩；

浙江九龙山国家级自然保护区 8. 29 万亩，占 7. 12%，分布于遂昌县；

浙江大盘山国家级自然保护区 6. 97 万亩，占 5. 99%，分布于磐安县。

3. 2. 1. 4 重要湿地和水库

浙江在重要湿地——太湖周围共区划界定国家级公益林面积 1. 02 万亩，分布于长兴县 0. 87 万亩、吴兴区 0. 15 万亩。

在新安江、滩坑、乌溪江、珊溪、紧水滩、富春江、长潭等 7 座库容 6 亿 m^3 以上的重要水库周围，共区划界定国家级公益林 623. 65 万亩(表 3-6)。

新安江水库周围 196. 91 万亩，占该区位国家级公益林面积的 31. 57%，分布于淳安县 193. 84 万亩、建德市 3. 07 万亩。

滩坑水库周围 70. 58 万亩，占 11. 32%，分布于青田县 26. 10 万亩、景宁县 43. 38 万亩、文成县 1. 10 万亩。

乌溪江水库周围 73. 77 万亩，占 11. 83%，分布于衢江区 35. 83 万亩、遂昌县 37. 94 万亩。

珊溪水库周围 68. 66 万亩，占 11. 01%，分布于文成县 27. 17 万亩、泰顺县 41. 49 万亩。

紧水滩水库周围 73. 09 万亩，占 11. 72%，分布于云和县 31. 13 万亩、龙泉市 41. 96 万亩。

富春江水库周围 102. 40 万亩，占 16. 42%，分布于桐庐县 14. 87 万亩、建德市 87. 53 万亩。

长潭水库周围 38. 23 万亩，占 6. 13%，分布于黄岩区。

表 3-6 重要水库及湿地周围区划界定结果 亩

统计单位	重要水库周围国家级公益林								重要湿地
	计	新安江	滩坑	乌溪江	珊溪	紧水滩	富春江	长潭	
浙江省	**6236460**	**1969135**	**705815**	**737709**	**686546**	**730947**	**1024009**	**382299**	**10181**
桐庐县	148704						148704		
建德市	906015	30710					875305		
淳安县	1938425	1938425							
文成县	282695		11008		271687				
泰顺县	414859				414859				
吴兴区									1476
长兴县									8705
衢江区	358337			358337					
黄岩区	382299							382299	
龙泉市	419601					419601			
景宁县	433764		433764						
遂昌县	379372			379372					
云和县	311346					311346			
青田县	261043		261043						

3.2.1.5 沿海防护林基干林带、红树林

浙江在沿海地区基岩质海岸临海第一重山脊以内、淤泥质海岸从潮间带向陆地延伸1km区域内、沙质海岸从海水涨潮的最高限向岸上延伸1km区域内，共区划界定沿海防护林基干林带国家级公益林142.07万亩，红树林11亩。具体分布于北仑区等沿海27个县(市、区)，各县(市、区)区划界定结果详见表3-7。

表 3-7 海防林基干林带及红树林区划界定结果 亩

统计单位	沿海基干林带	红树林	统计单位	沿海基干林带	红树林
浙江省	**1420665**	**11**	平湖市	2260	
北仑区	68384		海盐县	11319	
鄞州区	3713		海宁市	9121	
奉化市	39473		上虞市	3860	
余姚市	3151		定海县	80324	
慈溪市	1206		普陀区	206047	
宁海县	52456		岱山县	158151	
象山县	148581		嵊泗县	60520	
龙湾区	965		椒江区	21035	
瑞安市	8750	6	路桥区	12000	
乐清市	19175	5	临海市	46580	
洞头县	25201		温岭市	30325	
平阳县	52360		玉环县	47008	
苍南县	216478		三门县	92223	

3.2.1.6 国防军事设施周围

浙江位于东海前哨，是海峡西岸的重要组成部分。全省在国防军事设施周围共区划界定国家级公益林99.84万亩，涉及长兴、天台等29个县(市、区)，各县(市、区)区划界定结果详见表3-8。

表3-8 国防军事设施周围区划界定结果 亩

统计单位	国家级公益林	统计单位	国家级公益林	统计单位	国家级公益林
浙江省	**998417**	长兴县	48508	黄岩区	7113
西湖区	19706	婺城区	3670	温岭市	3267
临安市	138624	武义县	19410	天台县	18916
桐庐县	712	义乌市	11774	仙居县	65933
余姚市	20502	东阳市	57379	龙泉市	94788
瑞安市	28839	浦江县	36618	庆元县	18660
苍南县	129775	龙游县	1109	景宁县	54356
海盐县	6810	江山市	7873	遂昌县	67515
海宁市	3089	定海县	8720	松阳县	29896
吴兴区	5958	普陀区	54875	云和县	34022

3.2.1.7 其他试点地区公益林

指2001年已区划界定为国家级公益林并列入国家森林生态效益补偿试点范围，但对照林策发[2004]94号又不符合区划界定为国家级公益林生态区位要求的，原千岛湖、钱塘江上游试点区中的部分公益林，国家考虑到政策的连续性，同意可继续作为国家级公益林进行实施。这部分面积浙江共有125.31万亩，其中涉及柯城区2.98万亩、衢江区24.80万亩、龙游县17.39万亩、江山市30.20万亩、常山县23.71万亩、开化县26.23万亩。详见表3-9。

表3-9 试点地区国家级公益林面积情况 亩

统计单位	国家级公益林	统计单位	国家级公益林
浙江省	**1253091**	江山市	302000
柯城区	29845	常山县	237065
衢江区	247997	开化县	262300
龙游县	173884		

3.2.2 省级公益林

全省共区划界定省级公益林2513.68万亩，占全省公益林总面积的64.28%，分布于全省11个市、80个县(市、区)。

从生态区位上看，浙江省级公益林主要分布在椒江等八大水系源头汇水区及其两侧、重要城镇饮水区保护地、省级以上森林公园和风景名胜区、交通干线两侧、大中型水库湖泊周围、重要城镇周边、下山移民地区、坡度36°以上地区，以及成片阔叶林和针阔混交

表 3-10 省级公益林按生态区位区划界定结果

万亩

统计单位	合计	县级以上自然保护区	自然与人文遗产地	省级森林公园、风景名胜区	重要饮用水源保护地	主要河流源头及两岸	大中型水库湖泊周围	主要通道两侧	重要城镇周边	坡度36°以上地区	其他沿海防护林	下山移民地区	成片阔叶林或针阔混交林
浙江省	**2513.68**	**39.23**	**24.91**	**126.59**	**439.98**	**772.19**	**221.36**	**266.46**	**75.70**	**112.61**	**40.80**	**61.77**	**332.08**
杭州市	192.19	3.11		12.39	7.59	110.76	7.03	20.63	2.07	6.37	3.89	0.47	17.88
宁波市	185.43	1.11	6.82	12.96	7.20	50.12	38.21	51.57	2.72	3.97	9.82		0.93
温州市	261.22	0.31	3.47	22.34	25.95	115.18	32.64	5.42	6.78	18.62	7.74	8.38	14.39
嘉兴市	5.31		0.09	0.31		1.97		2.22	0.14		0.58		
湖州市	84.02	6.98	0.11	1.08	4.83	41.95	5.38	15.21	2.89	0.80		0.66	4.13
绍兴市	237.75	7.87	4.86	15.81	49.53	46.75	27.80	49.95	16.92	13.20		0.15	4.91
金华市	303.40	8.24		15.07	38.58	160.07	19.36	15.21	5.90	6.09		8.50	26.38
衢州市	127.25	2.68		3.10	15.41	37.38	13.16	14.77	2.18	3.64		6.73	28.20
舟山市	19.59			0.12				5.89	1.51		12.07		
台州市	265.00	3.38	7.98	16.61	20.42	41.14	37.24	36.06	6.91	47.18	6.70	1.27	40.11
丽水市	832.52	5.55	1.58	26.80	270.47	166.87	40.54	49.53	27.68	12.74		35.61	195.15

林等生态区位重要或生态环境脆弱地区。其中：主要水系源头汇水区及其两侧占全省省级公益林总面积的30.72%，重要城镇饮用水源保护地周围占17.50%，成片天然阔叶林和针阔混交林地区占13.21%，交通干线两侧占10.60%，大中型水库湖泊周围占8.81%，省级以上森林公园和风景名胜区占5.04%，坡度36°以上地区占4.48%，重要城镇周边占3.01%，下山移民地区占2.46%，其他沿海防护林地区占1.62%，省级自然保护(小)区占1.56%，自然与文化遗产地占0.99%。各生态区位具体区划界定结果详见表3-10和图3-13。

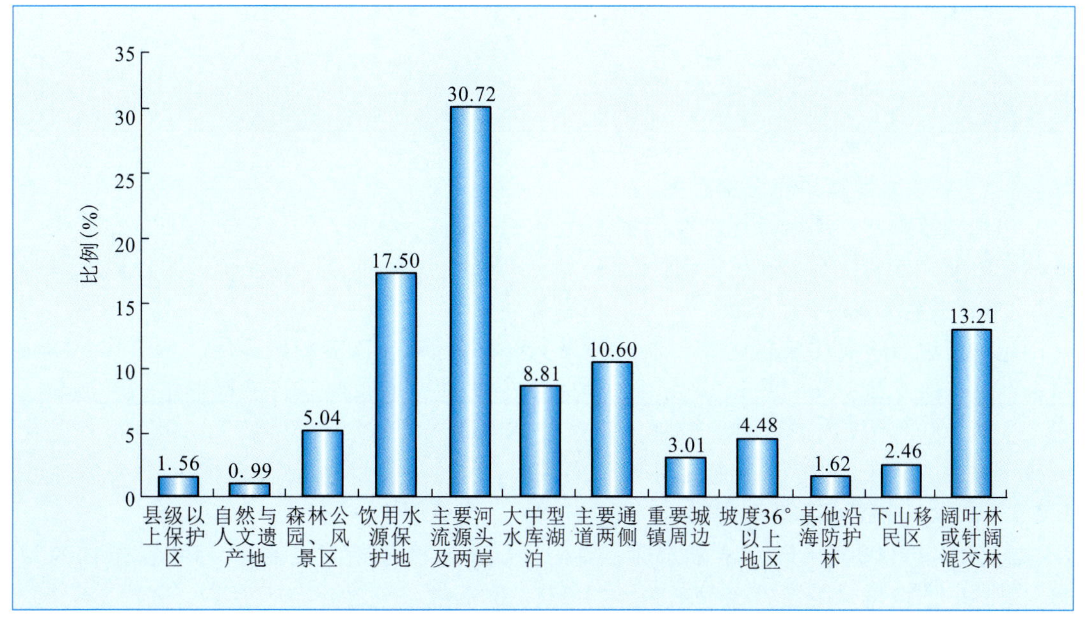

图 3-13 省级公益林中各生态区位所占比例

3.2.2.1 县级以上自然保护(小)区

包括省级、县级森林和野生动物类型自然保护区、省级自然保护小区、其他分布有省级以上重点保护野生植物、野生动物及其栖息地的林地。该区位共区划界定省级公益林39.23万亩。主要分布于武义、长兴、绍兴、庆元等28个县(市、区)(表3-11)。

表3-11 县级以上自然保护区区划界定结果 亩

统计单位	省级公益林	统计单位	省级公益林	统计单位	省级公益林
浙江省	**392338**	安吉县	18573	开化县	3302
西湖区	181	诸暨市	27599	临海市	2591
临安市	20435	绍兴县	51094	温岭市	138
富阳市	7483	婺城区	4244	天台县	11091
桐庐县	3007	武义县	76256	仙居县	19960
象山县	11134	永康市	1586	莲都区	3594
瑞安市	3018	东阳市	332	庆元县	42121
乐清市	38	柯城区	4197	景宁县	3532
泰顺县	45	衢江区	16755	云和县	6230
长兴县	51238	龙游县	2564		

3.2.2.2 省级以上自然与文化遗产地

包括经国务院、省人民政府批准的自然与人文遗产地内的森林、林地。该区位共区划界定省级公益林24.91万亩。主要分布于临海、鄞州、绍兴等11个县(市、区)(表3-12)。

表3-12 省级以上自然与文化遗产地区划界定结果 亩

统计单位	省级公益林	统计单位	省级公益林	统计单位	省级公益林
浙江省	**249115**	乐清市	31214	绍兴县	39747
鄞州区	34972	南湖区	857	临海市	74937
奉化市	33243	长兴县	1121	天台县	4866
瓯海区	3481	诸暨市	8859	松阳县	15818

3.2.2.3 城镇重要饮用水源保护地

包括城镇重要饮用水源保护地集水区范围内的森林、林地。该区位共区划界定省级公益林439.98万亩。主要分布于青田、松阳、缙云、嵊州、莲都等47个县(市、区)(表3-13)。

3.2.2.4 主要水系源头、两侧

包括流程80~500km河流的干流、一级支流源头20km以内的汇水区，或流程500km以上河流二级支流源头10km以内汇水区的森林、林地，以及两岸自然地形第一层山脊以内或平地500m范围内的森林、林地。该区位共区划界定省级公益林772.19万亩。主要分布于永嘉、庆元、桐庐、富阳、临安、婺城等59个县(市、区)(表3-14)。

3.2.2.5 大、中型水库湖泊周围

包括库容1000万~6亿m^3的水库、湖泊周围集水区范围内或平地500m范围内的森林、林地。该区位共区划界定省级公益林221.36万亩。主要分布于泰顺、临海、宁海、遂昌、嵊州、龙泉等50个县(市、区)(表3-15)。

表 3-13　城镇重要饮用水源保护地区划界定结果　　亩

统计单位	省级公益林	统计单位	省级公益林	统计单位	省级公益林
浙江省	**4399808**	新昌县	43719	开化县	10746
余杭区	25260	嵊州市	350076	黄岩区	10749
临安市	36615	婺城区	74143	临海市	24901
富阳市	14022	金东区	26325	玉环县	25447
北仑区	41125	武义县	77918	三门县	741
慈溪市	6479	义乌市	65089	天台县	65658
象山县	24436	永康市	18603	仙居县	76713
瓯海区	9635	东阳市	40512	莲都区	342539
瑞安市	37785	磐安县	19516	龙泉市	75909
永嘉县	93842	浦江县	56133	庆元县	278508
平阳县	4438	兰溪市	7519	景宁县	95448
文成县	89272	柯城区	14496	遂昌县	182822
泰顺县	24494	衢江区	33285	松阳县	355166
长兴县	34589	龙游县	12586	云和县	56094
安吉县	13667	江山市	54851	缙云县	347233
诸暨市	101549	常山县	28133	青田县	971022

表 3-14　主要水系源头及两侧区划界定结果　　亩

统计单位	省级公益林	统计单位	省级公益林	统计单位	省级公益林
浙江省	**7721900**	浦江县	235481	秀洲区	929
西湖区	29086	兰溪市	210253	嘉善县	999
江干区	2373	柯城区	81413	海盐县	3606
拱墅区	7216	衢江区	16966	海宁市	11443
萧山区	18801	龙游县	48285	桐乡市	2310
临安市	338050	江山市	187658	吴兴区	130878
富阳市	341667	常山县	35898	长兴县	29468
桐庐县	368409	开化县	3537	安吉县	169100
建德市	2037	椒江区	16778	德清县	90029
鄞州区	72327	临海市	175633	上虞市	171395
奉化市	222101	天台县	125786	诸暨市	36492
余姚市	202651	仙居县	93242	新昌县	74769
宁海县	4120	莲都区	220932	嵊州市	184812
瓯海区	50037	龙泉市	147429	婺城区	324084
瑞安市	151133	庆元县	417757	金东区	19375
永嘉县	724250	景宁县	172395	武义县	240314
平阳县	194801	遂昌县	272706	义乌市	75790
苍南县	9377	松阳县	230388	永康市	247814
泰顺县	22207	云和县	29824	东阳市	205375
南湖区	439	缙云县	177280	磐安县	42195

表 3-15　大、中型水库湖泊周围区划界定结果

亩

统计单位	省级公益林	统计单位	省级公益林	统计单位	省级公益林
浙江省	**2213571**	泰顺县	266082	龙游县	1453
桐庐县	56312	长兴县	35128	江山市	56549
建德市	5461	安吉县	10189	常山县	9743
淳安县	8498	德清县	8543	黄岩区	28903
北仑区	1380	越城区	50878	临海市	156280
镇海区	5072	诸暨市	45738	温岭市	17651
鄞州区	83604	绍兴县	6982	三门县	6703
奉化市	68803	新昌县	62434	天台县	84795
余姚市	23632	嵊州市	111919	仙居县	78073
慈溪市	8818	婺城区	40811	莲都区	39895
宁海县	153351	武义县	43707	龙泉市	99830
象山县	37409	义乌市	24895	庆元县	9623
乐清市	5745	永康市	337	景宁县	43036
永嘉县	2451	东阳市	83221	遂昌县	116027
平阳县	11693	兰溪市	599	松阳县	4481
苍南县	8777	柯城区	8533	云和县	50662
文成县	31671	衢江区	55326	缙云县	41868

3.2.2.6　主要通道两侧

包括国铁、地方铁路、国道(含高速公路)、省道、干线河流两侧第一层山脊以内或平地 1000m 范围内的森林、林地。该区位共区划界定省级公益林 266.46 万亩。主要分布于诸暨、宁海、松阳、嵊州、临海等 61 个县(市、区)(表 3-16)。

表 3-16　主要通道两侧区划界定结果

亩

统计单位	省级公益林	统计单位	省级公益林	统计单位	省级公益林
浙江省	**2664601**	柯城区	5385	平湖市	757
西湖区	2309	龙游县	341	海盐县	1304
江干区	1633	江山市	50742	海宁市	1636
拱墅区	2160	常山县	36946	桐乡市	2677
萧山区	124133	开化县	54236	吴兴区	15230
临安市	4245	定海县	58910	长兴县	72960
富阳市	71798	黄岩区	3736	安吉县	62209
北仑区	17278	临海市	150914	德清县	1679
鄞州区	72864	温岭市	35692	越城区	564
奉化市	52424	玉环县	649	上虞市	41420
余姚市	29310	三门县	48398	诸暨市	214230
宁海县	210970	天台县	49920	绍兴县	20054
象山县	132862	仙居县	71298	新昌县	66357
瓯海区	4077	莲都区	124825	嵊州市	156894
瑞安市	17283	龙泉市	16668	金东区	11681

（续）

统计单位	省级公益林	统计单位	省级公益林	统计单位	省级公益林
乐清市	6526	武义县	22270	景宁县	9365
平阳县	17673	遂昌县	39875	义乌市	24091
苍南县	8651	松阳县	189666	永康市	8948
南湖区	8046	云和县	24703	东阳市	51418
秀洲区	5685	缙云县	90187	磐安县	19141
嘉善县	2136	柯城区	5385	浦江县	14562

3.2.2.7 省级以上森林公园、风景区

经国务院、省人民政府批准的国家级和省级森林公园、风景名胜区范围内的森林、林地。该区位共区划界定省级公益林126.59万亩。主要分布于缙云、诸暨、天台等41个县（市、区）（表3-17）。

表3-17 省级以上森林公园、风景名胜区区划界定结果 亩

统计单位	省级公益林	统计单位	省级公益林	统计单位	省级公益林
浙江省	**1265855**	文成县	75244	东阳市	30725
西湖区	17819	泰顺县	50462	柯城区	1493
余杭区	32187	海盐县	2581	江山市	29527
萧山区	47428	桐乡市	506	定海县	1232
临安市	12059	吴兴区	2067	黄岩区	11070
富阳市	14403	安吉县	2246	临海市	6842
鄞州区	6648	德清县	6481	温岭市	31609
奉化市	45428	越城区	1185	天台县	114292
慈溪市	21167	诸暨市	150636	仙居县	2301
宁海县	56316	绍兴县	4238	莲都区	47056
龙湾区	3914	嵊州市	2003	景宁县	13045
瓯海区	29731	婺城区	68322	遂昌县	8183
瑞安市	60071	金东区	33276	松阳县	12663
永嘉县	3942	义乌市	18414	缙云县	187043

3.2.2.8 重要城镇周围

包括大中型城市及城乡结合部自然地形第一层山脊线范围内的森林、林地。该区位共区划界定省级公益林75.70万亩。主要分布于遂昌、绍兴、龙泉等43个县（市、区）（表3-18）。

3.2.2.9 坡度36°以上地区

指山体坡度在36°以上，土层瘠薄、岩石裸露（岩石露出地面50%以上）、森林采伐后难以更新或森林生态环境难以恢复的森林、林地。该区位共区划界定省级公益林112.61万亩。主要分布于仙居、乐清、松阳、诸暨、嵊州、临海等31个县（市、区）（表3-19）。

3.2.2.10 沿海防护林

沿海海岛范围内的生态公益林地以及其他未列入国家级公益林建设范围的沿海防护林。该区位共区划界定省级公益林40.80万亩。主要分布于定海、玉环、象山、永嘉等22个县(市、区)(表3-20)。

表3-18 重要城镇周围区划界定结果表

亩

统计单位	省级公益林	统计单位	省级公益林	统计单位	省级公益林
浙江省	**756973**	桐乡市	1418	开化县	2167
西湖区	11221	安吉县	28883	定海县	15090
拱墅区	1743	越城区	53707	椒江区	5202
余杭区	4620	上虞市	4036	黄岩区	21827
富阳市	2960	绍兴县	106923	路桥区	2547
桐庐县	119	新昌县	2969	天台县	36610
江北区	19633	嵊州市	1613	仙居县	2869
鄞州区	3882	婺城区	3813	莲都区	36067
慈溪市	3608	武义县	5210	龙泉市	61901
瑞安市	4927	永康市	275	庆元县	23590
永嘉县	16894	磐安县	49735	遂昌县	124285
平阳县	21071	柯城区	1998	松阳县	15683
苍南县	7243	衢江区	958	云和县	7191
文成县	10666	江山市	11389	缙云县	8087
泰顺县	7012	常山县	5331		

表3-19 坡度36°以上地区区划界定结果

亩

统计单位	省级公益林	统计单位	省级公益林	统计单位	省级公益林
浙江省	**1126096**	安吉县	8008	江山市	20496
余杭区	19562	越城区	118	临海市	53409
临安市	35719	诸暨市	54907	三门县	12999
桐庐县	8448	新昌县	23461	天台县	5848
鄞州区	17442	嵊州市	53540	仙居县	399496
奉化市	3417	婺城区	4722	莲都区	4398
象山县	18826	武义县	13512	遂昌县	38163
瓯海区	13240	义乌市	2560	松阳县	64205
瑞安市	13740	永康市	7709	云和县	15537
乐清市	130793	东阳市	32427	缙云县	5024
苍南县	28442	龙游县	15928		

表 3-20 其他沿海防护林地区区划界定结果 亩

统计单位	省级公益林	统计单位	省级公益林	统计单位	省级公益林
浙江省	**407987**	瑞安市	750	定海县	120667
余杭区	38925	乐清市	11023	黄岩区	2488
北仑区	16985	永嘉县	43283	路桥区	453
鄞州区	624	洞头县	11875	临海市	228
奉化市	2699	苍南县	10438	温岭市	1443
余姚市	11452	平湖市	3134	玉环县	61196
宁海县	8254	海盐县	2477	仙居县	1233
象山县	58186	海宁市	174		

表 3-21 下山移民地区区划界定结果 亩

统计单位	省级公益林	统计单位	省级公益林	统计单位	省级公益林
浙江省	**617780**	武义县	65030	龙泉市	68866
临安市	4744	兰溪市	185	庆元县	90241
永嘉县	1194	江山市	61787	景宁县	40939
平阳县	10083	常山县	2065	遂昌县	58407
文成县	34804	开化县	3431	松阳县	14081
泰顺县	37733	临海市	1000	云和县	16422
安吉县	6587	仙居县	11661	缙云县	41189
嵊州市	1536	莲都区	23924	青田县	2070
婺城区	19801				

3.2.2.11 下山移民地区

下山移民地区指整个行政村或自然村整体搬迁下山移民地区范围内的森林、林地。该区位共区划界定省级公益林 61.78 万亩。主要分布于庆元、龙泉、武义、江山、遂昌、缙云等 24 个县(市、区)(表 3-21)。

3.2.2.12 成片天然阔叶林

成片天然阔叶林包括连片面积 500 亩以上的天然阔叶林或针阔混交林。该区位共区划界定省级公益林 332.08 万亩。主要分布于遂昌、景宁、青田、庆元、龙泉、三门、开化、云和等 37 个县(市、区)(表 3-22)。

表 3-22　成片天然阔林地区区划界定结果

亩

统计单位	省级公益林	统计单位	省级公益林	统计单位	省级公益林
浙江省	**3320782**	金东区	12172	临海市	59711
临安市	87546	武义县	79796	三门县	158240
富阳市	26833	永康市	52060	天台县	96999
桐庐县	64400	东阳市	902	仙居县	86221
奉化市	9334	磐安县	19636	莲都区	69218
永嘉县	44623	浦江县	50059	龙泉市	176872
平阳县	3190	兰溪市	45053	庆元县	237113
文成县	34296	柯城区	59703	景宁县	426148
泰顺县	61781	衢江区	19034	遂昌县	580863
安吉县	41297	龙游县	25072	云和县	147317
新昌县	10478	江山市	5482	缙云县	72900
嵊州市	38606	常山县	24260	青田县	241024
婺城区	4088	开化县	148455		

3.3　按行政区域分布

浙江省级以上公益林分布于全省 11 个市，其中分布面积最大的为丽水市，占全省公益林总面积的近 1/3；分布面积占 8% ~15% 的分别有杭州、温州、金华、衢州、台州 5 个市；分布面积占 3% ~6% 的分别有绍兴、宁波、湖州 3 个市；分布面积占 2% 以下的分别为舟山和嘉兴 2 个市。各市所占比例详见图 3-14。

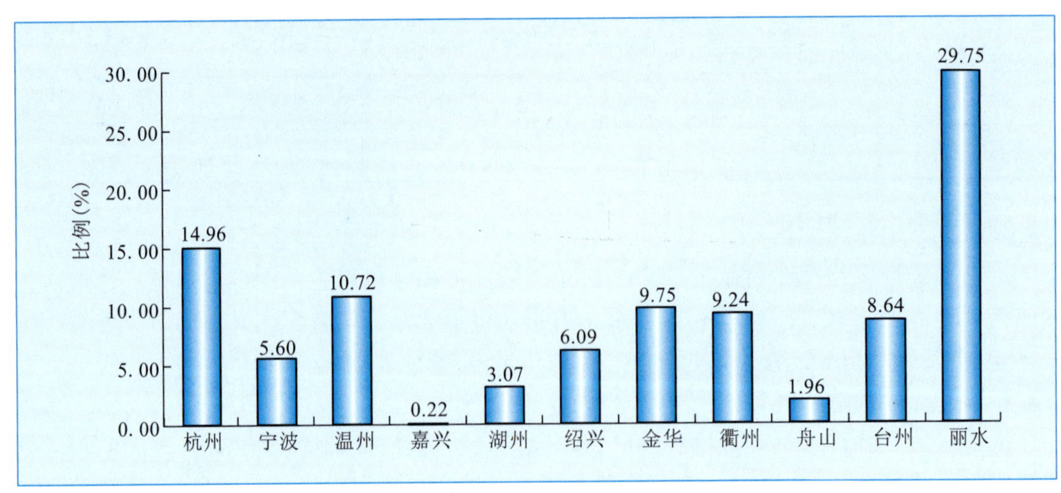

图 3-14　各行政区域占全省公益林面积比例

3.3.1　杭州市

杭州市位于浙江西北部。全市土地总面积 16 596km^2，下辖 13 个县(市、区)99 个建制镇31个乡2113个行政村，总人口683.38万人。2009年国内生产总值5098.66亿元，财政总收入1019亿元(其中地方财政收入520亿元)，城镇居民人均可支配收入26 171元，农村居民人均可支配收入11 822元。

境内地形西南高、东北低，地貌以浙西丘陵山地为主(约占2/3)，杭嘉湖平原次之。除余杭、杭州市区及临安部分地区分属长江水系的苕溪、运河流域外，其他均为钱塘江水系。新安江、兰江、富春江、钱塘江、分水江、浦阳江、苕溪、运河等主要河流流经其间；千岛湖、西湖等重要湖泊，富春江、青山等大型水库以及天目山、清凉峰等国家级自然保护区坐落其中；浙赣、沪杭、金千、宣杭、杭甬等铁路，320、104、330等国道，沪杭甬、杭州绕城、杭宁、杭黄、杭千、杭金衢等高速公路穿境而过；西湖、新安江—富春江均为国家级风景名胜区，为我国著名的风景旅游区之一，生态区位极其重要。因此，建设和完善以水源涵养、水土保持、生物多样性保护为主体的生态公益林体系，对保护杭州等重要城市的安全、保障城市供水、保护生物多样性、改善和提高旅游生态环境将起到非常重要的作用。

该市共区划界定省级以上公益林面积585.01万亩，占全市林业用地总面积的34.02%。其中：国家级公益林392.82万亩，占全市省级以上公益林面积的67.15%；省级公益林192.19万亩，占32.85%。所辖各县(市、区)公益林情况详见表3-23。省级以上公益林面积在30万亩以上的分别有淳安、临安、建德、桐庐、富阳等5个县(市、区)，其中淳安县、临安市、建德市公益林面积均在100万亩以上。

表3-23 杭州市省级以上公益林区划界定结果

亩,%

统计单位	省级以上公益林建设规模				
	合 计	国家级公益林		省级公益林	
		面积	所占比例	面积	所占比例
杭州市	**5850128**	**3928201**	**67.15**	**1921927**	**32.85**
西湖区	97471	36855	37.81	60616	62.19
滨江区	2101	2101	100.00		
江干区	4006			4006	100.00
拱墅区	11119			11119	100.00
余杭区	120554			120554	100.00
萧山区	200084	9722	4.86	190362	95.14
临安市	1084713	545300	50.27	539413	49.73
富阳市	635615	156449	24.61	479166	75.39
桐庐县	745874	245179	32.87	500695	67.13
建德市	1001668	994170	99.25	7498	0.75
淳安县	1946923	1938425	99.56	8498	0.44

3.3.2 宁波市

宁波市是我国东南沿海著名港口城市，为浙东经济、文化中心和计划单列市。全市土地总面积9817km²，下辖11个县(市、区)78个建制镇11个乡2595个行政村，总人口571.02万人。2009年国内生产总值4214.60亿元，财政总收入966亿元(其中地方财政收入432亿元)，城镇居民人均可支配收入27 237元，农村居民人均可支配收入12 641元。

境内地形南高北低，南部属浙东丘陵，北部为宁绍平原。海岸线曲折，港湾众多，岛屿罗列。主要山脉为四明山、天台山，由奉化江水系、姚江水系和甬江河道三部分组成甬江流域。亭下、横山、皎口、四明湖、周公宅等大型水库坐落期间；杭甬铁路，沪杭甬、甬台温、甬金高速公路，329国道等穿境而过；宁波港是我国重要的海运中转港口之一；奉化溪口—雪窦寺，鄞县东钱湖、天童寺、阿育王寺、余姚河姆渡、宁海南溪温泉等均为著名风景旅游区或国家重点文物保护单位。建设和完善以沿海防护林为主体的生态公益林体系，对宁波市生态环境的改善和提高以及整个经济社会的可持续发展意义重大。

该市共区划界定省级以上公益林总面积219.17万亩，占全市林业用地总面积的33.14%。其中：国家级公益林33.75万亩，占全市省级以上公益林面积的15.40%；省级公益林185.42万亩，占84.60%。所辖各县(市、区)公益林情况详见表3-24。省级以上公益林面积在30万亩以上的分别有宁海、奉化、象山等3个县(市、区)，鄞州区和余姚市接近30万亩。

表3-24 宁波市省级以上公益林区划界定结果

亩,%

统计单位	省级以上公益林建设规模				
	合计	国家级公益林		省级公益林	
		面积	所占比例	面积	所占比例
宁波市	**2191732**	**337466**	**15.40**	**1854266**	**84.60**
北仑区	145152	68384	47.11	76768	52.89
镇海区	5072			5072	100.00
江北区	19633			19633	100.00
鄞州区	296076	3713	1.25	292363	98.75
奉化市	476922	39473	8.28	437449	91.72
余姚市	290698	23653	8.14	267045	91.86
慈溪市	41278	1206	2.92	40072	97.08
宁海县	485467	52456	10.81	433011	89.19
象山县	431434	148581	34.44	282853	65.56

3.3.3 温州市

温州市位于浙江东南沿海、瓯江下游，为浙南地区政治、经济、文化中心和重要港口。全市土地总面积11 788km²，下辖11个县(市、区)119个建制镇143个乡5404个行政村，总人口779.11万人。2009年国内生产总值2527.88亿元，财政总收入232亿元(其中地方财政收入129亿元)，城镇居民人均可支配收入24 467元，农村居民人均可支配收入10 100元。

境内地势西高东低，内陆多山地丘陵，沿海为海积和河谷平原，海岸线长，近海岛屿众多，瓯江、飞云江、鳌江三大水系分居其中。区内有文成珊溪水利枢纽工程，浙江乌岩岭国家级自然保护区，雁荡山、楠溪江国家级风景名胜区。重要交通干线有金温铁路、104 国道、330 国道、甬台温(同三线)高速公路、金丽温高速公路等。温州既是我国对外开放的重要港口之一，同时又是我国东南沿海国防前哨。进一步建设和完善以水源涵养、水土保持、沿海防护、国防军事设施掩护和生物多样性保护为主体的生态公益林体系，同样具有非常重要的意义。

该市共区划界定省级以上公益林总面积 419. 30 万亩，占全市林业用地总面积的 37. 66% 。其中：国家级公益林 158. 08 万亩，占全市省级以上公益林面积的 37. 70%；省级公益林 261. 22 万亩，占 62. 30 % 。所辖各县(市、区)公益林情况详见表 3-25。省级以上公益林面积在 30 万亩以上的分别有泰顺、永嘉、文成、苍南、瑞安、平阳等 6 个县(市、区)，其中泰顺县面积在 100 万亩以上，永嘉县接近 100 万亩。

表 3-25　温州市省级以上公益林区划界定结果

亩,%

统计单位	省级以上公益林建设规模				
	合　计	国家级公益林		省级公益林	
		面积	所占比例	面积	所占比例
温州市	**4193013**	**1580852**	**37. 70**	**2612161**	**62. 30**
鹿城区	77636	77636	100. 00		
龙湾区	7186	3272	45. 53	3914	54. 47
瓯海区	110201			110201	100. 00
瑞安市	326302	37595	11. 52	288707	88. 48
乐清市	204519	19180	9. 38	185339	90. 62
永嘉县	969950	39471	4. 07	930479	95. 93
洞头县	37076	25201	67. 97	11875	32. 03
平阳县	315309	52360	16. 61	262949	83. 39
苍南县	419181	346253	82. 60	72928	17. 40
文成县	558648	282695	50. 60	275953	49. 40
泰顺县	1167005	697189	59. 74	469816	40. 26

3. 3. 4　绍兴市

绍兴市位于浙江中北部，杭州湾南岸。全市土地总面积 8031km^2，下辖 6 个县(市、区)79 个建制镇 15 个乡 2209 个行政村，总人口 437. 74 万人。2009 年国内生产总值 2375. 46 亿元，财政总收入 298 亿元(其中地方财政收入 160 亿元)，城镇居民人均可支配收入 26 874 元，农村居民人均可支配收入 12 026 元。

表 3-26 绍兴市省级以上公益林区划界定结果 亩,%

统计单位	省级以上公益林建设规模				
	合 计	国家级公益林		省级公益林	
		面积	所占比例	面积	所占比例
绍兴市	**2381877**	**4340**	**0.18**	**2377537**	**99.82**
越城区	106452			106452	100.00
上虞市	220711	3860	1.75	216851	98.25
诸暨市	640010			640010	100.00
绍兴县	229518	480	0.21	229038	99.79
新昌县	284187			284187	100.00
嵊州市	900999			900999	100.00

境内北部以宁绍平原为主，嵊州、诸暨、新昌多山地丘陵。主要河流有曹娥江、浦阳江、浙东运河等，均为钱塘江水系；已建有南山、长诏、陈蔡、石壁、小舜江、汤浦等大型水库。新昌大佛寺、绍兴印山越国王陵、诸暨斯氏古民居等均为国家级文物保护单位。重要交通干线杭甬铁路、浙赣铁路、104 国道、329 国道、沪杭甬高速公路、上三线高速公路等纵横贯境。

该市共区划界定省级以上公益林总面积 238.19 万亩，占全市林业用地总面积的 34.30%。其中：国家级公益林 0.44 万亩，占全市省级以上公益林面积的 0.18%；省级公益林 237.75 万亩，占 99.82%。所辖各县(市、区)公益林情况详见表 3-26。省级以上公益林面积在 30 万亩以上的分别有嵊州、诸暨 2 个县(市、区)。

3.3.5 嘉兴市

嘉兴市位于浙北杭嘉湖平原，紧邻上海、江苏，为著名的“鱼米之乡、丝绸之府”。全市土地总面积 3915km^2，下辖 7 个县(市、区)47 个建制镇 862 个行政村，总人口 339.60 万人。2009 年国内生产总值 1918.03 亿元，财政总收入 279 亿元(其中地方财政收入 141 亿元)，城镇居民人均可支配收入 24 693 元，农村居民人均可支配收入 12 685 元。

境内地势低平，湖塘众多，水网密布，为典型的江南水乡，有“水乡泽国”之称。主要河流有京杭运河、红旗塘、长山河、平湖塘、三店塘、上海塘、南台头、广陈塘、俞汇塘、盐官下河、大钱港等，沿河两侧湖塘众多。沪杭铁路、沪杭高速公路、320 国道以及京杭大运河穿境而过，构成了完整地水陆交通网。进一步建设和完善以太湖防护林、沿海防护林和平原农田防护林为主体的生态公益林体系，对维护和改善本地区的生态环境，保障工农业生产和人民生命财产安全意义重大。

该市共区划界定省级以上公益林总面积 8.57 万亩，占全市林业用地总面积的 13.33%。其中：国家级公益林 3.26 万亩，占全市省级以上公益林面积的 38.03%；省级公益林 5.31 万亩，占 61.97%。所辖各县(市、区)公益林情况详见表 3-27。

表 3-27 嘉兴市省级以上公益林区划界定结果

亩,%

统计单位	省级以上公益林建设规模				
	合　计	国家级公益林		省级公益林	
		面积	所占比例	面积	所占比例
嘉兴市	**85713**	**32599**	**38.03**	**53114**	**61.97**
南湖区	9342			9342	100.00
秀洲区	6614			6614	100.00
嘉善县	3135			3135	100.00
平湖市	6151	2260	36.74	3891	63.26
海盐县	28097	18129	64.52	9968	35.48
海宁市	25463	12210	47.95	13253	52.05
桐乡市	6911			6911	100.00

3.3.6 湖州市

湖州市地处浙北，位于太湖南岸，与江苏、安徽近邻。全市土地总面积5818km^2，下辖5个县(区)44个建制镇15个乡992个行政村，总人口259.17万人。2009年国内生产总值1111.50亿元，财政总收入146亿元(其中地方财政收入80亿元)，城镇居民人均可支配收入23 280元，农村居民人均可支配收入11 745元。

全市地势由西南向东北倾斜，西部多山，为太湖流域的主要汇水区，东部为平原水网区。树枝状的众多溪流构成了苕溪水系注入太湖，经黄浦江入海。区内有宣杭铁路、新长铁路、杭长铁路、104国道、318国道、杭宁高速公路等多条重要交通干线穿境；已建有赋石、老石坎、对河口3座大型水库，以及龙王山、尹家边、长兴古银杏长廊等自然保护区。进一步加强本地区生态公益林的保护和建设，对治理和改善太湖流域的水环境及其整个生态环境，保障杭州、湖州、嘉兴、上海、江苏等大中城市的供水和人民生命财产的安全，显得尤为重要。

该市共区划界定省级以上公益林总面积120.04万亩，占全市林业用地总面积的28.56%。其中：国家级公益林36.02万亩，占全市省级以上公益林面积的30.01%；省级公益林84.02万亩，占69.99%。所辖各县(市、区)公益林情况详见表3-28。其中安吉县省级以上公益林面积在30万亩以上，长兴县接近30万亩。

表 3-28 湖州市省级以上公益林区划界定结果

亩,%

统计单位	省级以上公益林建设规模				
	合　计	国家级公益林		省级公益林	
		面积	所占比例	面积	所占比例
湖州市	**1200402**	**360232**	**30.01**	**840170**	**69.99**
吴兴区	168447	20272	12.03	148175	87.97
长兴县	293215	68711	23.43	224504	76.57
安吉县	623665	262906	42.16	360759	57.84
德清县	115075	8343	7.25	106732	92.75

3.3.7 金华市

金华市为浙江中部的重要交通枢纽，地理位置得天独厚。全市土地总面积为10 941km^2，下辖9个县(市、区)76个建制镇36个乡4807个行政村，总人口463.68万人。2009年国内生产总值1765.94亿元，财政总收入232亿元(其中地方财政收入129亿元)，城镇居民人均可支配收入22 915元，农村居民人均可支配收入9001元。

境内地形南北多山，中部以金衢盆地为主，最高海拔1560m(武义牛头山)。主要河流为钱塘江水系的金华江、东阳江、浦阳江等。境内交通四通八达，浙赣铁路、金温铁路、金千铁路、330国道、杭金衢高速公路、金丽温高速公路穿境而过。区内有横锦、南江2座大型水库，以及金华双龙洞国家级风景名胜区，磐安大盘山、武义牛头山等自然保护区。

该市共区划界定省级以上公益林总面积381.36万亩，占全市林业用地总面积的37.12%。其中：国家级公益林77.96万亩，占全市省级以上公益林面积的20.44%；省级公益林303.40万亩，占79.56%。所辖各县(市、区)公益林情况详见表3-29。其中，东阳、武义、婺城、磐安、浦江、兰溪、永康等7个县(市、区)的省级以上公益林面积在30万亩以上。

表3-29　金华市省级以上公益林区划界定结果　　亩,%

统计单位	省级以上公益林建设规模				
	合　计	国家级公益林		省级公益林	
		面积	所占比例	面积	所占比例
金华市	**3813648**	**779628**	**20.44**	**3034020**	**79.56**
婺城区	547698	3670	0.67	544028	99.33
金东区	128531	25702	20.00	102829	80.00
武义县	643423	19410	3.02	624013	96.98
义乌市	240279	29440	12.25	210839	87.75
永康市	337332			337332	100.00
东阳市	651717	206805	31.73	444912	68.27
磐安县	522201	371978	71.23	150223	28.77
浦江县	392853	36618	9.32	356235	90.68
兰溪市	349614	86005	24.60	263609	75.40

3.3.8 衢州市

衢州市位于浙江西部，钱塘江上游，为福建、浙江、江西、安徽四省交界处。全市土地总面积8841km^2，下辖6个县(市、区)47个建制镇46个乡2168个行政村，总人口249.86万人。2009年国内生产总值617.50亿元，财政总收入62亿元(其中地方财政收入37亿元)，城镇居民人均可支配收入19 539元，农村居民人均可支配收入7336元。

因地处金衢盆地西部，南北多山地丘陵，中部衢江两岸广布平原。除江山廿八都、开化苏庄等极少部分区域外，其他均为钱塘江水系，主要干支流有齐溪、马金溪、何田溪、村头溪、中村溪、常山港、池淮溪、龙山溪、龙绕溪、南门溪、虹桥溪、芳村溪、衢江、江山港、大头源、乌溪江、铜山源、罗樟源、下山溪、芝溪、灵山港、塔石溪、社阳溪等。境内有浙江古田山国家级自然保护区，碗窑、白水坑、铜山源、湖南镇等大型水库；浙赣铁路、205 国道、320 国道、杭金衢高速公路贯穿其境，有“四省通衢”之称，为浙西重要的交通枢纽；风景旅游资源也比较丰富，衢州为国家历史文化名城，古田山、江郎山、烂柯山、仙霞关、龙游石窟等均为旅游胜地。进一步建设和完善钱塘江上游以水源涵养、水土保持为主体的生态公益林体系，对保护浙江母亲河——钱塘江，治理和改善钱塘江流域的生态环境，保障中下游地区工农业生产和人民生命财产安全将起到非常重要地作用。

该市共区划界定省级以上公益林总面积 361.37 万亩，占全市林业用地总面积的 36.87%。其中：国家级公益林 234.12 万亩，占全市省级以上公益林面积的 64.79%；省级公益林 127.25 万亩，占 35.21%。所辖各县(市、区)公益林情况详见表 3-30。除柯城区、龙游县外，其他 4 县(市、区)的省级以上公益林面积均在 30 万亩以上，其中开化县在 100 万亩以上。

表 3-30　衢州市省级以上公益林区划界定结果

亩,%

统计单位	省级以上公益林建设规模				
	合　计	国家级公益林		省级公益林	
		面积	所占比例	面积	所占比例
衢州市	**3613721**	**2341219**	**64.79**	**1272502**	**35.21**
柯城区	210629	33411	15.86	177218	84.14
衢江区	748658	606334	80.99	142324	19.01
龙游县	283392	177163	62.52	106229	37.48
江山市	788354	309873	39.31	478481	60.69
常山县	481259	338883	70.42	142376	29.58
开化县	1101429	875555	79.49	225874	20.51

3.3.9 舟山市

舟山市位于长江口南端、杭州湾外的东海之中，为我国东海国防前哨。全市土地总面积 1440km^2，下辖 4 个县(区)21 个建制镇 11 个乡 344 个行政村，总人口 96.77 万人。2009 年国内生产总值 1533.26 亿元，财政总收入 76 亿元(其中地方财政收入 48 亿元)，城镇居民人均可支配收入 24 082 元，农村居民人均可支配收入 12 612 元。

舟山群岛为我国最大的群岛，海域辽阔，岛屿众多，舟山本岛面积 502km^2，为我国第四大岛。诸岛多低山丘陵，沿海有海积平原，滩涂广布。建设和保护好以沿海防护林为主体的生态公益林体系，对改善和优化舟山群岛的居住环境、投资和旅游环境，促进本地区经济社会可持续发展尤为重要。

该市共区划界定省级以上公益林总面积 76.45 万亩，占全市林业用地总面积的 77.09%。其中：国家级公益林 56.86 万亩，占全市省级以上公益林面积的 74.38%；省级公益林 19.59 万亩，占 25.62%。所辖各县(市、区)公益林情况详见表 3-31。其中，定海、普陀两区的省级以上公益林面积接近 30 万亩。

表 3-31 舟山市省级以上公益林区划界定结果

亩,%

统计单位	省级以上公益林建设规模				
	合 计	国家级公益林		省级公益林	
		面积	所占比例	面积	所占比例
舟山市	**764536**	**568637**	**74. 38**	**195899**	**25. 62**
定海区	284943	89044	31. 25	195899	68. 75
普陀区	260922	260922	100. 00		
岱山县	158151	158151	100. 00		
嵊泗县	60520	60520	100. 00		

3. 3. 10 台州市

台州市地处浙东沿海，全市土地总面积 9411km^2，下辖 9 个县(市、区)64 个建制镇 28 个乡 5028 个行政村，总人口 578. 47 万人。2009 年国内生产总值 2025. 47 亿元，财政总收入 263 亿元(其中地方财政收入 1365 亿元)，城镇居民人均可支配收入 24 429 元，农村居民人均可支配收入 10 006 元。

市境地形西高东低，浙东丘陵区高低起伏，温黄平原地势低平，括苍山主峰海拔 1382m，为全市最高峰。永安溪与始丰溪一南一北，汇为椒江，为本市骨干水系，已建有长潭、牛头山、里石门等大型水库。大陆海岸线曲折漫长，岛屿众多，其中玉环县为海岛县。境内 104 国道、甬台温(同三线)高速公路、上三线高速公路贯穿其中，交通极为便利。近年来，该市国民经济和社会发展迅速。

该市共区划界定省级以上公益林总面积 337. 67 万亩，占全市林业用地总面积的 37. 52%。其中：国家级公益林 72. 67 万亩，占全市省级以上公益林面积的 21. 52 %；省级公益林 265. 00 万亩，占 78. 48%。所辖各县(市、区)公益林情况详见表 3-32。其中，仙居、临海、天台、黄岩、三门等 5 个县(市、区)的省级以上公益林面积均在 30 万亩以上，仙居县接近 100 万亩。

表 3-32 台州市省级以上公益林区划界定结果

亩,%

统计单位	省级以上公益林建设规模				
	合 计	国家级公益林		省级公益林	
		面积	所占比例	面积	所占比例
台州市	**3376736**	**726699**	**21. 52**	**2650037**	**78. 48**
椒江区	43015	21035	48. 90	21980	51. 10
黄岩区	468185	389412	83. 17	78773	16. 83
路桥区	15000	12000	80. 00	3000	20. 00
临海市	753026	46580	6. 19	706446	93. 81
温岭市	120125	33592	27. 96	86533	72. 04
玉环县	134300	47008	35. 00	87292	65. 00
三门县	319304	92223	28. 88	227081	71. 12
天台县	614781	18916	3. 08	595865	96. 92
仙居县	909000	65933	7. 25	843067	92. 75

3.3.11 丽水市

丽水市地处浙江西南部，瓯江上中游，为浙江的主要林区和经济欠发达地区。全市土地总面积17 298km^2，下辖9个县(市、区)61个建制镇109个乡3452个行政村，总人口257.39万人。2009年国内生产总值542.02亿元，财政总收入65亿元(其中地方财政收入37亿元)，城镇居民人均可支配收入19 018元，农村居民人均可支配收入5703元。

境内地势高峻，山脉连绵，主要山脉有仙霞岭、洞宫山、括苍山等，龙泉境内的黄茅尖海拔1929m，为全省最高峰。山间河流两岸分布着少量盆地和平原。瓯江发源于庆元、龙泉交界的洞宫山锅帽尖西北麓，曲折东流出境，除庆元竹口等极少部分区域外，均为瓯江水系。坡陡流急，比降大，均属山溪性河流。区内水电资源蕴藏量大，目前已建有紧水滩大型水库并进行水电资源的梯级开发。该区山林资源丰富，龙泉、庆元、景宁、遂昌、松阳等县(市)为浙江的主要林区之一，素有"浙南林海"之称。自然环境优美，生态旅游潜力巨大，境内有浙江凤阳山—百山祖、浙江九龙山等2个国家级自然保护区，缙云仙都国家级风景名胜区，丽水南明山—东西岩省级风景名胜区，以及云和仙宫湖、青田石门洞、遂昌白马山、景宁草鱼塘、庆元巾子峰等省级森林公园等，2001年丽水市被国务院列为国家级生态示范区。随着330国道改扩建的竣工，金温铁路、金丽温高速公路的相继建成，交通条件大有改善。因此，进一步建设和完善以水源涵养、水土保护、生物多样性保护、森林景观为特色的生态公益林体系，对保护和治理浙江第二大河流——瓯江流域，建设浙西南国土生态屏障，完善和提高国家级生态示范区建设，实施生态立市、促进经济发展战略都将有重大而深远的意义。

该市共区划界定省级以上公益林总面积1163.33万亩，占全市林业用地总面积的54.21%。其中：国家级公益林330.81万亩，占全市省级以上公益林面积的28.44%；省级公益林832.52万亩，占71.56%。所辖各县(市、区)公益林情况详见表3-33。全市9个县(市、区)的省级以上公益林面积均在30万亩以上，其中遂昌、青田、龙泉、景宁、庆元、莲都等6个县(市、区)面积在100万亩以上，缙云、松阳两县接近100万亩。

表3-33　丽水市省级以上公益林区划界定结果　　亩,%

统计单位	省级以上公益林建设规模				
	合　计	国家级公益林		省级公益林	
		面积	所占比例	面积	所占比例
丽水市	**11633300**	**3308127**	**28.44**	**8325173**	**71.56**
莲都区	1028496	116048	11.28	912448	88.72
龙泉市	1624616	977141	60.15	647475	39.85
庆元县	1273179	174226	13.68	1098953	86.32
景宁县	1292028	488120	37.78	803908	62.22
遂昌县	1951121	529790	27.15	1421331	72.85
松阳县	932047	29896	3.21	902151	96.79
云和县	799010	445030	55.70	353980	44.30
缙云县	970811	0	0.00	970811	100.00
青田县	1761992	547876	31.09	1214116	68.91

3.4 按生态治理区分布

按照浙江省生态公益林建设规划纲要，将全省地域划分为浙东北平原绿化农田防护林区、浙西北山地水源涵养林保护区、浙中丘陵盆地森林生态治理区、浙南山地森林生态保护恢复区和浙东南沿海防护林体系建设区等五大生态治理区。

表 3-34 各生态治理区生态公益林区划界定结果

万亩,%

统计单位	林业用地面积	省级以上公益林建设规模			占全省公益林比例	占林业用地比例
		合计	国家级公益林	省级公益林		
全省合计	9826.40	3910.48	1396.80	2513.68	100.00	39.80
浙东北平原绿化农田防护林区	779.44	215.63	27.62	188.01	5.51	27.66
浙西北山地水源涵养林保护区	2068.28	713.99	501.80	212.19	18.26	34.52
浙中丘陵盆地森林生态治理区	2069.64	760.03	187.28	572.75	19.44	36.72
浙南山地森林生态保护恢复区	3336.30	1640.35	478.48	1161.87	41.95	49.17
浙东南沿海防护林体系建设区	1572.74	580.48	201.62	378.86	14.84	36.91

各生态治理区省级以上公益林的区划界定结果为：浙东北平原绿化农田防护林区215.63万亩，占全省省级以上公益林面积的5.51%，占该区林业用地面积的27.66%；浙西北山地水源涵养林保护区713.99万亩，占全省省级以上公益林面积的18.26%，占该区林业用地面积的34.52%；浙中丘陵盆地森林生态治理区760.03万亩，占全省省级以上公益林面积的19.44%，占该区林业用地面积的36.72%；浙南山地森林生态保护恢复区1640.35万亩，占全省省级以上公益林面积的41.95%，占该区林业用地面积的49.17%；浙东南沿海防护林体系建设区580.48万亩，占全省省级以上公益林面积的14.84%，占该区林业用地面积的36.91%（表3-34、图3-15、图3-16）。

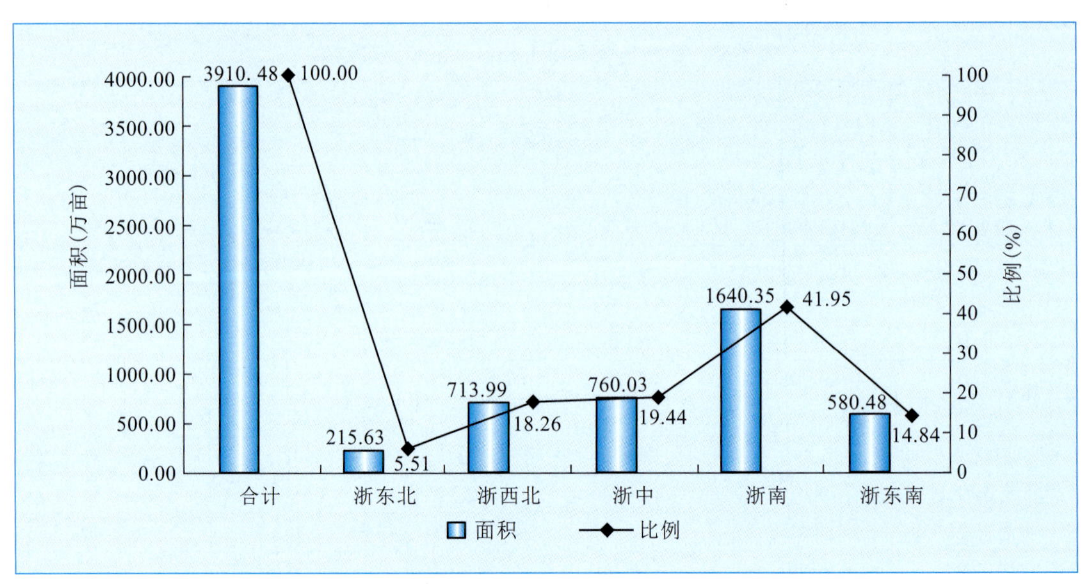

图 3-15 各生态治理区省级以上公益林建设规模

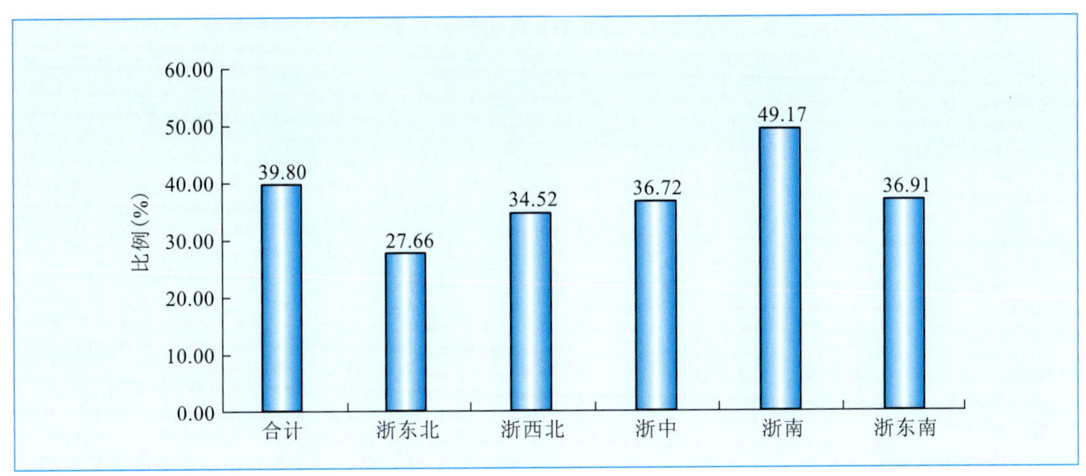

图 3-16　各生态治理区省级以上公益林占林业用地比例

3.4.1　浙东北平原绿化农田防护林区

3.4.1.1　区域范围

该区位于浙江东北部，在太湖以南的杭州湾两岸，主要包括嘉兴市的 7 个县(市、区)，湖州市本级、德清、长兴，杭州市的拱墅、西湖、江干、滨江、萧山、余杭，绍兴市的越城、上虞、绍兴，宁波市的江北、北仑、余姚、慈溪等 29 个县(市、区)。全区土地总面积为 2877.30 万亩，占全省土地总面积的 18.4%，其中林业用地为 779.44 万亩，占分区总面积的 27.1%。

3.4.1.2　社会经济与自然状况

该区属对外经济开放区，有省会城市杭州、计划单列市宁波和湖州、嘉兴、绍兴 3 个地级市，是浙江省商品经济最发达的地区之一。2009 年，全区国内生产总值占全省的 51.8%，人均国内生产总值达 72 369 元，为全省人均国内生产总值的 1.5 倍；总人口为 1605.2 万人，平均人口密度 837 人/km^2。区内地貌以平原为主，地势低洼，水网密布，京杭大运河穿境而过，具典型的江南水乡风貌。区内现有小(一)型以上水库 78 座(其中大型水库有余姚四明湖、德清对河口和绍兴汤浦等 3 座，中型水库 13 座)，总库容 8.66 亿 m^3；县级以上自然保护区 2 处；省级以上森林公园 19 个(其中国家级森林公园 5 个)；省级以上风景名胜区 10 个(其中国家级 3 个)。

3.4.1.3　主要生态问题

由于工业发达，污染源多，工业污染、生活污染和农业面源污染等对环境污染较严重，给工农业生产和人民生活带来很大的影响。主要的自然灾害为台风与洪涝。近 10 年来，该区域实施了太湖防护林、沿海防护林和平原农田防护林体系建设工程，为工农业生产创造了较好的条件。但从总体上看，森林资源总量不足，森林覆盖率较低，林业生态建设滞后于经济发展，生态环境仍很脆弱。特别是一些地方因发展经济的需要，修路、改道、扩镇、扩村、农与林争地等情况普遍，常造成林网被破坏，影响了防护功能；以河岸为框架的防护林骨干工程仍比较薄弱；村镇四旁绿化的空隙地较多，平原绿地率不高，人均公共绿地偏低，这与高标准平原绿化的要求还存在较大差距。

表 3-35　浙东北平原绿化农田防护林区省级以上公益林区划界定结果　　亩

统计单位	省级以上公益林建设规模			统计单位	省级以上公益林建设规模		
	合计	国家级公益林	省级公益林		合计	国家级公益林	省级公益林
计	**2156299**	**276186**	**1880113**				
西湖区	97471	36855	60616	桐乡市	6911		6911
滨江区	2101	2101		吴兴区	168447	20272	148175
江干区	4006		4006	长兴县	293215	68711	224504
拱墅区	11119		11119	德清县	115075	8343	106732
余杭区	120554		120554	越城区	106452		106452
萧山区	200084	9722	190362	上虞市	220711	3860	216851
南湖区	9342		9342	绍兴县	229518	480	229038
秀洲区	6614		6614	北仑区	145152	68384	76768
嘉善县	3135		3135	镇海区	5072		5072
平湖市	6151	2260	3891	江北区	19633		19633
海盐县	28097	18129	9968	余姚市	290698	23653	267045
海宁市	25463	12210	13253	慈溪市	41278	1206	40072

3.4.1.4　建设思路与方向

首先，应建立以农田防护林网为主体，四旁(宅、村、路、水旁)植树、农林间作和成片造林为补充，实行农田复合经营，构造带、网、片相结合的多功能、高效益的综合防护林体系，以发挥综合防护作用，维持农区生态平衡。其次，应建设以大中型城郊环城生态风景林为中心，河流两岸、铁路沿线、主干公路绿化美化并重的四大绿色生态防护、景观绿带系统，为建设园林城、旅游城服务，营造一个舒适优美的工作生活环境。

3.4.1.5　区划界定结果

该区共区划界定省级以上公益林面积 215.63 万亩，占该区林业用地面积的 27.66%。其中：国家级公益林 27.62 万亩，占该区省级公益林面积的 18.21%；省级公益林 188.01 万亩，占 87.19%。所辖各县(市、区)的公益林情况详见表 3-35。

3.4.2　浙西北山地水源涵养林保护区

3.4.2.1　区域范围

该区位于浙江西北山区，主要包括建德、富阳、临安、桐庐、淳安、安吉、开化 7 个县(市)。全区土地总面积为 2646.30 万亩，占全省土地总面积的 16.9%，其中林业用地为 2068.28 万亩，占分区总面积的 78.2%。

3.4.2.2　社会经济与自然状况

该区为浙江省竹木重点产区，山地广阔，人口密度较低。2009 年，全区国内生产总值占全省的 5.6%；总人口 334.71 万人，平均人口密度为 190 人/km^2；人均国内生产总值 37 412 元，低于全省平均水平 21.4%。区内以低山丘陵为主，水系发达，主要水系有钱塘江的富春江、新安江、分水江和太湖水系的东、西苕溪。现有小(一)型以上水库 102

座(其中大型水库有建德新安江、桐庐富春江、临安青山、桐庐分水江水利枢纽工程、安吉赋石和老石坎等6座，中型水库14座)，总库容238.11亿m^3；境内有省级以上自然保护区4处(其中国家级自然保护区有天目山、清凉峰、古田山3处)；省级以上森林公园15个(其中国家级森林公园7个)；省级以上风景名胜区4个(其中国家级1个)。该区是杭嘉湖地区水源供给地和浙北地区重要城市的生态屏障。

3.4.2.3 主要生态问题

该区的山溪性河流落差大，蓄水能力差，加上雨量时空分布不均，容易发生干旱和洪涝灾害。局部地区的森林被过度砍伐，加上毁林开荒、陡坡开垦，造成水土流失，河床抬高。

3.4.2.4 建设思路与方向

加快实施太湖流域防护林体系建设和钱塘江流域林业生态环境建设。坚持以兴林、固土、蓄水为目的，以恢复和保护森林植被，实现自然生态良性循环为核心，以建设水源涵养林、水土保持林为重点，进一步加强森林资源的培育和保护，保护好天然林，建设好水源涵养林和水土保持林，坚持与农田基本建设和水利基本建设相配套，使之成为保护农业和水利的生态屏障，力求从根本上治理本流域水旱等自然灾害对社会经济和人民生命财产所造成的巨大危害。原则上将两大水系源头及干流、一级支流两侧和大中型水库周围的森林、林木和林地区划界定为生态公益林。同时，科学规划旅游业的发展，加强“两江一湖”风景旅游资源的保护；加大野生动、植物资源的保护力度。

3.4.2.5 区划界定结果

该区共区划界定省级以上公益林面积713.99万亩，占该区林业用地面积34.52%。其中：国家级公益林501.80万亩，占该区公益林面积的70.28%；省级公益林212.19万亩，占29.72%。所辖各县(市、区)的公益林情况详见表3-36。

表3-36 浙西北山地水源涵养林保护区省级以上公益林区划界定结果 亩

统计单位	省级以上公益林建设规模			统计单位	省级以上公益林建设规模		
	合计	国家级公益林	省级公益林		合计	国家级公益林	省级公益林
计	**7139887**	**5017984**	**2121903**	建德市	1001668	994170	7498
临安市	1084713	545300	539413	淳安县	1946923	1938425	8498
富阳市	635615	156449	479166	安吉县	623665	262906	360759
桐庐县	745874	245179	500695	开化县	1101429	875555	225874

3.4.3 浙中丘陵盆地森林生态治理区

3.4.3.1 区域范围

该区位于浙江中部、中东部腹地，主要包括诸暨、嵊州、新昌、婺城、兰溪、东阳、义乌、永康、金东、浦江、柯城、江山、衢江、常山、龙游、天台等16个县(市、区)。全区土地总面积为3227.7万亩，占全省土地总面积的20.7%，其中林业用地为2069.64万亩，占分区总面积的64.1%。

3.4.3.2 社会经济与自然状况

该区是浙江第二大商品粮生产基地和多种经营内容较多的农业经济综合区，也是商品经济比较发达的地区之一。2009 年，全区国内生产总值占全省的 14.4%；总人口为 905.0 万人，平均人口密度为 421 人/km^2，人口密度接近全省的平均水平；人均国内生产总值 35 642 元，低于全省平均水平 25%。该区主要由金衢、浦江、诸暨、新嵊、永康等大小盆地所组成。钱塘江的众多干、支流——衢江、江山港、兰江、乌溪江、金华江、曹娥江等穿越其间，均属山溪性河流。区内有小(一)型以上水库 289 座(其中大型水库有衢江湖南镇、东阳横锦、江山白水坑、碗窑、天台里石门、新昌长诏、衢江铜山源、东阳南江、诸暨陈蔡、石壁和嵊州南山等 11 座，中型水库 44 座)，总库容 58.08 亿 m^3；县级以上自然保护区 2 个；省级以上森林公园 22 个(其中国家级森林公园 8 个)；省级以上风景名胜区 16 个(其中国家级 6 个)。

表 3-37　浙中丘陵盆地森林生治理区省级公益林区划界定结果　　亩

统计单位	省级以上公益林建设规模			统计单位	省级以上公益林建设规模		
	合计	国家级公益林	省级公益林		合计	国家级公益林	省级公益林
计	**7600293**	**1872820**	**5727473**				
诸暨市	640010		640010	浦江县	392853	36618	356235
新昌县	284187		284187	兰溪市	349614	86005	263609
嵊州市	900999		900999	柯城区	210629	33411	177218
婺城区	547698	3670	544028	衢江区	748658	606334	142324
金东区	128531	25702	102829	龙游县	283392	177163	106229
义乌市	240279	29440	210839	江山市	788354	309873	478481
永康市	337332		337332	常山县	481259	338883	142376
东阳市	651717	206805	444912	天台县	614781	18916	595865

3.4.3.3　主要生态问题

由于该区的丘陵土壤以红壤为主，其母质多为砂岩和第四纪红色稀土，土壤结构差，抗蚀力弱，加之森林植被比较少，林分树种结构单一，大面积的经济林又普遍缺乏水土保持措施，水土流失十分严重，全区水土流失面积达 4773.8km^2，其中，中度侵蚀以上的占 37.4%；全区 25°以上的坡耕地占全省 25°以上坡耕地面积的 26.2%。

3.4.3.4　建设思路与方向

以治山为本，加大封山育林力度，搞好水土保持林建设，实行开发利用与治理水土流失相结合、工程措施与生物措施相结合，有计划地退耕还林、还草，达到控制水土流失。以治理钱塘江上游、曹娥江、浦阳江两岸水土流失为重点，植树种草，乔、灌、草搭配，加强森林植被保护，改善林分结构，提高林分质量。

3.4.3.5　区划界定结果

该区共区划界定省级以上公益林面积 760.03 万亩，占该区林业用地面积的 36.72%。其中：国家级公益林 187.28 万亩，占该区省级以上公益林面积的 24.64%；省级公益林 572.75 万亩，占 75.36%。所辖各县(市、区)的公益林情况详见表 3-37。

3.4.4 浙南山地森林生态保护恢复区

3.4.4.1 区域范围

该区地处浙江省南部，主要包括永嘉、文成、泰顺、武义、磐安、莲都、龙泉、青田、庆元、缙云、遂昌、松阳、云和、景宁、仙居等15个县(市、区)。全区土地总面积为4169.25万亩，占全省土地总面积的26.7%，其中林业用地为3336.30万亩，占分区面积80.0%。

3.4.4.2 社会经济与自然状况

该区是浙江森林资源最多和商品材生产量最大的林区，林业在国民经济中占主要的地位。2009年，全区总人口为527.7万人，平均人口密度为190人/km^2，是全省人口密度最低区域之一；人均国内生产总值19 256元，低于全省平均水平60%。区内地貌以中低山为主，山地广阔，交通不甚方便。该区为瓯江、飞云江、鳌江、椒江等水系的发源地；境内有小(一)型以上水库137座(其中大型水库有云和紧水滩、青田滩坑、文成珊溪和仙居下岸等4座，中型水库31座)，总库容79.04亿m^3；县级以上自然保护区8个(其中国家级4个，省级1个)；省级以上森林公园24个(其中国家级7个)；省级以上风景名胜区12个(其中国家级4个)。

表3-38 浙南山地森林生态保护恢复区公益林区省级以上划界定结果 亩

统计单位	省级以上公益林建设规模			统计单位	省级以上公益林建设规模		
	合计	国家级公益林	省级公益林		合计	国家级公益林	省级公益林
计	**16403527**	**4784803**	**11618724**	龙泉市	1624616	977141	647475
永嘉县	969950	39471	930479	庆元县	1273179	174226	1098953
文成县	558648	282695	275953	景宁县	1292028	488120	803908
泰顺县	1167005	697189	469816	遂昌县	1951121	529790	1421331
武义县	643423	19410	624013	松阳县	932047	29896	902151
磐安县	522201	371978	150223	云和县	799010	445030	353980
仙居县	909000	65933	843067	缙云县	970811		970811
莲都区	1028496	116048	912448	青田县	1761992	547876	1214116

3.4.4.3 主要生态问题

该区山高源短流急，自然蓄水能力差，水利工程不足，山体滑坡频发，带来的损失严重。长期以来由于经济发展不快，在林业生产上普遍不同程度地存在过量采伐森林等急功近利的短期行为。特别是不少县(市)过度发展食用菌，破坏了阔叶林资源，致使森林质量下降、森林生态功能减弱。

3.4.4.4 建设思路与方向

加强对现有森林资源的保护，禁止采伐天然林特别是天然阔叶林，逐步降低商品材的生产量；加大封山育林、植树造林、退耕还林的力度，扩大自然保护区的范围，加快森林植被的恢复进程，提高针阔混交林和常绿阔叶林比重；调整林业产业结构，使商品林与公益林协调发展，拯救华南虎、黄腹角雉、百山祖冷杉等珍稀濒危野生动植物物种。

3.4.4.5 区划界定结果

该区共区划界定省级以上公益林面积1640.35万亩，占该区林业用地面积49.17%。其中：国家级公益林478.48万亩，占该区省级以上公益林面积的29.17%；省级公益林1161.87万亩，占70.83%。所辖各县(市、区)的公益林情况详见表3-38。

3.4.5 浙东南沿海防护林体系建设区

3.4.5.1 区域范围

该区地处浙江省东部沿海，主要包括宁波市的奉化、象山、宁海、鄞州，温州市的鹿城、龙湾、瓯海、瑞安、乐清、洞头、平阳、苍南，舟山市的定海、普陀、岱山、嵊泗，台州市的椒江、黄岩、路桥、临海、温岭、三门、玉环等23个县(市、区)。全区土地总面积为2697.75万亩，占全省土地总面积的17.3%，其中林业用地为1572.74万亩，占分区总面积的56.3%。

3.4.5.2 社会经济与自然状况

该区是浙江省沿海经济发达地区，2009年，全区国内生产总值占全省的23.7%；总人口的1343.55万人，平均人口密度为747人/km^2；人均国内生产总值39 638元，低于全省平均水平17%。该区依山面海，海岸线长而曲折，港湾和岛屿众多，沿海资源十分丰富。浙江省的三大港湾象山港、三门湾、乐清湾均分布于此。境内多为过境河流，较大的有瓯江、椒江、飞云江；现有小(一)以上水库176座(其中大型水库有黄岩长潭、临海牛头山、宁海白溪、奉化亭下、横山、鄞县皎口和周公宅等7座，中型水库34座)，总库容29.70亿m^3；县级自然保护区2个；省级以上森林公园27个(其中国家级7个)；省级以上风景名胜区20个(其中国家级5个)。

3.4.5.3 主要生态问题

该区台风、暴潮、赤潮等灾害频繁。“三废”、化肥、农药、生活污水严重污染环境。丘陵坡地过度开发，水土流失较为严重，森林质量普遍较低，多为以松为主的针叶树纯林，受松材线虫等森林病虫危害严重。

3.4.5.4 建设思路与方向

加快沿海防护林体系建设，建立和完善以沿海防护林为主体的多林种、多层次、多功能的综合防护林体系，逐步改善本地区的生态环境，提高抗御台风等自然灾害的能力。巩固现有沿海基干林带的建设成果，进一步加强沿海大城镇的绿化美化，实现浙江省绿色千里海疆的宏伟蓝图。

3.4.5.5 区划界定结果

该区共区划界定省级以上公益林面积580.48万亩，占该区林业用面积36.91%。其中：国家级公益林201.62万亩，占该区省级以上公益林面积的34.73%；省级公益林378.86万亩，占65.27%。所辖各县(市、区)的公益林情况详见表3-39。

表 3-39 浙东南沿海防护林体系建设区省级以上公益林区划界定结果 亩

统计单位	省级以上公益林建设规模			统计单位	省级以上公益林建设规模		
	合计	国家级公益林	省级公益林		合计	国家级公益林	省级公益林
计	**5804800**	**2016207**	**3788593**	嵊泗县	60520	60520	
鹿城区	77636	77636		椒江区	43015	21035	21980
龙湾区	7186	3272	3914	黄岩区	468185	389412	78773
瓯海区	110201		110201	路桥区	15000	12000	3000
瑞安市	326302	37595	288707	临海市	753026	46580	706446
乐清市	204519	19180	185339	温岭市	120125	33592	86533
洞头县	37076	25201	11875	玉环县	134300	47008	87292
平阳县	315309	52360	262949	三门县	319304	92223	227081
苍南县	419181	346253	72928	鄞州区	296076	3713	292363
定海区	284943	89044	195899	奉化市	476922	39473	437449
普陀区	260922	260922		宁海县	485467	52456	433011
岱山县	158151	158151		象山县	431434	148581	282853

3.5 区划界定结果分析讨论

通过2001年的全面区划界定、2004年的布局完善和2009年的省级公益林扩面，全省公益林建设布局总体上得到了很大优化，有利于公益林整体效益的发挥，将大大推动和促进浙江生态省建设和生态文明建设。浙江历次公益林的区划界定和完善始终坚持政府主导、群众自愿、生态优先、兼顾生产的原则，从而使区划界定结果能得到顺利实施。目前，浙江除4000万亩省级以上公益林外，尚有400多万亩市、县级公益林同时在实施。其中，市级公益林主要分布在杭州市、宁波市和温州市所辖有关县(市、区)，面积约200万亩，各地补偿标准高低不一。

从空间布局看，全省公益林空间布局本着“因害设防，生态优先”的原则，以生态区位重要性和生态环境脆弱性为主要指标，呈现以钱塘江等大江大河的树状分布为主体，以国铁、国道、高速公路等带状分布为骨架；以自然保护区、大中型水库、森林公园、风景名胜区、国防军事禁区等块状分布为基础的总体框架，基本符合浙江省以保护大江大河、大中型水库、重要交通干线、国防前哨和自然保护区为核心，以提高水源涵养、水土保持功能和改善人居环境为重任的公益林建设目标。但从微观上看，部分地区的公益林分布还过于零散。主要原因是山林承包到户后，同一生态区域有些农户愿意划为公益林，有些农户则不愿意。

从建设规模看，浙江公益林全省规模基本符合当前的经济社会发展状况，能起到较好的生态保障作用，但局部地方公益林比例还偏低。目前，浙江省级以上公益林建设面积占全省林业用地总面积的39.8%，加之市、县级公益林面积，全省公益林建设规模约占全省林业用地总面积的45%，比例适中，基本与当前浙江国民经济发展水平和广大干部群众的认识水平相适应。但局部地方公益林建设比例偏低，还没有达到《中华人民共和国森林法实施条例》规定的30%的要求。特别是衢州市作为浙江省第一大河流——钱塘江的主要源头地区，现有公益林建设比例只有36.78%，低于全省平均水平3个百分点，其中龙游、柯城还不到30%；仙居县作为椒江的源头地区，公益林建设比例也低于全省平均水平3个百分点；新昌县作为曹娥江的主要源头地区，又是浙东主要旅游区，但公益林建设比例只有24.35%。从财政支出资金看，2004~2010年，浙江省地方财政用于公益林补偿的资金支出占地方财政总支出的比例每年均在0.2%以下，因此从现有的建设规模分析，总体上财政也是完全能够承受的。

从林分质量看，现有公益林林分质量不高，整体效益不强，建设任务还相当繁重。由于浙江省森林资源整体质量还不高，反映在全省公益林现有林分质量上，同样存在着树种结构以针叶林为主(占50%以上)，林龄结构以幼龄林、中龄林为主(占70%以上)，林分蓄积量水平不高等问题，全省公益林建设保护管理任重而道远。

从长远发展看，公益林建设布局还有待进一步完善。一方面，随着浙江经济社会的进一步发展、生态文明建设的进一步深入和公益林补偿标准的逐步提高，广大干部群众和社会各界对公益林在生态文明建设中所起的重要作用、在应对气候变化中所起的特殊作用的认识将日益深刻，全省公益林建设必将得到进一步加强。根据浙江的生态环境建设需要和经济社会发展状况及财政承受能力，从长远发展看，全省公益林建设规模占全省林业用地面积比例达50%~60%并不为过。另一方面，从现有的生态区位来看，目前由于林业等生产建设需要、公益林补偿标准偏低、林农不愿意等原因，全省尚有1300多万亩重要生态区位并未纳入公益林建设范围(不包括以后新建的高速公路、铁路、大中型水库及下山移民地区等新增的重要区位)。这些区位主要分布在重要城镇饮用水源保护地、成片天然阔叶林或针阔混交林、下山移民地区、大中型水库周围、江河源头及两侧、高速公(铁)路两侧山地等地区，今后应逐步纳入公益林范围进行建设管理。

4

STATISTICAL TABLES OF PUBLIC WELFARE FORESTS

公益林统计表

表 4-1　省级以上公益林按事权等级面积统计

亩,%

统计单位	合　计	其中：国家级公益林		其中：省级公益林	
		面积	所占比例	面积	所占比例
浙江省	**39104806**	**13968000**	**35.72**	**25136806**	**64.28**
杭州市	**5850128**	**3928201**	**67.15**	**1921927**	**32.85**
西湖区	97471	36855	37.81	60616	62.19
滨江区	2101	2101	100.00		
江干区	4006			4006	100.00
拱墅区	11119			11119	100.00
余杭区	120554			120554	100.00
萧山区	200084	9722	4.86	190362	95.14
临安市	1084713	545300	50.27	539413	49.73
富阳市	635615	156449	24.61	479166	75.39
桐庐县	745874	245179	32.87	500695	67.13
建德市	1001668	994170	99.25	7498	0.75
淳安县	1946923	1938425	99.56	8498	0.44
宁波市	**2191732**	**337466**	**15.40**	**1854266**	**84.60**
北仑区	145152	68384	47.11	76768	52.89
镇海区	5072			5072	100.00
江北区	19633			19633	100.00
鄞州区	296076	3713	1.25	292363	98.75
奉化市	476922	39473	8.28	437449	91.72
余姚市	290698	23653	8.14	267045	91.86
慈溪市	41278	1206	2.92	40072	97.08
宁海县	485467	52456	10.81	433011	89.19
象山县	431434	148581	34.44	282853	65.56
温州市	**4193013**	**1580852**	**37.70**	**2612161**	**62.30**
鹿城区	77636	77636	100.00		
龙湾区	7186	3272	45.53	3914	54.47
瓯海区	110201			110201	100.00
瑞安市	326302	37595	11.52	288707	88.48
乐清市	204519	19180	9.38	185339	90.62
永嘉县	969950	39471	4.07	930479	95.93
洞头县	37076	25201	67.97	11875	32.03
平阳县	315309	52360	16.61	262949	83.39
苍南县	419181	346253	82.60	72928	17.40
文成县	558648	282695	50.60	275953	49.40
泰顺县	1167005	697189	59.74	469816	40.26

（续）

统计单位	合　计	其中：国家级公益林		其中：省级公益林	
		面积	所占比例	面积	所占比例
嘉兴市	**85713**	**32599**	**38.03**	**53114**	**61.97**
南湖区	9342			9342	100.00
秀洲区	6614			6614	100.00
嘉善县	3135			3135	100.00
平湖市	6151	2260	36.74	3891	63.26
海盐县	28097	18129	64.52	9968	35.48
海宁市	25463	12210	47.95	13253	52.05
桐乡市	6911			6911	100.00
湖州市	**1200402**	**360232**	**30.01**	**840170**	**69.99**
吴兴区	168447	20272	12.03	148175	87.97
长兴县	293215	68711	23.43	224504	76.57
安吉县	623665	262906	42.16	360759	57.84
德清县	115075	8343	7.25	106732	92.75
绍兴市	**2381877**	**4340**	**0.18**	**2377537**	**99.82**
越城区	106452			106452	100.00
上虞市	220711	3860	1.75	216851	98.25
诸暨市	640010			640010	100.00
绍兴县	229518	480	0.21	229038	99.79
新昌县	284187			284187	100.00
嵊州市	900999			900999	100.00
金华市	**3813648**	**779628**	**20.44**	**3034020**	**79.56**
婺城区	547698	3670	0.67	544028	99.33
金东区	128531	25702	20.00	102829	80.00
武义县	643423	19410	3.02	624013	96.98
义乌市	240279	29440	12.25	210839	87.75
永康市	337332			337332	100.00
东阳市	651717	206805	31.73	444912	68.27
磐安县	522201	371978	71.23	150223	28.77
浦江县	392853	36618	9.32	356235	90.68
兰溪市	349614	86005	24.60	263609	75.40
舟山市	**764536**	**568637**	**74.38**	**195899**	**25.62**
定海县	284943	89044	31.25	195899	68.75
普陀区	260922	260922	100.00		
岱山县	158151	158151	100.00		
嵊泗县	60520	60520	100.00		

（续）

统计单位	合　计	其中：国家级公益林		其中：省级公益林	
		面积	所占比例	面积	所占比例
衢州市	**3613721**	**2341219**	**64.79**	**1272502**	**35.21**
柯城区	210629	33411	15.86	177218	84.14
衢江区	748658	606334	80.99	142324	19.01
龙游县	283392	177163	62.52	106229	37.48
江山市	788354	309873	39.31	478481	60.69
常山县	481259	338883	70.42	142376	29.58
开化县	1101429	875555	79.49	225874	20.51
台州市	**3376736**	**726699**	**21.52**	**2650037**	**78.48**
椒江区	43015	21035	48.90	21980	51.10
黄岩区	468185	389412	83.17	78773	16.83
路桥区	15000	12000	80.00	3000	20.00
临海市	753026	46580	6.19	706446	93.81
温岭市	120125	33592	27.96	86533	72.04
玉环县	134300	47008	35.00	87292	65.00
三门县	319304	92223	28.88	227081	71.12
天台县	614781	18916	3.08	595865	96.92
仙居县	909000	65933	7.25	843067	92.75
丽水市	**11633300**	**3308127**	**28.44**	**8325173**	**71.56**
莲都区	1028496	116048	11.28	912448	88.72
龙泉市	1624616	977141	60.15	647475	39.85
庆元县	1273179	174226	13.68	1098953	86.32
景宁县	1292028	488120	37.78	803908	62.22
遂昌县	1951121	529790	27.15	1421331	72.85
松阳县	932047	29896	3.21	902151	96.79
云和县	799010	445030	55.70	353980	44.30
缙云县	970811			970811	100.00
青田县	1761992	547876	31.09	1214116	68.91

表 4-2　国家级公益林按生态区位面积统计

亩

统计单位	合　计	重要江河源头	重要江河两岸	国家级自然保护区	重要湿地	重要水库	海防林基干林带	红树林	国防设施周围	其他试点地区
浙江省	**13968000**	**849036**	**2035755**	**1164383**	**10181**	**6236460**	**1420666**	**11**	**998417**	**1253091**
杭州市	**3928201**	**87059**	**462839**	**226117**		**2993144**			**159042**	
西湖区	36855		17149						19706	
滨江区	2101		2101							

（续）

统计单位	合　计	重要江河源头	重要江河两岸	国家级自然保护区	重要湿地	重要水库	海防林基干林带	红树林	国防设施周围	其他试点地区
萧山区	9722		9722							
临安市	545300	87059	93500	226117					138624	
富阳市	156449		156449							
桐庐县	245179		95763			148704			712	
建德市	994170		88155			906015				
淳安县	1938425					1938425				
宁波市	**337466**						**316964**		**20502**	
北仑区	68384						68384			
鄞州区	3713						3713			
奉化市	39473						39473			
余姚市	23653						3151		20502	
慈溪市	1206						1206			
宁海县	52456						52456			
象山县	148581						148581			
温州市	**1580852**		**119414**	**282330**		**697554**	**322929**	**11**	**158614**	
鹿城区	77636		77636							
龙湾区	3272		2307				965			
瑞安市	37595						8750	6	28839	
乐清市	19180						19175	5		
永嘉县	39471		39471							
洞头县	25201						25201			
平阳县	52360						52360			
苍南县	346253						216478		129775	
文成县	282695					282695				
泰顺县	697189			282330		414859				
嘉兴市	**32599**						**22700**		**9899**	
平湖市	2260						2260			
海盐县	18129						11319		6810	
海宁市	12210						9121		3089	
湖州市	**360232**	**88596**	**206989**		**10181**				**54466**	
吴兴区	20272		12838		1476				5958	
长兴县	68711		11498		8705				48508	
安吉县	262906	88596	174310							
德清县	8343		8343							
绍兴市	**4340**		**480**				**3860**			
上虞市	3860						3860			
绍兴县	480		480							

（续）

统计单位	合 计	重要江河源头	重要江河两岸	国家级自然保护区	重要湿地	重要水库	海防林基干林带	红树林	国防设施周围	其他试点地区
金华市	**779628**	**328499**	**252565**	**69713**					**128851**	
婺城区	3670								3670	
金东区	25702		25702							
武义县	19410								19410	
义乌市	29440		17666						11774	
东阳市	206805	26234	123192						57379	
磐安县	371978	302265		69713						
浦江县	36618								36618	
兰溪市	86005		86005							
衢州市	**2341219**	**270292**	**328392**	**122125**		**358337**			**8982**	**1253091**
柯城区	33411		3566							29845
衢江区	606334					358337				247997
龙游县	177163		2170						1109	173884
江山市	309873								7873	302000
常山县	338883		101818							237065
开化县	875555	270292	220838	122125						262300
舟山市	**568637**						**505042**		**63595**	
定海县	89044						80324		8720	
普陀区	260922						206047		54875	
岱山县	158151						158151			
嵊泗县	60520						60520			
台州市	**726699**					**382299**	**249171**		**95229**	
椒江区	21035						21035			
黄岩区	389412					382299			7113	
路桥区	12000						12000			
临海市	46580						46580			
温岭市	33592						30325		3267	
玉环县	47008						47008			
三门县	92223						92223			
天台县	18916								18916	
仙居县	65933								65933	
丽水市	**3308127**	**74590**	**665076**	**464098**		**1805126**			**299237**	
莲都区	116048		116048							
龙泉市	977141	59398	162533	240821		419601			94788	
庆元县	174226	15192		140374					18660	
景宁县	488120					433764			54356	
遂昌县	529790			82903		379372			67515	

（续）

统计单位	合　计	重要江河源头	重要江河两岸	国家级自然保护区	重要湿地	重要水库	海防林基干林带	红树林	国防设施周围	其他试点地区
松阳县	29896								29896	
云和县	445030		99662			311346			34022	
青田县	547876		286833			261043				

表 4-3　省级公益林按生态区位面积统计

亩

统计单位	合　计	县级以上自然保护区	自然与人文遗产地	省级森林公园、风景名胜区	饮用水源保护地	主要河流源头及两岸	大中型水库、湖泊	主要通道两侧	重要城镇周边	坡度 36° 以上地区	其他沿海防护林	下山移民区	连片阔叶或针阔混交林
浙江省	**25136806**	**392338**	**249115**	**1265855**	**4399808**	**7721900**	**2213571**	**2664601**	**756973**	**1126096**	**407987**	**617780**	**3320782**
杭州市	**1921927**	**31106**		**123896**	**75897**	**1107639**	**70271**	**206278**	**20663**	**63729**	**38925**	**4744**	**178779**
西湖区	60616	181		17819		29086		2309	11221				
江干区	4006					2373		1633					
拱墅区	11119					7216		2160	1743				
余杭区	120554			32187	25260				4620	19562	38925		
萧山区	190362			47428		18801		124133					
临安市	539413	20435		12059	36615	338050		4245		35719		4744	87546
富阳市	479166	7483		14403	14022	341667		71798	2960				26833
桐庐县	500695	3007				368409	56312		119	8448			64400
建德市	7498					2037	5461						
淳安县	8498						8498						
宁波市	**1854266**	**11134**	**68215**	**129559**	**72040**	**501199**	**382069**	**515708**	**27123**	**39685**	**98200**		**9334**
北仑区	76768				41125		1380	17278			16985		
镇海区	5072						5072						
江北区	19633								19633				
鄞州区	292363		34972	6648		72327	83604	72864	3882	17442	624		
奉化市	437449		33243	45428		222101	68803	52424		3417	2699		9334
余姚市	267045					202651	23632	29310			11452		
慈溪市	40072			21167	6479		8818		3608				
宁海县	433011			56316		4120	153351	210970			8254		
象山县	282853	11134			24436		37409	132862		18826	58186		
温州市	**2612161**	**3101**	**34695**	**223364**	**259466**	**1151805**	**326419**	**54210**	**67813**	**186215**	**77369**	**83814**	**143890**
龙湾区	3914			3914									
瓯海区	110201		3481	29731	9635	50037		4077		13240			
瑞安市	288707	3018		60071	37785	151133		17283	4927	13740	750		
乐清市	185339	38	31214				5745	6526		130793	11023		

（续）

统计单位	合　计	县级以上自然保护区	自然与人文遗产地	省级森林公园、风景名胜区	饮用水源保护地	主要河流源头及两岸	大中型水库、湖泊	主要通道两侧	重要城镇周边	坡度36°以上地区	其他沿海防护林	下山移民区	连片阔叶或针阔混交林
永嘉县	930479			3942	93842	724250	2451		16894		43283	1194	44623
洞头县	11875										11875		
平阳县	262949				4438	194801	11693	17673	21071			10083	3190
苍南县	72928					9377	8777	8651	7243	28442	10438		
文成县	275953			75244	89272		31671		10666			34804	34296
泰顺县	469816	45		50462	24494	22207	266082		7012			37733	61781
嘉兴市	**53114**		**857**	**3087**		**19726**		**22241**	**1418**		**5785**		
南湖区	9342		857			439		8046					
秀洲区	6614					929		5685					
嘉善县	3135					999		2136					
平湖市	3891							757			3134		
海盐县	9968			2581		3606		1304			2477		
海宁市	13253					11443		1636			174		
桐乡市	6911			506		2310		2677	1418				
湖州市	**840170**	**69811**	**1121**	**10794**	**48256**	**419475**	**53860**	**152078**	**28883**	**8008**		**6587**	**41297**
吴兴区	148175			2067		130878		15230					
长兴县	224504	51238	1121		34589	29468	35128	72960					
安吉县	360759	18573		2246	13667	169100	10189	62209	28883	8008		6587	41297
德清县	106732			6481		90029	8543	1679					
绍兴市	**2377537**	**78693**	**48606**	**158062**	**495344**	**467468**	**277951**	**499519**	**169248**	**132026**		**1536**	**49084**
越城区	106452			1185			50878	564	53707	118			
上虞市	216851					171395		41420	4036				
诸暨市	640010	27599	8859	150636	101549	36492	45738	214230		54907			
绍兴县	229038	51094	39747	4238			6982	20054	106923				
新昌县	284187				43719	74769	62434	66357	2969	23461			10478
嵊州市	900999			2003	350076	184812	111919	156894	1613	53540		1536	38606
金华市	**3034020**	**82418**		**150737**	**385758**	**1600681**	**193570**	**152111**	**59033**	**60930**		**85016**	**263766**
婺城区	544028	4244		68322	74143	324084	40811		3813	4722		19801	4088
金东区	102829			33276	26325	19375		11681					12172
武义县	624013	76256			77918	240314	43707	22270	5210	13512		65030	79796
义乌市	210839			18414	65089	75790	24895	24091		2560			
永康市	337332	1586			18603	247814	337	8948	275	7709			52060
东阳市	444912	332		30725	40512	205375	83221	51418		32427			902
磐安县	150223				19516	42195		19141	49735				19636

（续）

统计单位	合 计	县级以上自然保护区	自然与人文遗产地	省级森林公园、风景名胜区	饮用水源保护地	主要河流源头及两岸	大中型水库、湖泊	主要通道两侧	重要城镇周边	坡度36°以上地区	其他沿海防护林	下山移民区	连片阔叶或针阔混交林
浦江县	356235				56133	235481		14562					50059
兰溪市	263609				7519	210253	599					185	45053
衢州市	**1272502**	**26818**		**31020**	**154097**	**373757**	**131604**	**147650**	**21843**	**36424**		**67283**	**282006**
柯城区	177218	4197		1493	14496	81413	8533	5385	1998				59703
衢江区	142324	16755			33285	16966	55326		958				19034
龙游县	106229	2564			12586	48285	1453	341		15928			25072
江山市	478481			29527	54851	187658	56549	50742	11389	20496		61787	5482
常山县	142376				28133	35898	9743	36946	5331			2065	24260
开化县	225874	3302			10746	3537		54236	2167			3431	148455
舟山市	**195899**			**1232**				**58910**	**15090**		**120667**		
定海县	195899			1232				58910	15090		120667		
台州市	**2650037**	**33780**	**79803**	**166114**	**204209**	**411439**	**372405**	**360607**	**69055**	**471752**	**67041**	**12661**	**401171**
椒江区	21980					16778			5202				
黄岩区	78773			11070	10749		28903	3736	21827		2488		
路桥区	3000								2547		453		
临海市	706446	2591	74937	6842	24901	175633	156280	150914		53409	228	1000	59711
温岭市	86533	138		31609			17651	35692			1443		
玉环县	87292				25447			649			61196		
三门县	227081				741		6703	48398		12999			158240
天台县	595865	11091	4866	114292	65658	125786	84795	49920	36610	5848			96999
仙居县	843067	19960		2301	76713	93242	78073	71298	2869	399496	1233	11661	86221
丽水市	**8325173**	**55477**	**15818**	**267990**	**2704741**	**1668711**	**405422**	**495289**	**276804**	**127327**		**356139**	**1951455**
莲都区	912448	3594		47056	342539	220932	39895	124825	36067	4398		23924	69218
龙泉市	647475				75909	147429	99830	16668	61901			68866	176872
庆元县	1098953	42121			278508	417757	9623		23590			90241	237113
景宁县	803908	3532		13045	95448	172395	43036	9365				40939	426148
遂昌县	1421331			8183	182822	272706	116027	39875	124285	38163		58407	580863
松阳县	902151		15818	12663	355166	230388	4481	189666	15683	64205		14081	
云和县	353980	6230			56094	29824	50662	24703	7191	15537		16422	147317
缙云县	970811			187043	347233	177280	41868	90187	8087	5024		41189	72900
青田县	1214116				971022							2070	241024

表 4-4 省级以上公益林按功能类型面积统计

亩

统计单位	合计	防护林							特用林							
		小计	水源涵养林	水土保持林	防风固沙林	农田防护林	护岸林	护路林	小计	国防林	实验林	母树林	环保林	风景林	名胜林	自然保护区林
浙江省	**39104806**	**35359489**	**21434636**	**11965704**	**336366**	**18303**	**224397**	**1380083**	**3745317**	**678606**	**12091**	**7379**	**119722**	**1066324**	**241790**	**1619405**
杭州市	**5850128**	**5352995**	**4358463**	**983066**			**1577**	**9889**	**497133**	**160854**	**1907**	**1268**	**31565**	**54892**	**95**	**246552**
西湖区	97471	47460	45083					2377	50011	19706				30305		
滨江区	2101	2101					1577	524								
江干区	4006	4006	2373					1633								
拱墅区	11119	9109	4423	2505				2181	2010	1743				267		
余杭区	120554	120554	101273	19281												
萧山区	200084	168424	32212	136212					31660				31565		95	
临安市	1084713	687478	481880	203636				1962	397235	138624				12059		246552
富阳市	635615	627331	568643	58587				101	8284		1806			6478		
桐庐县	745874	745162	467439	276612				1111	712	712						
建德市	1001668	994447	708214	286233					7221	69	101	1268		5783		
淳安县	1946923	1946923	1946923													
宁波市	**2191732**	**2048162**	**735334**	**1053397**	**11067**	**2390**	**181**	**245793**	**143570**	**27583**	**747**	**3**	**16381**	**91517**	**1578**	**5761**
北仑区	145152	128725	16391	99868	4995			7471	16427	10666						5761
镇海区	5072	5072	5072													
江北区	19633	16025	15495					530	3608			3	3605			
鄞州区	296076	275870	159992	91225	3641			21012	20206	1525	747		11465	4891	1578	
奉化市	476922	426331	146238	275105				4988	50591	2699				47892		

（续）

统计单位	合　计	防护林							特用林							
		小计	水源涵养林	水土保持林	防风固沙林	农田防护林	护岸林	护路林	小计	国防林	实验林	母树林	环保林	风景林	名胜林	自然保护区林
余姚市	290698	289734	158047	129297		2390			964	964						
慈溪市	41278	16335	8821	7240	27		181	66	24943	3608			168	21167		
宁海县	485467	467515	134368	119773	2404			210970	17952				589	17363		
象山县	431434	422555	90910	330889				756	8879	8121			554	204		
温州市	**4193013**	**3504686**	**1922172**	**1418807**	**121208**	**1590**	**1756**	**39153**	**688327**	**6476**			**62650**	**250114**	**3481**	**365606**
鹿城区	77636	77257	13588	59704	143	1209		2613	379				379			
龙湾区	7186	2665	494	1206	913	52			4521	607				3914		
瓯海区	110201	76989	56956	20033					33212					29731	3481	
瑞安市	326302	265042	172224	80574			750	11494	61260	2810			53987	1445		3018
乐清市	204519	172700	14138	137905	13651		5	7001	31819	244				31575		
永嘉县	969950	966008	444356	521652					3942					3942		
洞头县	37076	36692	939	35753					384					384		
平阳县	315309	307238	228681	78557					8071					8071		
苍南县	419181	392960	49798	220919	106501	329	1001	14412	26221	2815			1326	13564		8516
文成县	558648	451622	204954	243035				3633	107026					107026		
泰顺县	1167005	755513	736044	19469					411492				6958	50462		354072
嘉兴市	**85713**	**75363**	**216**	**34970**		**12157**	**16220**	**11800**	**10350**	**8484**				**1009**	**857**	
南湖区	9342	8485				8239		246	857						857	
秀洲区	6614	2929					1208	1721	3685	3685						
嘉善县	3135	3135				189	999	1947								

（续）

统计单位	合　计	防护林							特用林							
		小计	水源涵养林	水土保持林	防风固沙林	农田防护林	护岸林	护路林	小计	国防林	实验林	母树林	环保林	风景林	名胜林	自然保护区林
平湖市	6151	5926		3011			2383	532	225					225		
海盐县	28097	26387	213	20359		3334	1202	1279	1710	1710						
海宁市	25463	22196	3	11600		246	7492	2855	3267	3089				178		
桐乡市	6911	6305				149	2936	3220	606					606		
湖州市	**1200402**	**1092961**	**766296**	**270284**			**1382**	**54999**	**107441**	**51280**	**3998**	**522**		**9408**		**42233**
吴兴区	168447	162481	101970	58483				2028	5966	5958						8
长兴县	293215	220482	92811	82166				45505	72733	45322	3748					23663
安吉县	623665	601462	464658	127956			1382	7466	22203		250	522		2869		18562
德清县	115075	108536	106857	1679					6539					6539		
绍兴市	**2381877**	**2146218**	**1109242**	**726543**			**40877**	**269556**	**235659**	**2117**			**53**	**19988**	**159495**	**54006**
越城区	106452	102150	51797	50353					4302	2117			53	2132		
上虞市	220711	220711	210463	3027			3860	3361								
诸暨市	640010	452916	147287	55011			36537	214081	187094						159495	27599
绍兴县	229518	200940	2818	197642			480		28578					4174		24404
新昌县	284187	284187	109566	174621												
嵊州市	900999	885314	587311	245889				52114	15685					13682		2003
金华市	**3813648**	**3339355**	**2680901**	**453955**		**134**	**74072**	**130293**	**474293**	**118695**				**201408**		**154190**
婺城区	547698	471462	460837	10625					76236	3670				68322		4244
金东区	128531	95255	67157	28098					33276					33276		
武义县	643423	548960	469671	65264				14025	94463	18830						75633

（续）

统计单位	合计	防护林							特用林							
		小计	水源涵养林	水土保持林	防风固沙林	农田防护林	护岸林	护路林	小计	国防林	实验林	母树林	环保林	风景林	名胜林	自然保护区林
义乌市	240279	215361	180311	11922		134		22994	24918	2528				21952		438
永康市	337332	335746	324653	2554				8539	1586							1586
东阳市	651717	562969	375821	62029			74072	51047	88748	57049				31699		
磐安县	522201	449912	375326	55445				19141	72289							72289
浦江县	392853	336856	237175	85134				14547	55997	36618				19379		
兰溪市	349614	322834	189950	132884					26780					26780		
衢州市	**3613721**	**3402526**	**2675425**	**664235**			**12091**	**50775**	**211195**	**9810**				**79814**		**121571**
柯城区	210629	209626	201631	7995					1003					1003		
衢江区	748658	748658	656422	92236												
龙游县	283392	282416	115927	166489					976	976						
江山市	788354	751694	595811	93163			12006	50714	36660	8757				27903		
常山县	481259	472393	333616	138777					8866					6064		2802
开化县	1101429	937739	772018	165575			85	61	163690	77				44844		118769
舟山市	**764536**	**700070**	**148176**	**408159**	**79492**		**62331**	**1912**	**64466**	**61543**				**2923**		
定海县	284943	280660	129859	69180	78393		1316	1912	4283	1360				2923		
普陀区	260922	200739	1279	199460					60183	60183						
岱山县	158151	158151	17038	80098			61015									
嵊泗县	60520	60520		59421	1099											
台州市	**3376736**	**3080712**	**1147607**	**1447071**	**124599**		**13910**	**347525**	**296024**	**16935**	**186**	**738**	**9073**	**160365**	**76284**	**32443**
椒江区	43015	40006	3607	35883	428			88	3009	792			409	1544	264	

（续）

统计单位	合　计	防护林							特用林							
		小计	水源涵养林	水土保持林	防风固沙林	农田防护林	护岸林	护路林	小计	国防林	实验林	母树林	环保林	风景林	名胜林	自然保护区林
黄岩区	468185	457263	121252	334724				1287	10922					10922		
路桥区	15000	12453	131	499	11823				2547				1927	620		
临海市	753026	667288	346033	117075	46183		7566	150431	85738	74	81		6737	62	75825	2959
温岭市	120125	85111	17669		28218		3532	35692	35014	3267				31609	138	
玉环县	134300	128969	27553	100307	980		30	99	5331	2988				2286	57	
三门县	319304	319304	14074	266934	36967			1329								
天台县	614781	482710	366141	64076				52493	132071	9814		738		110965		10554
仙居县	909000	887608	251147	527573			2782	106106	21392		105			2357		18930
丽水市	**11633300**	**10616441**	**5890804**	**4505217**		**2032**		**218388**	**1016859**	**214829**	**5253**	**4848**		**194886**		**597043**
莲都区	1028496	1024902	540767	421919				62216	3594							3594
龙泉市	1624616	1278943	1014641	259213				5089	345673	98758	5253					241662
庆元县	1273179	1072940	469040	603900					200239	18660						181579
景宁县	1292028	1228158	847600	322766				57792	63870			775		2752		60343
遂昌县	1951121	1792732	1118946	669195				4591	158389	67515		4073		3898		82903
松阳县	932047	892024	239174	652850					40023	29896				833		9294
云和县	799010	781342	542055	232206				7081	17668							17668
缙云县	970811	783408	597161	102596		2032		81619	187403					187403		
青田县	1761992	1761992	521420	1240572												

表 4-5 省级以上公益林按森林群落类型面积统计

亩

统计单位	总 计	阔叶林		针阔混交林					针叶林		竹林		灌木林	其他
		硬阔	软阔	针∶阔＝3∶7	针∶阔＝4∶6	针∶阔＝5∶5	针∶阔＝6∶4	针∶阔＝7∶3	松木	杉木	毛竹	杂竹		
浙江省	**39104806**	**10177697**	**959226**	**821035**	**1204857**	**707387**	**1029528**	**1606193**	**13898932**	**5084891**	**1923900**	**154664**	**1132729**	**403767**
杭州市	**5850128**	**2618770**	**43850**	**77682**	**68959**	**70641**	**69688**	**369398**	**1228029**	**829270**	**258511**	**50939**	**156127**	**8264**
西湖区	97471	38683	665	4183	6211	5581	5727	4114	23815	3513	1498		2582	899
滨江区	2101	2024					14			63				
江干区	4006	3138								868				
拱墅区	11119	7977	36							419				2687
余杭区	120554	40812	1028	1610	1947		3253	1852	14681	2056	42046	5237	5346	686
萧山区	200084	73738	6862	8974	10237	8022	6095	4542	4130	4061	66344	803	5996	280
临安市	1084713	667180	18329	18356	11603	21680	6324	5088	160107	80727	44037	43639	7395	248
富阳市	635615	308589	601	5247	7864	12633	9184	18974	228687	32281	9660	200	1695	
桐庐县	745874	407991	9563	7818	8917	6058	6875	12169	136276	64464	15514	467	66837	2925
建德市	1001668	442459	5871	12298	8492	5988	13533	13776	242533	206641	29342	152	20044	539
淳安县	1946923	626179	895	19196	13688	10679	18683	308883	417800	434177	50070	441	46232	
宁波市	**2191732**	**734987**	**84878**	**74250**	**52386**	**44092**	**64726**	**68597**	**548157**	**113328**	**246778**	**12468**	**89769**	**57316**
北仑区	145152	22917	13015					103	88075	7589	4946	279	6806	1422
镇海区	5072	1146	582	421	24	35	198	935	1718	13				
江北区	19633	2239	1657	399	525		701	834	1972	837	10049	420		
鄞州区	296076	115334	7502	14138	15294	7261	11138	16382	36546	11570	47740	2128	6155	4888

（续）

统计单位	总　计	阔叶林		针阔混交林					针叶林		竹林		灌木林	其他
		硬阔	软阔	针:阔=3:7	针:阔=4:6	针:阔=5:5	针:阔=6:4	针:阔=7:3	松木	杉木	毛竹	杂竹		
奉化市	476922	201734	2491	21702	9986	11695	18768	18013	111226	30897	25241	6199	12327	6643
余姚市	290698	85753	11420	14764	8953	7777	15429	13719	48089	12912	66905	596	3223	1158
慈溪市	41278	277	8629			105	28	104	24167	2218	1742	211	2215	1582
宁海县	485467	176388	17793	20692	16002	14906	15359	17596	79490	36413	42165	2548	12115	34000
象山县	431434	129199	21789	2134	1602	2313	3105	911	156874	10879	47990	87	46928	7623
温州市	**4193013**	**709689**	**41988**	**75437**	**72665**	**65684**	**134830**	**265909**	**2152152**	**306521**	**135789**	**7412**	**183783**	**41154**
鹿城区	77636	8118	4100	713	367	817	1238		51582	1330	816	253	8302	
龙湾区	7186	206	2297		45		258	281	1942	185			1206	766
瓯海区	110201	5142		6529	5140	1103	7031	7645	51672	2581	7273	1294	1451	13340
瑞安市	326302	18230	93	1528	1778	4040	4707	6525	230798	40906	2975		13972	750
乐清市	204519	3563	796	355	2361	84	771	5557	147377	10251	863		26557	5984
永嘉县	969950	185610	2127	36050	34275	19103	38675	44974	532340	55952	4945	433	13471	1995
洞头县	37076	663	3541	314	239	347	302	1195	29783				692	
平阳县	315309	35595	9842	6012	4849	13621	14794	29864	129647	27932	14586	221	28218	128
苍南县	419181	30478	13198	3137	3737	4119	8535	13405	259601	13503	3464	3070	55111	7823
文成县	558648	148573	566	9264	4687	7753	11266	15921	266311	65050	24696	289	1013	3259
泰顺县	1167005	273511	5428	11535	15187	14697	47253	140542	451099	88831	76171	1852	33790	7109
嘉兴市	**85713**	**21281**	**11235**	**4523**	**306**	**1321**	**342**	**269**	**32814**	**9615**	**1914**	**430**	**1260**	**403**
南湖区	9342	7837	245	311	306	209	52	78	44	205		55		
秀洲区	6614	1626		4212		29		75	126	275				271

（续）

统计单位	总　计	阔叶林		针阔混交林					针叶林		竹林		灌木林	其他
		硬阔	软阔	针：阔＝3∶7	针：阔＝4∶6	针：阔＝5∶5	针：阔＝6∶4	针：阔＝7∶3	松木	杉木	毛竹	杂竹		
嘉善县	3135		1281			560				1162				132
平湖市	6151	2099	411			62	290	23	2385	438	104	68	271	
海盐县	28097	968	520			461		93	21390	3345	1187	133		
海宁市	25463	4031	8174						8739	2733	623	174	989	
桐乡市	6911	4720	604						130	1457				
湖州市	1200402	414720	21097	11877	12081	3235	21556	17052	257154	29314	333046	54397	24407	466
吴兴区	168447	28578	959	1912	3079	1091	7913	3761	46172	1884	63598	7246	2119	135
长兴县	293215	85259	7576	776	1436	443	1845	1235	91162	9219	81486	766	11700	312
安吉县	623665	289886	9145	4700	3170	1297	6798	5547	100569	17148	140526	34272	10588	19
德清县	115075	10997	3417	4489	4396	404	5000	6509	19251	1063	47436	12113		
绍兴市	**2381877**	**291639**	**37568**	**27704**	**41500**	**37579**	**71933**	**64994**	**1456889**	**37444**	**226367**	**14217**	**63937**	**10106**
越城区	106452	6220	14617	3488	3551	5235	10005	12402	30716	3315	7221	2790	3450	3442
上虞市	220711	36978	12856	13413	13905	8789	18435	19917	61482	7265	22320	212	3416	1723
诸暨市	640010	86257		2225	6897	6613	9021	12224	389900	892	98848	2618	24515	
绍兴县	229518	54253	3774	55	45	34	377	527	119652	12957	28997	1927	6920	
新昌县	284187	36826	4344	2750	3733	1569	9785	4457	202639	9339	683	100	5902	2060
嵊州市	900999	71105	1977	5773	13369	15339	24310	15467	652500	3676	68298	6570	19734	2881
金华市	**3813648**	**790761**	**5422**	**48499**	**39136**	**39242**	**94895**	**248684**	**1820156**	**481745**	**147524**	**1025**	**80778**	**15781**
婺城区	547698	249182	146	4669	6296	2757	4752	3104	94669	114934	60541	429	5273	946
金东区	128531	23956	20	258	555	3045	1240	399	81177	11933	1556	4	1752	2636

（续）

统计单位	总计	阔叶林		针阔混交林					针叶林		竹林		灌木林	其他
		硬阔	软阔	针:阔=3:7	针:阔=4:6	针:阔=5:5	针:阔=6:4	针:阔=7:3	松木	杉木	毛竹	杂竹		
武义县	643423	257512	1235	11026	6755	1871	31001	9771	160532	135686	22408	57	3106	2463
义乌市	240279	63309	1668	11592	6572	13358	11179	18484	105812	3567	3436	112	721	469
永康市	337332	9453	774	1601	424	665	4443	49242	233855	12862	12234	148	11631	
东阳市	651717	13305	130	1142	463	2189	5433	3582	573035	19221	10898	238	17807	4274
磐安县	522201	27602	769	4734	7115	4228	5939	20495	258400	137468	26062	32	25626	3731
浦江县	392853	128180	680	4305	3653	3217	12356	19706	188171	19621	7656	5	5071	232
兰溪市	349614	18262		9172	7303	7912	18552	123901	124505	26453	2733		9791	1030
衢州市	**3613721**	**1052347**	**55820**	**59631**	**133033**	**70216**	**69538**	**53552**	**867785**	**885368**	**128155**	**2483**	**218062**	**17731**
柯城区	210629	86655	3311	6188	6252	5191	1952	3197	73843	14347	5299	56	2944	1394
衢江区	748658	319414	1462	18218	93979	17116	23619	17750	107568	98387	41743	269	8780	353
龙游县	283392	15195		296	2235	5008	7950	1544	186066	47849	1771		15478	
江山市	788354	204455	8284	10339	7182	21261	6837	10764	176083	217007	54847	1850	61882	7563
常山县	481259	156556	38119	3165	1964	913	2409	422	176941	37066	8892	159	52766	1887
开化县	1101429	270072	4644	21425	21421	20727	26771	19875	147284	470712	15603	149	76212	6534
舟山市	**764536**	**307883**	**9662**	**3728**	**19857**	**1706**	**15980**	**8852**	**352671**	**853**	**921**		**39601**	**2822**
定海县	284943	136122	9393	3728	19857	1706	15980	8852	79261	682	921		5619	2822
普陀区	260922	47526							204356				9040	
岱山县	158151	107634	51						48899	15			1552	
嵊泗县	60520	16601	218						20155	156			23390	
台州市	**3376736**	**834261**	**110722**	**39684**	**95823**	**47970**	**117551**	**65467**	**1343159**	**276285**	**137049**	**8820**	**133161**	**166784**

（续）

统计单位	总　计	阔叶林		针阔混交林					针叶林		竹林		灌木林	其他
		硬阔	软阔	针:阔=3:7	针:阔=4:6	针:阔=5:5	针:阔=6:4	针:阔=7:3	松木	杉木	毛竹	杂竹		
椒江区	43015	8549	11854						14842	420	226		6098	1026
黄岩区	468185	7588	16902	1045	50943	13053	18722	9515	217783	84867	37537	4118	6112	
路桥区	15000	8681	2894		324	18	496	48	122				2417	
临海市	753026	131360	58223	3990	12134	14018	52364	31685	115277	64602	56321	4342	66778	141932
温岭市	120125	986	4480		116				105343	2787	720	15	1571	4107
玉环县	134300	8903	10104	148	314		1310	3550	109348	623				
三门县	319304	149777	1973	14371	6386	7185	5245	10461	99936	2564	767		12031	8608
天台县	614781	117515	1858	2686	841	2717	1994	1900	402355	43717	25746	220	9392	3840
仙居县	909000	400902	2434	17444	24765	10979	37420	8308	278153	76705	15732	125	28762	7271
丽水市	**11633300**	**2401359**	**536984**	**398020**	**669111**	**325701**	**368489**	**443419**	**3839966**	**2115148**	**307846**	**2473**	**141844**	**82940**
莲都区	1028496	176014	6167	14869	46909	12425	36225	28551	469894	168063	37378	202	21877	9922
龙泉市	1624616	474491	2290	120556	100712	66092	57370	80519	226918	407731	80421	155	2192	5169
庆元县	1273179	401972	2885	63075	103334	33402	42343	50867	257080	251440	63202	1168	2411	
景宁县	1292028	213349	478408	35402	23832	9253	26314	46769	231354	171197	14910	179	29472	11589
遂昌县	1951121	522374	12590	91965	237563	123027	82390	82072	257474	532237	8949	480		
松阳县	932047	114794	4555	23560	32532	25163	26248	42068	335778	234104	36505	287	22177	34276
云和县	799010	181380	2023	23040	11018	8539	17600	29341	287100	157360	21046	2	53550	7011
缙云县	970811	72911	26719	4763	1820	2819	7376	8656	711845	63329	45435		10165	14973
青田县	1761992	244074	1347	20790	111391	44981	72623	74576	1062523	129687				

注：本表数据依据浙江省2009年底完成的森林资源二类调查数据。

表 4-6　省级以上公益林按林木权属面积统计

亩

统计单位	合　计	国　有	集　体	队(组)	个　人	其　他
浙江省	**39104806**	**3333974**	**22188167**	**2536671**	**10910092**	**135902**
杭州市	**5850128**	**799168**	**4312359**	**183399**	**542630**	**12572**
西湖区	97471	35520	61951			
滨江区	2101	2101				
江干区	4006	1633	2373			
拱墅区	11119	7428	3691			
余杭区	120554	57	38943	81554		
萧山区	200084	4414	26944	101	168625	
临安市	1084713	70326	984175	15991	14221	
富阳市	635615	39470	541028		55117	
桐庐县	745874	23839	709402		88	12545
建德市	1001668	135705	556442	85753	223741	27
淳安县	1946923	478675	1387410		80838	
宁波市	**2191732**	**268782**	**1467177**	**238318**	**217455**	
北仑区	145152	14884	118691	11577		
镇海区	5072	84	1803	3185		
江北区	19633	146	16531		2956	
鄞州区	296076	33878	91255	170943		
奉化市	476922	96219	351917	21769	7017	
余姚市	290698	11452	279246			
慈溪市	41278	6479	34799			
宁海县	485467	73093	205514		206860	
象山县	431434	32547	367421	30844	622	
温州市	**4193013**	**494068**	**2866256**	**266352**	**563831**	**2506**
鹿城区	77636		77636			
龙湾区	7186	73	7113			
瓯海区	110201	2957	107244			
瑞安市	326302	81855	188842	55605		
乐清市	204519	27009	177510			
永嘉县	969950	56687	910775	1278	1210	
洞头县	37076		37076			
平阳县	315309	38454	104286	126271	46298	
苍南县	419181	40803	223747	12032	140093	2506
文成县	558648	157433	122068	10017	269130	
泰顺县	1167005	88797	909959	61149	107100	
嘉兴市	**85713**	**38882**	**46831**			

（续）

统计单位	合 计	国 有	集 体	队(组)	个 人	其 他
南湖区	9342	9096	246			
秀洲区	6614	3685	2929			
嘉善县	3135	898	2237			
平湖市	6151	6151				
海盐县	28097	1514	26583			
海宁市	25463	12995	12468			
桐乡市	6911	4543	2368			
湖州市	**1200402**	**101871**	**490603**	**207498**	**397859**	**2571**
吴兴区	168447	277	49218	115859	3093	
长兴县	293215	51202	45610	45599	148233	2571
安吉县	623665	42703	376269	45491	159202	
德清县	115075	7689	19506	549	87331	
绍兴市	**2381877**	**160557**	**1782801**	**111263**	**315394**	**11862**
越城区	106452	51638	22999		21195	10620
上虞市	220711	5019	105048	109402		1242
诸暨市	640010	17752	621870		388	
绍兴县	229518	3558	32521		193439	
新昌县	284187	57278	214559	1861	10489	
嵊州市	900999	25312	785804		89883	
金华市	**3813648**	**191249**	**2154671**	**452207**	**995732**	**19789**
婺城区	547698	16399	206603		324489	207
金东区	128531		108759	3028	16744	
武义县	643423	32646	370627	182130	58020	
义乌市	240279	3304	200910	22740	13325	
永康市	337332	10908	130114	172263	24047	
东阳市	651717	85321	467053		85824	13519
磐安县	522201	20646	99617	1242	400696	
浦江县	392853	8374	285731	66334	26351	6063
兰溪市	349614	13651	285257	4470	46236	
衢州市	**3613721**	**157118**	**1957236**	**302703**	**1192498**	**4166**
柯城区	210629	116	183745	13098	13670	
衢江区	748658	1830	419524	26645	300659	
龙游县	283392	13990	73882	2094	193426	
江山市	788354	7196	308396	3487	469275	
常山县	481259	22386	135617	129258	193998	
开化县	1101429	111600	836072	128121	21470	4166

（续）

统计单位	合 计	国 有	集 体	队(组)	个 人	其 他
舟山市	**764536**	**20471**	**743953**		**62**	**50**
定海县	284943	3730	281163			50
普陀区	260922	11602	249320			
岱山县	158151		158151			
嵊泗县	60520	5139	55319		62	
台州市	**3376736**	**303045**	**1789372**	**214112**	**1032155**	**38052**
椒江区	43015	3961	37879		1175	
黄岩区	468185	42628	146526	653	273118	5260
路桥区	15000	1512	8418		5070	
临海市	753026	91934	302818		355570	2704
温岭市	120125	3976	116149			
玉环县	134300	3242	131058			
三门县	319304	14819	211219	65606	25765	1895
天台县	614781	98939	335617	121773	58452	
仙居县	909000	42034	499688	26080	313005	28193
丽水市	**11633300**	**798763**	**4576908**	**560819**	**5652476**	**44334**
莲都区	1028496	86038	695054	420	246984	
龙泉市	1624616	80890	575233	20175	948249	69
庆元县	1273179	132167	465909	42610	613408	19085
景宁县	1292028	102710	145261	71714	971524	819
遂昌县	1951121	118163	561025	162030	1091658	18245
松阳县	932047	34399	336698	146815	409707	4428
云和县	799010	32304	227443		539263	
缙云县	970811	91196	724980	56301	96646	1688
青田县	1761992	120896	845305	60754	735037	

表 4-7 省级以上公益林按地类面积统计 亩

统计单位	合 计	有林地	疏林地	灌木林地	未成林地	宜林地	无立木林地
浙江省	**39104806**	**37568310**	**30896**	**1132729**	**143249**	**92276**	**137346**
杭州市	**5850128**	**5685737**	**776**	**156127**	**2840**	**363**	**4285**
西湖区	97471	93990	135	2582	333		431
滨江区	2101	2101					
江干区	4006	4006					
拱墅区	11119	8432					2687
余杭区	120554	114522		5346	54	329	303
萧山区	200084	193808	280	5996			

（续）

统计单位	合　计	有林地	疏林地	灌木林地	未成林地	宜林地	无立木林地
临安市	1084713	1077070		7395	114		134
富阳市	635615	633920		1695			
桐庐县	745874	676112	361	66837	1800	34	730
建德市	1001668	981085		20044	539		
淳安县	1946923	1900691		46232			
宁波市	**2191732**	**2044647**	**4132**	**89769**	**9291**	**24489**	**19404**
北仑区	145152	136924	290	6806	1132		
镇海区	5072	5072					
江北区	19633	19633					
鄞州区	296076	285033	23	6155	2073	736	2056
奉化市	476922	457952	575	12327	1136	6	4926
余姚市	290698	286317		3223			1158
慈溪市	41278	37481	120	2215	701		761
宁海县	485467	439352	703	12115	1562	22838	8897
象山县	431434	376883	2421	46928	2687	909	1606
温州市	**4193013**	**3968076**	**5691**	**183783**	**13725**	**12489**	**9249**
鹿城区	77636	69334		8302			
龙湾区	7186	5214		1206	49	37	680
瓯海区	110201	95410	1893	1451	4299	4021	3127
瑞安市	326302	311580		13972	750		
乐清市	204519	171978	3059	26557	1081		1844
永嘉县	969950	954484	366	13471	479	176	974
洞头县	37076	36384		692			
平阳县	315309	286963	128	28218			
苍南县	419181	356247		55111		6785	1038
文成县	558648	554376		1013	1732	1470	57
泰顺县	1167005	1126106	245	33790	5335		1529
嘉兴市	**85713**	**84050**	**271**	**1260**			**132**
南湖区	9342	9342					
秀洲区	6614	6343	271				
嘉善县	3135	3003					132
平湖市	6151	5880		271			
海盐县	28097	28097					
海宁市	25463	24474		989			
桐乡市	6911	6911					
湖州市	**1200402**	**1175529**		**24407**	**43**	**4**	**419**
吴兴区	168447	166193		2119	24	4	107

（续）

统计单位	合　计	有林地	疏林地	灌木林地	未成林地	宜林地	无立木林地
长兴县	293215	281203		11700			312
安吉县	623665	613058		10588	19		
德清县	115075	115075					
绍兴市	**2381877**	**2307834**	**3203**	**63937**	**365**	**850**	**5688**
越城区	106452	99560	410	3450		171	2861
上虞市	220711	215572	487	3416		679	557
诸暨市	640010	615495		24515			
绍兴县	229518	222598		6920			
新昌县	284187	276225	1695	5902	365		
嵊州市	900999	878384	611	19734			2270
金华市	**3813648**	**3717089**	**3137**	**80778**	**9795**	**559**	**2290**
婺城区	547698	541479		5273	946		
金东区	128531	124143	207	1752	1836	57	536
武义县	643423	637854	639	3106	1591		233
义乌市	240279	239089		721	64	280	125
永康市	337332	325701		11631			
东阳市	651717	629636	2238	17807	1876	160	
磐安县	522201	492844	53	25626	2452	7	1219
浦江县	392853	387550		5071		55	177
兰溪市	349614	338793		9791	1030		
衢州市	**3613721**	**3377928**	**5312**	**218062**	**10777**	**585**	**1057**
柯城区	210629	206291	301	2944	1093		
衢江区	748658	739525		8780	353		
龙游县	283392	267914		15478			
江山市	788354	718909		61882	6547	329	687
常山县	481259	426606	18	52766	1243	256	370
开化县	1101429	1018683	4993	76212	1541		
舟山市	**764536**	**722113**		**39601**	**853**	**1423**	**546**
定海县	284943	276502		5619	853	1423	546
普陀区	260922	251882		9040			
岱山县	158151	156599		1552			
嵊泗县	60520	37130		23390			
台州市	**3376736**	**3076791**	**2315**	**133161**	**20329**	**50860**	**93280**
椒江区	43015	35891		6098			1026
黄岩区	468185	462073		6112			
路桥区	15000	12583		2417			

（续）

统计单位	合　计	有林地	疏林地	灌木林地	未成林地	宜林地	无立木林地
临海市	753026	544316	94	66778	5588	50456	85794
温岭市	120125	114447	1041	1571	422		2644
玉环县	134300	134300					
三门县	319304	298665	265	12031	5801	379	2163
天台县	614781	601549	2	9392	2739	25	1074
仙居县	909000	872967	913	28762	5779		579
丽水市	**11633300**	**11408516**	**6059**	**141844**	**75231**	**654**	**996**
莲都区	1028496	996697	168	21877	9203		551
龙泉市	1624616	1617255	439	2192	4661		69
庆元县	1273179	1270768		2411			
景宁县	1292028	1250967	2151	29472	9438		
遂昌县	1951121	1951121					
松阳县	932047	875594	1414	22177	32705	157	
云和县	799010	738449		53550	6138	497	376
缙云县	970811	945673	1887	10165	13086		
青田县	1761992	1761992					

注：数据截至2009年底。

表4-8　省级以上公益林按郁闭度面积统计　　亩

统计单位	合　计	林分郁闭度				
		<0.30	0.30～0.49	0.50～0.69	0.70～0.89	≥0.9
浙江省	**39104806**	**2612210**	**3763718**	**11386500**	**18476471**	**2865907**
杭州市	**5850128**	**208234**	**307193**	**1578971**	**3390251**	**365479**
西湖区	97471	6785	6569	40842	39347	3928
滨江区	2101	1142	876	83		
江干区	4006			4006		
拱墅区	11119	5667	2573	2440	349	90
余杭区	120554	51514		14742	52713	1585
萧山区	200084	280		20434	162088	17282
临安市	1084713	29104	43314	214756	640498	157041
富阳市	635615	4865	25908	431948	167558	5336
桐庐县	745874	15796	68545	276231	356578	28724
建德市	1001668	948		1422	939954	59344
淳安县	1946923	92133	159408	572067	1031166	92149
宁波市	**2191732**	**331061**	**251675**	**644806**	**840847**	**123343**
北仑区	145152	21899	22855	60371	37892	2135
镇海区	5072	61	834	1237	2693	247

（续）

统计单位	合 计	林分郁闭度				
		<0.30	0.30~0.49	0.50~0.69	0.70~0.89	≥0.9
江北区	19633	2300	993	2009	8347	5984
鄞州区	296076	7989	22343	159969	86727	19048
奉化市	476922	65026	35752	15374	339211	21559
余姚市	290698	4334	11941	70022	152144	52257
慈溪市	41278	12722	4872	13898	9597	189
宁海县	485467	113917	80554	169196	104435	17365
象山县	431434	102813	71531	152730	99801	4559
温州市	**4193013**	**341536**	**449313**	**1347905**	**1888733**	**165526**
鹿城区	77636	15681	9072	26676	21954	4253
龙湾区	7186	5148	320	973	745	
瓯海区	110201	21917	10627	27176	46311	4170
瑞安市	326302	40632	67918	84394	118636	14722
乐清市	204519	28349	40228	76339	55767	3836
永嘉县	969950	30421	92471	376550	450471	20037
洞头县	37076	2060	2822	12937	18777	480
平阳县	315309	32598	27722	107943	144728	2318
苍南县	419181	79050	61581	150672	124947	2931
文成县	558648	53770	87520	232334	153591	31433
泰顺县	1167005	31910	49032	251911	752806	81346
嘉兴市	**85713**	**8162**	**9675**	**17256**	**37733**	**12887**
南湖区	9342	55	31	589	8469	198
秀洲区	6614			2360	4254	
嘉善县	3135	273	4	1519	951	388
平湖市	6151		1190	2309	2089	563
海盐县	28097	2050	415	598	15308	9726
海宁市	25463	5080	7622	8255	3555	951
桐乡市	6911	704	413	1626	3107	1061
湖州市	**1200402**	**95803**	**43938**	**196736**	**731713**	**132212**
吴兴区	168447	1461	4077	21055	96792	45062
长兴县	293215	80836	15421	35516	134782	26660
安吉县	623665	8626	24440	128384	409933	52282
德清县	115075	4880		11781	90206	8208
绍兴市	**2381877**	**90449**	**184962**	**985052**	**1055556**	**65858**
越城区	106452	1816	9411	33440	61021	764
上虞市	220711	1236	3890	91034	103100	21451

（续）

统计单位	合　计	林分郁闭度				
		<0.30	0.30～0.49	0.50～0.69	0.70～0.89	≥0.9
诸暨市	640010	4166	53291	399207	178248	5098
绍兴县	229518	33316	19399	94534	81062	1207
新昌县	284187	28303	45425	118062	85251	7146
嵊州市	900999	21612	53546	248775	546874	30192
金华市	**3813648**	**69155**	**257016**	**1273197**	**2010340**	**203940**
婺城区	547698	8817	25102	123562	342526	47691
金东区	128531	2890	16523	26784	64593	17741
武义县	643423	6845	63871	338693	224082	9932
义乌市	240279	1231	2311	41875	192594	2268
永康市	337332	18778	35079	130727	139188	13560
东阳市	651717	14410	36570	182776	395669	22292
磐安县	522201	7008	28453	144818	302935	38987
浦江县	392853	2594	33419	191438	160487	4915
兰溪市	349614	6582	15688	92524	188266	46554
衢州市	**3613721**	**358125**	**346588**	**859525**	**1702575**	**346908**
柯城区	210629	22982	24008	72157	84456	7026
衢江区	748658	17963	24698	77817	497917	130263
龙游县	283392	3931	7084	46761	216199	9417
江山市	788354	128154	41007	188000	385727	45466
常山县	481259	56889	68032	148051	188202	20085
开化县	1101429	128206	181759	326739	330074	134651
舟山市	**764536**	**60138**	**321654**	**320237**	**59818**	**2689**
定海县	284943	15987	113366	119000	34647	1943
普陀区	260922	29119	150764	75651	5280	108
岱山县	158151	3713	38861	107284	8235	58
嵊泗县	60520	11319	18663	18302	11656	580
台州市	**3376736**	**403252**	**361432**	**997538**	**1414946**	**199568**
椒江区	43015	7578	16116	10831	7280	1210
黄岩区	468185	16371	26873	89981	271161	63799
路桥区	15000	6678	3155	1842	3220	105
临海市	753026	165911	57948	174340	328839	25988
温岭市	120125	27808	29892	36557	25027	841
玉环县	134300	22817	16762	59170	33245	2306
三门县	319304	32529	46997	98793	128667	12318
天台县	614781	89262	80071	286583	150935	7930

（续）

统计单位	合　计	林分郁闭度				
		<0. 30	0. 30～0. 49	0. 50～0. 69	0. 70～0. 89	≥0. 9
仙居县	909000	34298	83618	239441	466572	85071
丽水市	**11633300**	**646295**	**1230272**	**3165277**	**5343959**	**1247497**
莲都区	1028496	38613	60691	269812	570172	89208
龙泉市	1624616	41597	103497	385518	762640	331364
庆元县	1273179	3673	80982	290970	554512	343042
景宁县	1292028	107564	216097	412351	434398	121618
遂昌县	1951121	123935	243185	570959	856128	156914
松阳县	932047	75148	117109	337841	357529	44420
云和县	799010	60747	82611	215009	401374	39269
缙云县	970811	93597	131344	336106	363993	45771
青田县	1761992	101421	194756	346711	1043213	75891

注：数据截至2009年底。

表4-9　省级以上公益林按林龄面积统计

亩

统计单位	合　计	幼龄林	中龄林	近熟林	成熟林	过熟林	其　他
浙江省	**39104806**	**12046592**	**14109586**	**7311419**	**3299393**	**737580**	**1600236**
杭州市	**5850128**	**2056248**	**1967636**	**1138980**	**525453**	**25623**	**136188**
西湖区	97471	5693	24013	29086	32279	3387	3013
滨江区	2101	2018	83				
江干区	4006	3905		101			
拱墅区	11119	6576	1488	368			2687
余杭区	120554	58031	53864	6271	2138	250	
萧山区	200084	100271	96554	2423	836		
临安市	1084713	500862	316932	80793	172584	9121	4421
富阳市	635615	322206	283489	25492	4373	55	
桐庐县	745874	135437	35233	497419	11335	969	65481
建德市	1001668	268018	539741	157217	22779	1617	12296
淳安县	1946923	653231	616239	339810	279129	10224	48290
宁波市	**2191732**	**1003253**	**619938**	**197507**	**129628**	**4478**	**236928**
北仑区	145152	29881	92432	14546	7776	517	
镇海区	5072	1591	3235	195	51		
江北区	19633	851	1073	5076	12501	132	
鄞州区	296076	156130	34671	14548	26934	1191	62602
奉化市	476922	236506	175857	31546	6273	266	26474
余姚市	290698	107173	55543	97266	28233	1234	1249
慈溪市	41278						41278

（续）

统计单位	合　计	幼龄林	中龄林	近熟林	成熟林	过熟林	其　他
宁海县	485467	251723	81032	30050	25304	1138	96220
象山县	431434	219398	176095	4280	22556		9105
温州市	**4193013**	**1471394**	**1564581**	**633796**	**187263**	**28993**	**306986**
鹿城区	77636	16647	39228	10166	811		10784
龙湾区	7186	1989	968	820	1090	350	1969
瓯海区	110201	22405	37422	34061	9085	272	6956
瑞安市	326302	161524	103133	48122	5898		7625
乐清市	204519	68992	81564	21389	3866	519	28189
永嘉县	969950	399073	424284	108866	26937	10790	
洞头县	37076	4162	9625	20882	1074	65	1268
平阳县	315309	74421	112194	88803	14971	5672	19248
苍南县	419181	125014	171854	54598	17482	1981	48252
文成县	558648	201913	177947	109796	60275	7153	1564
泰顺县	1167005	395254	406362	136293	45774	2191	181131
嘉兴市	**85713**	**34773**	**39646**	**7218**	**2313**	**1219**	**544**
南湖区	9342	9112	194		36		
秀洲区	6614		6614				
嘉善县	3135	2532	156	41			406
平湖市	6151	2658	1057	702	1699	35	
海盐县	28097	2563	25509	11	14		
海宁市	25463	12568	4730	6315	528	1184	138
桐乡市	6911	5340	1386	149	36		
湖州市	**1200402**	**320188**	**435121**	**323149**	**103035**	**10354**	**8555**
吴兴区	168447	16893	90758	44317	13604	1117	1758
长兴县	293215	87080	101149	67921	34870	741	1454
安吉县	623665	205627	162099	188623	53945	8028	5343
德清县	115075	10588	81115	22288	616	468	
绍兴市	**2381877**	**577412**	**1267480**	**368205**	**90504**	**3347**	**74929**
越城区	106452	20576	59364	15249	1409		9854
上虞市	220711	90001	75079	24160	3615	74	27782
诸暨市	640010	126993	295838	194238	22624	317	
绍兴县	229518	14860	101386	82251	20953	1221	8847
新昌县	284187	71999	155411	21863	28620	1515	4779
嵊州市	900999	252983	580402	30444	13283	220	23667
金华市	**3813648**	**1113639**	**1338591**	**1043475**	**247848**	**18821**	**51274**
婺城区	547698	292854	141662	86541	23155	2569	917
金东区	128531	39199	72275	13731	1792	229	1305
武义县	643423	332212	187146	85747	32300	6018	

（续）

统计单位	合　计	幼龄林	中龄林	近熟林	成熟林	过熟林	其　他
义乌市	240279	86908	103810	47457	1218		886
永康市	337332	28848	85531	190798	31304	851	
东阳市	651717	28590	140918	380812	94501	5790	1106
磐安县	522201	69747	211315	143853	49885	3071	44330
浦江县	392853	175144	172126	36074	9329	30	150
兰溪市	349614	60137	223808	58462	4364	263	2580
衢州市	**3613721**	**937915**	**1108088**	**778336**	**476474**	**266691**	**46217**
柯城区	210629	130026	30916	11179	31975	153	6380
衢江区	748658	242209	340618	103570	28762	33499	
龙游县	283392	89934	133029	53054	7330		45
江山市	788354	90018	240620	239900	113714	71000	33102
常山县	481259	185657	143918	95272	48689	1324	6399
开化县	1101429	200071	218987	275361	246004	160715	291
舟山市	**764536**	**562724**	**151917**	**23312**	**5839**	**117**	**20627**
定海县	284943	241305	34586	6111	615	117	2209
普陀区	260922	160406	91185	4100	463		4768
岱山县	158151	133576	20649	3886			40
嵊泗县	60520	27437	5497	9215	4761		13610
台州市	**3376736**	**984302**	**1239943**	**690576**	**197506**	**65081**	**199328**
椒江区	43015	11542	14009	6268	5438	192	5566
黄岩区	468185	41513	141077	223602	36137	20747	5109
路桥区	15000	10717	3519	86	189	347	142
临海市	753026	246354	218964	74067	29944	7811	175886
温岭市	120125	13577	62492	37316	1576		5164
玉环县	134300	26414	82683	18379	2205		4619
三门县	319304	183779	106156	19027	9783		559
天台县	614781	177926	322725	91783	13989	6075	2283
仙居县	909000	272480	288318	220048	98245	29909	
丽水市	**11633300**	**2984744**	**4376645**	**2106865**	**1333530**	**312856**	**518660**
莲都区	1028496	240940	329788	250825	160635	46308	
龙泉市	1624616	461879	333924	408631	287790	131529	863
庆元县	1273179	465794	579770	123358	90837	13420	
景宁县	1292028	286541	277350	116205	76072	30748	505112
遂昌县	1951121	522141	884821	272201	254514	16412	1032
松阳县	932047	314169	347425	145520	105060	19873	
云和县	799010	146578	249653	230723	134036	38020	
缙云县	970811	154277	312330	341594	140058	10899	11653
青田县	1761992	392425	1061584	217808	84528	5647	

注：数据截至 2009 年底。

5

DISTRIBUTION OF PUBLIC WELFARE FORESTS

重点市、县公益林分布图

图5-1 公益林分布图图例

图 例

★	省驻地		省界
◎	市驻地		市界
⊙	县驻地		县界
○	乡镇驻地		高速公路
	林场		建筑中高速
	国家级风景区		国道
	省级风景区		省道
	国家级森林公园		铁路
	省级森林公园		等高线
	国家级自然保护区		水系
	省级自然保护区		国家级公益林
▲	山峰		省级公益林

图5-2 浙江省公益林分布

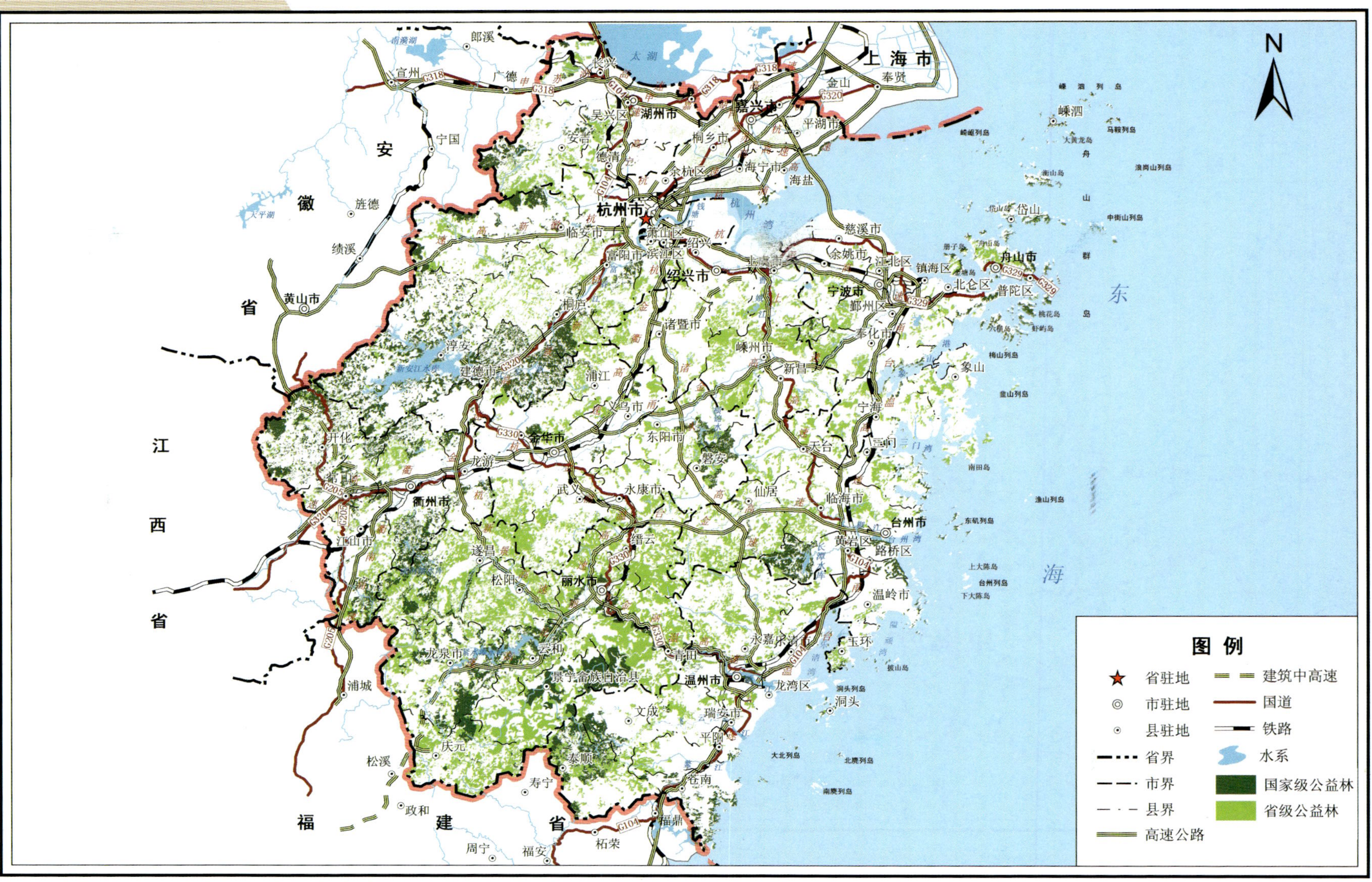

图5-3　杭州市公益林分布

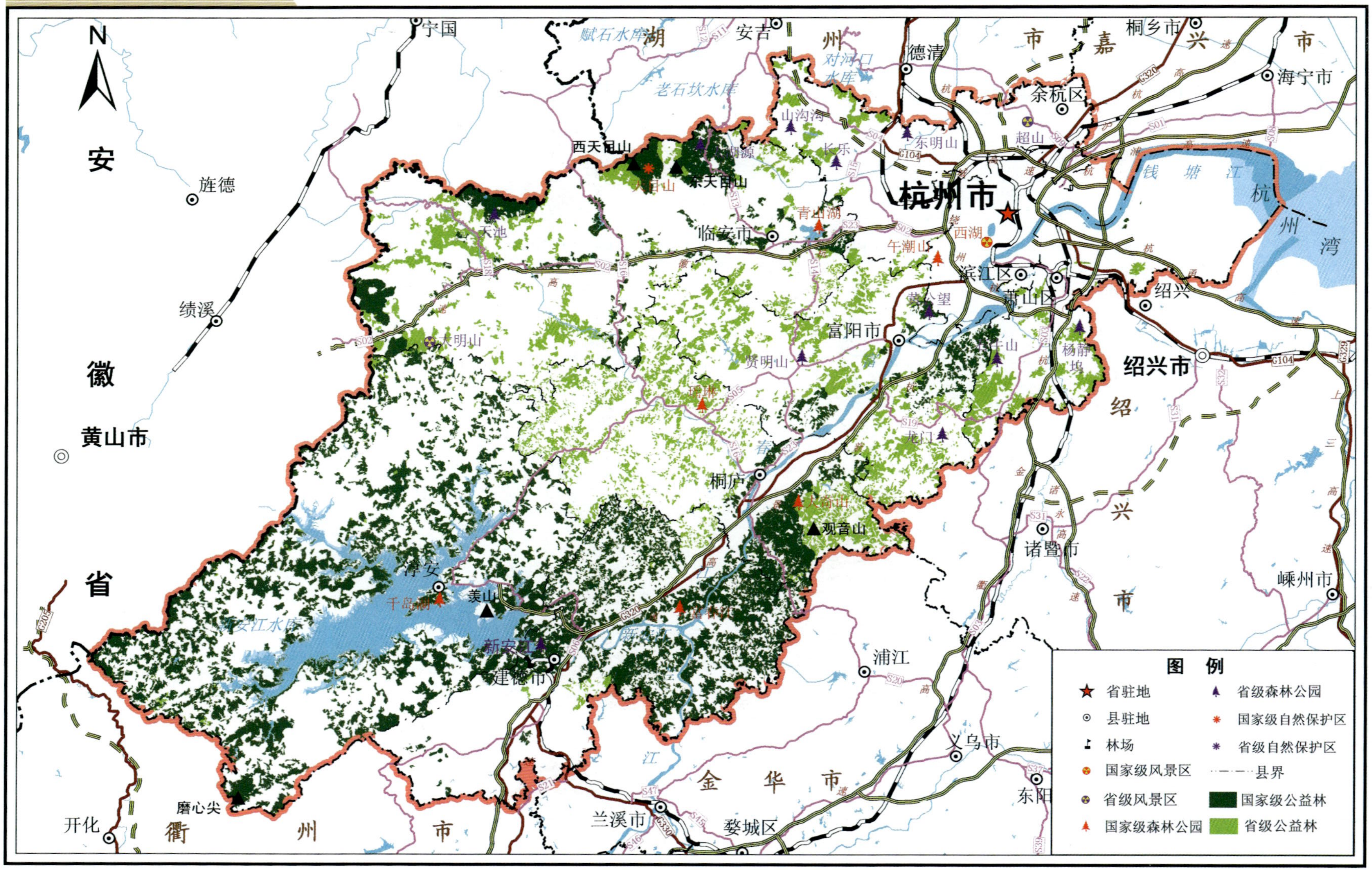

N

安
徽
省
黄山市
旌德
绩溪
宁国
开化
磨心尖
衢　州　市
湖　州
安吉
德清
赋石水库
老石坎水库
对河口水库
嘉　兴　市
桐乡市
海宁市
余杭区
杭州市
西湖
滨江区
萧山区
绍兴
绍兴市
绍　兴　市
诸暨市
嵊州市
金　华　市
浦江
义乌市
东阳
兰溪市
婺城区
临安市
富阳市
桐庐
建德市
淳安
千岛湖
新安江水库
新安江
美山
西天目山
东天目山
天目山
天池
大明山
山沟沟
长乐
东明山
超山
青山湖
午潮山
黄公望
贤明山
龙门
杨静坞
观音山
钱塘江
杭州湾

图　例
省驻地
县驻地
林场
国家级风景区
省级风景区
国家级森林公园
省级森林公园
国家级自然保护区
省级自然保护区
县界
国家级公益林
省级公益林

图5-4　宁波市公益林分布

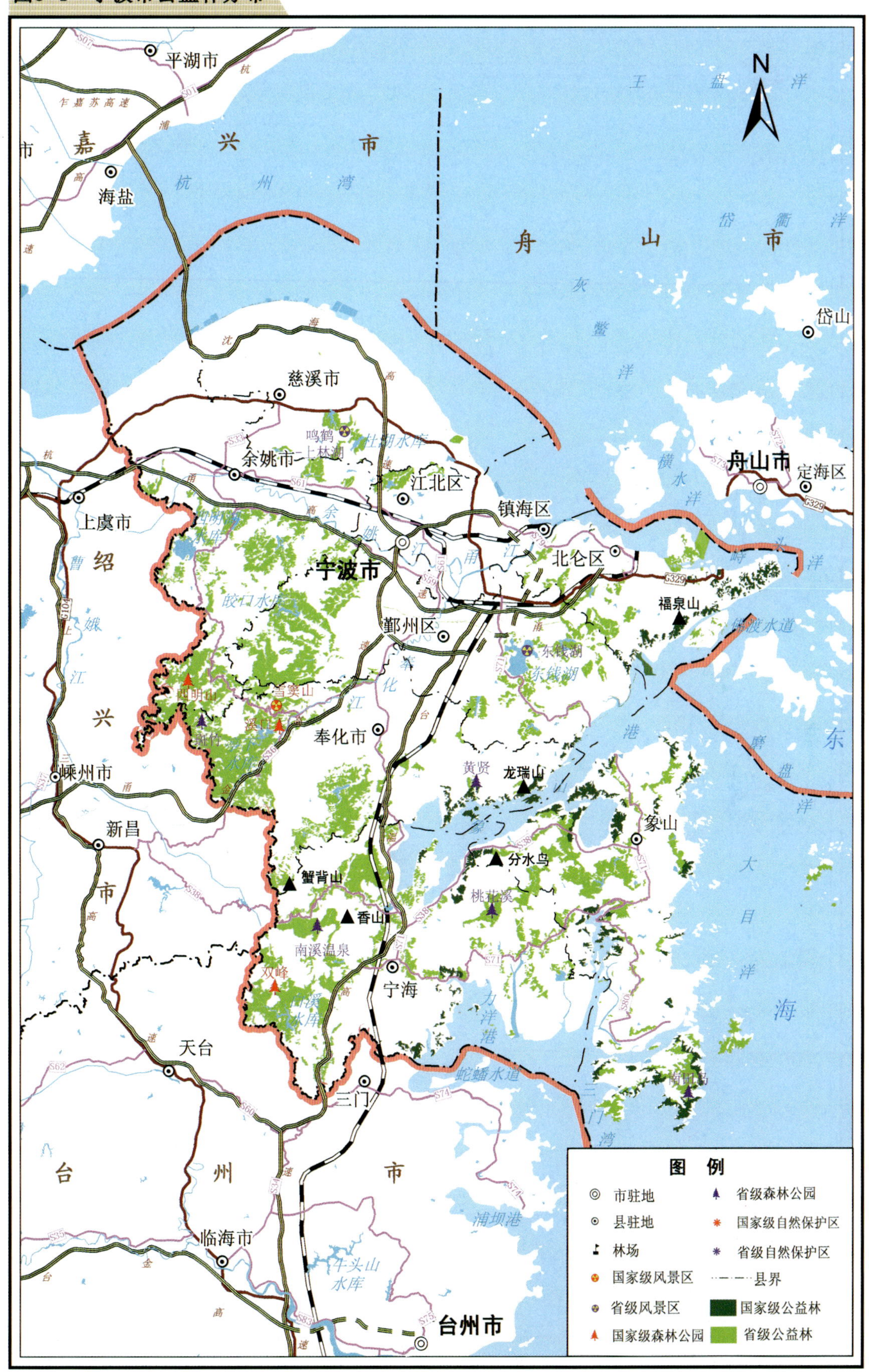

图5-5 温州市公益林分布

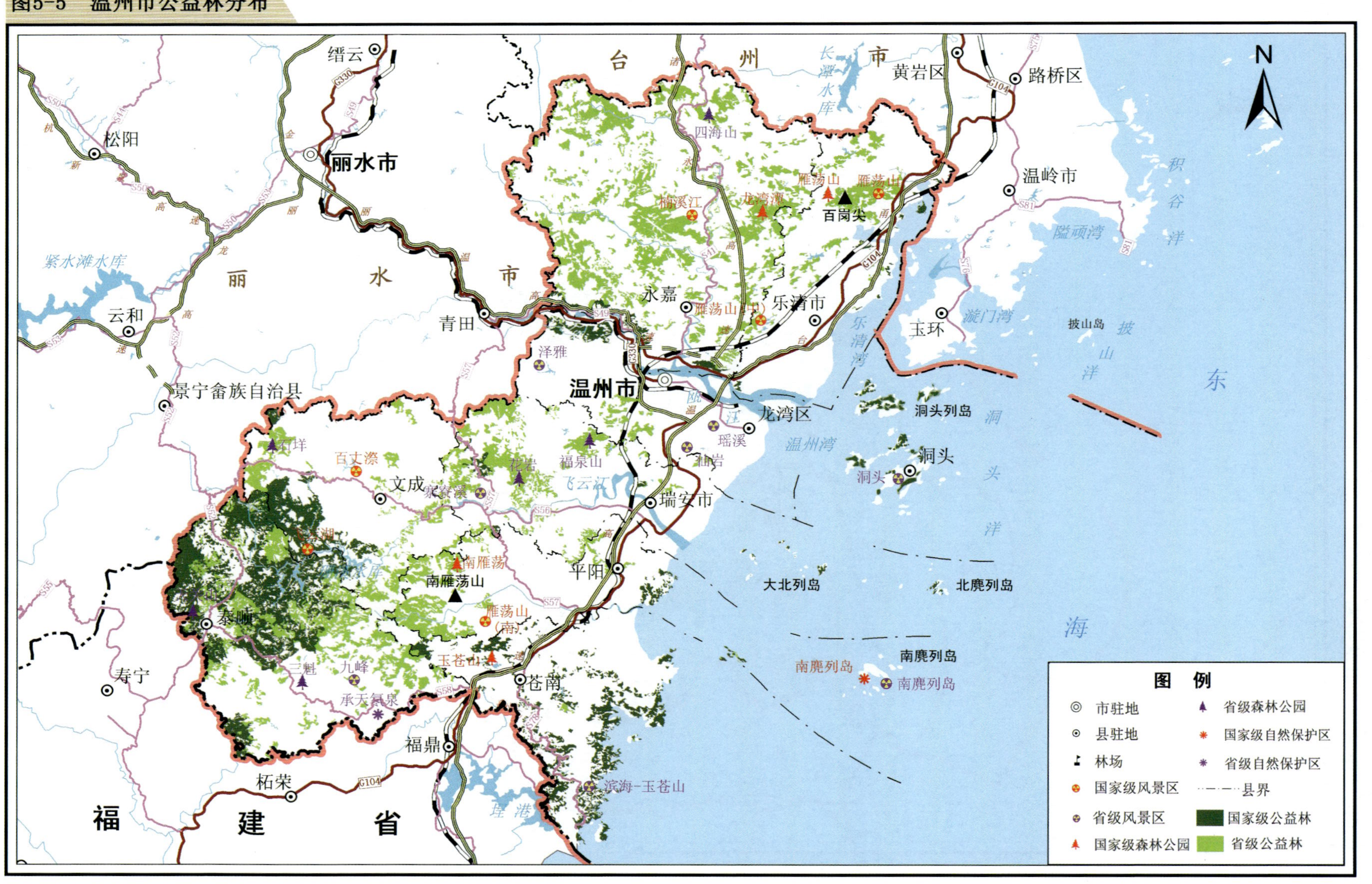

图5-6 湖州市公益林分布

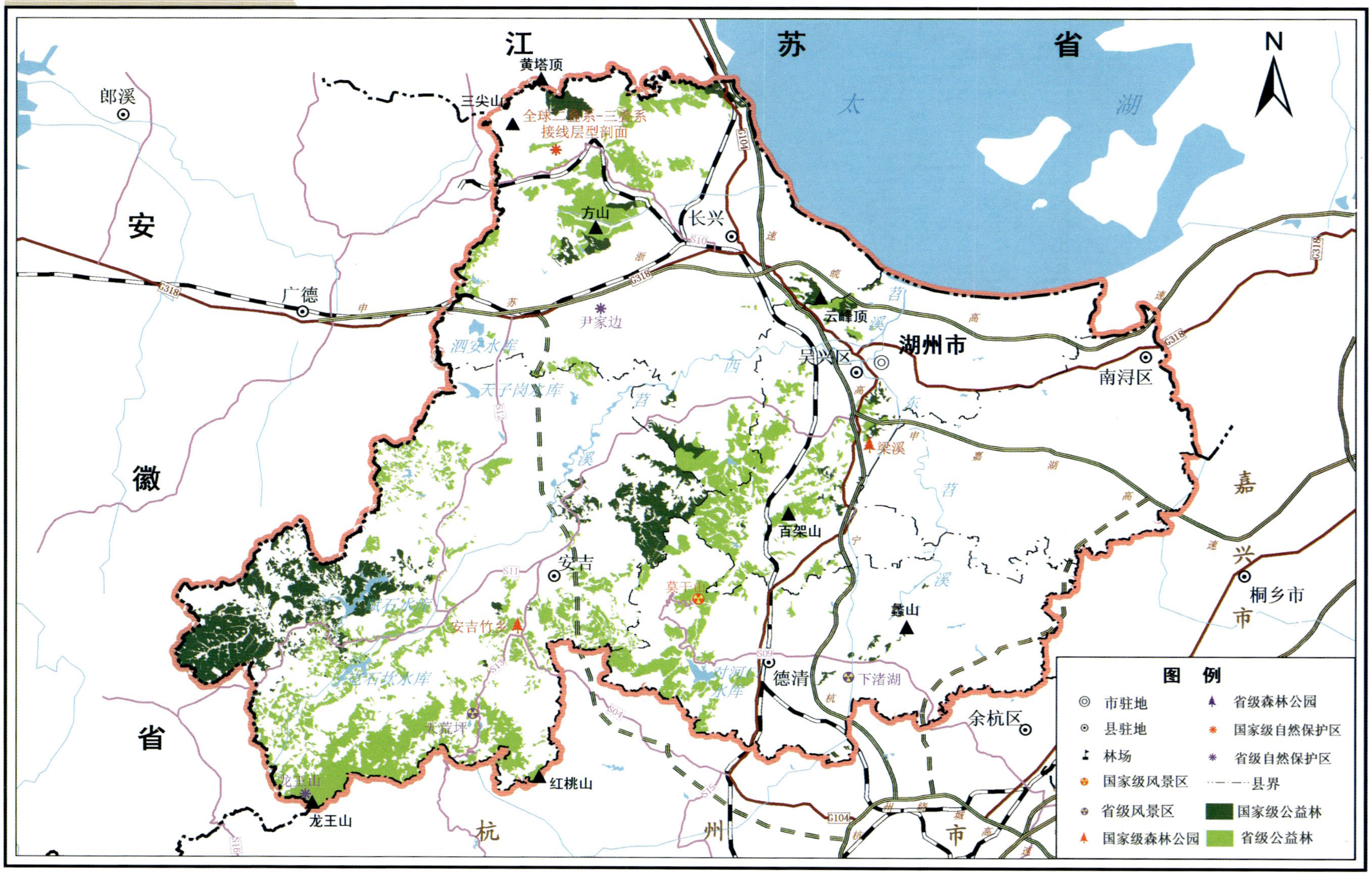

图5-7 绍兴市公益林分布

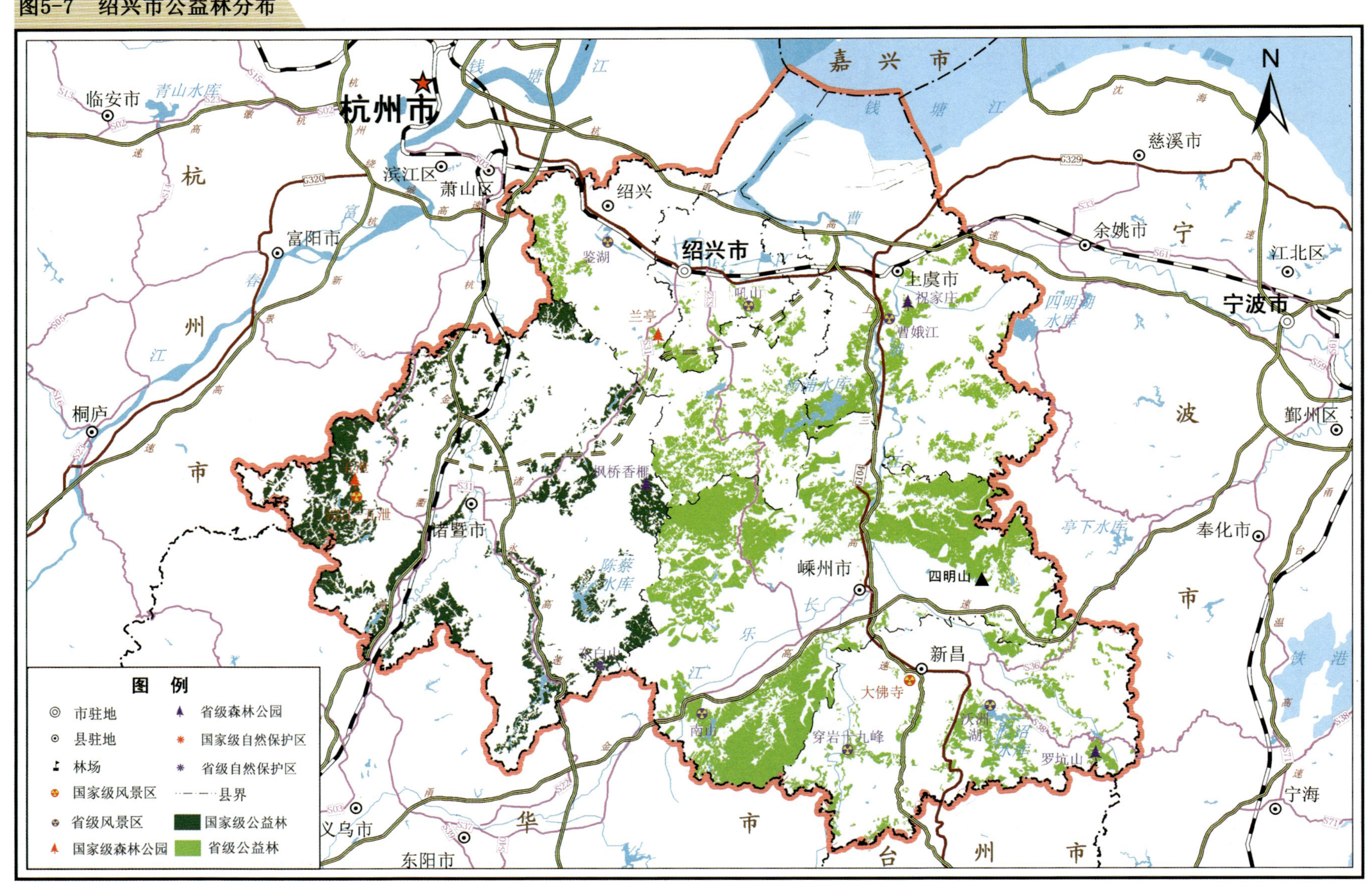

图5-8 金华市公益林分布

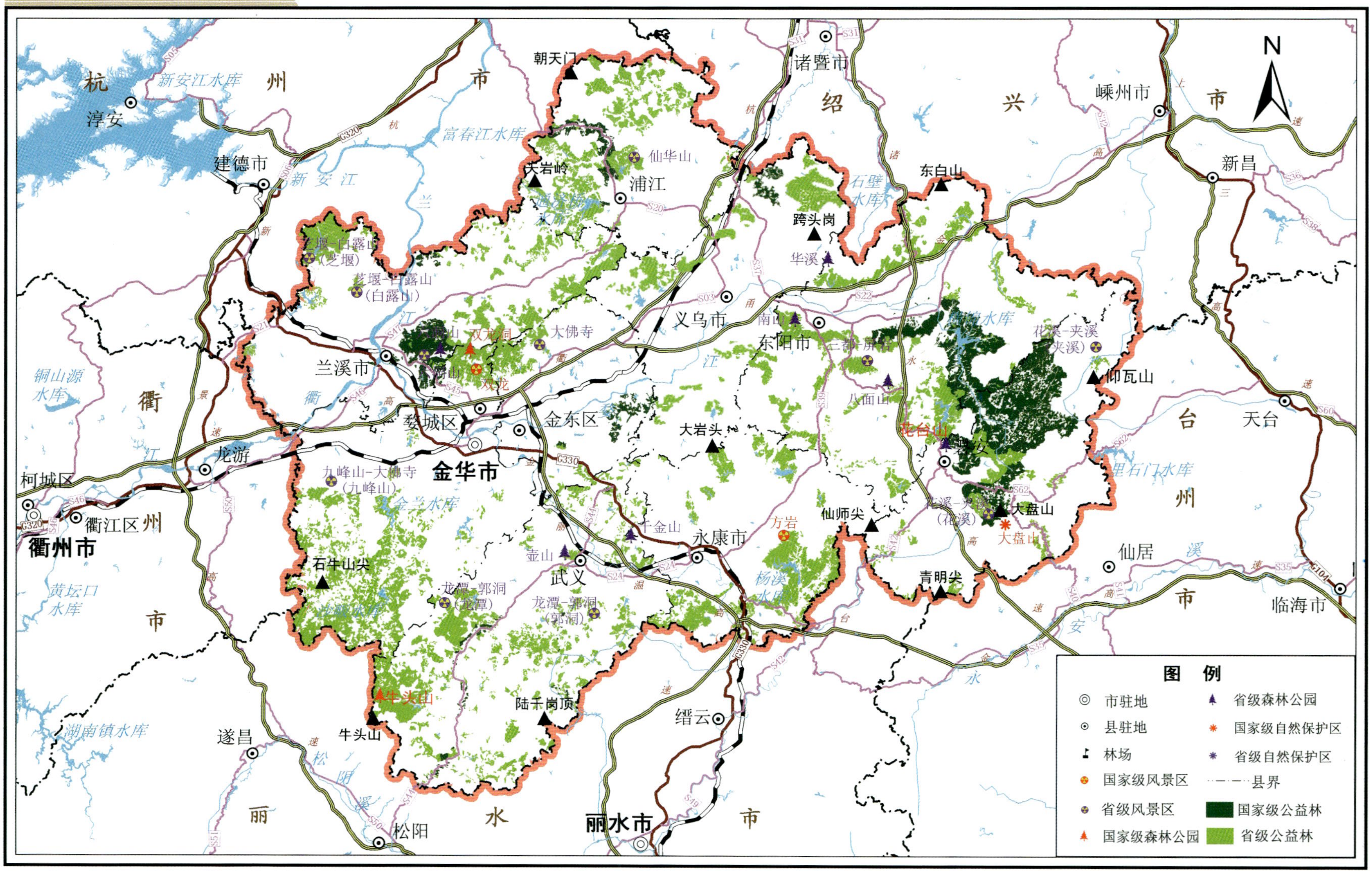

图例

- 市驻地
- 县驻地
- 林场
- 国家级风景区
- 省级风景区
- 国家级森林公园
- 省级森林公园
- 国家级自然保护区
- 省级自然保护区
- 县界
- 国家级公益林
- 省级公益林

图5-9 衢州市公益林分布

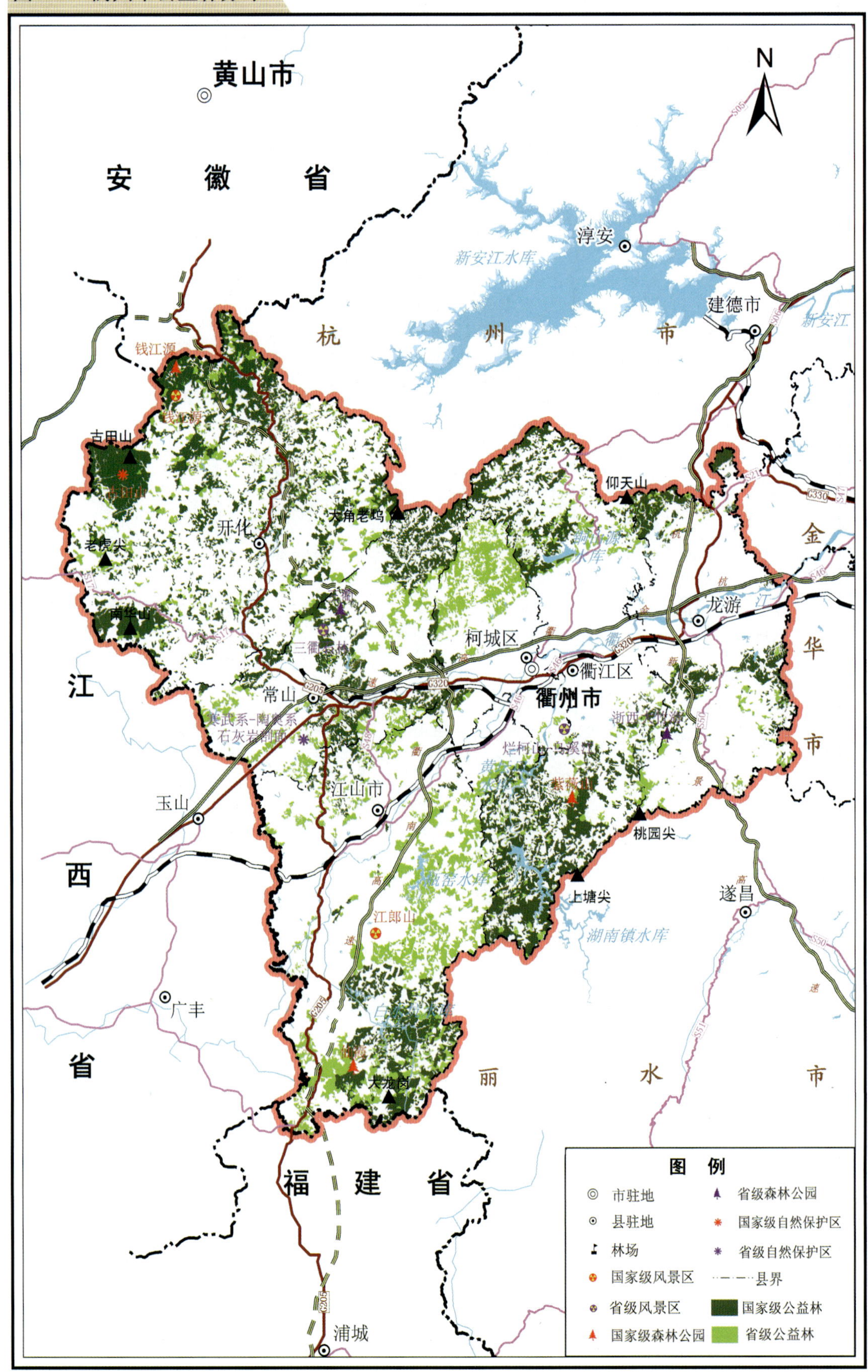

图5-10　舟山市公益林分布

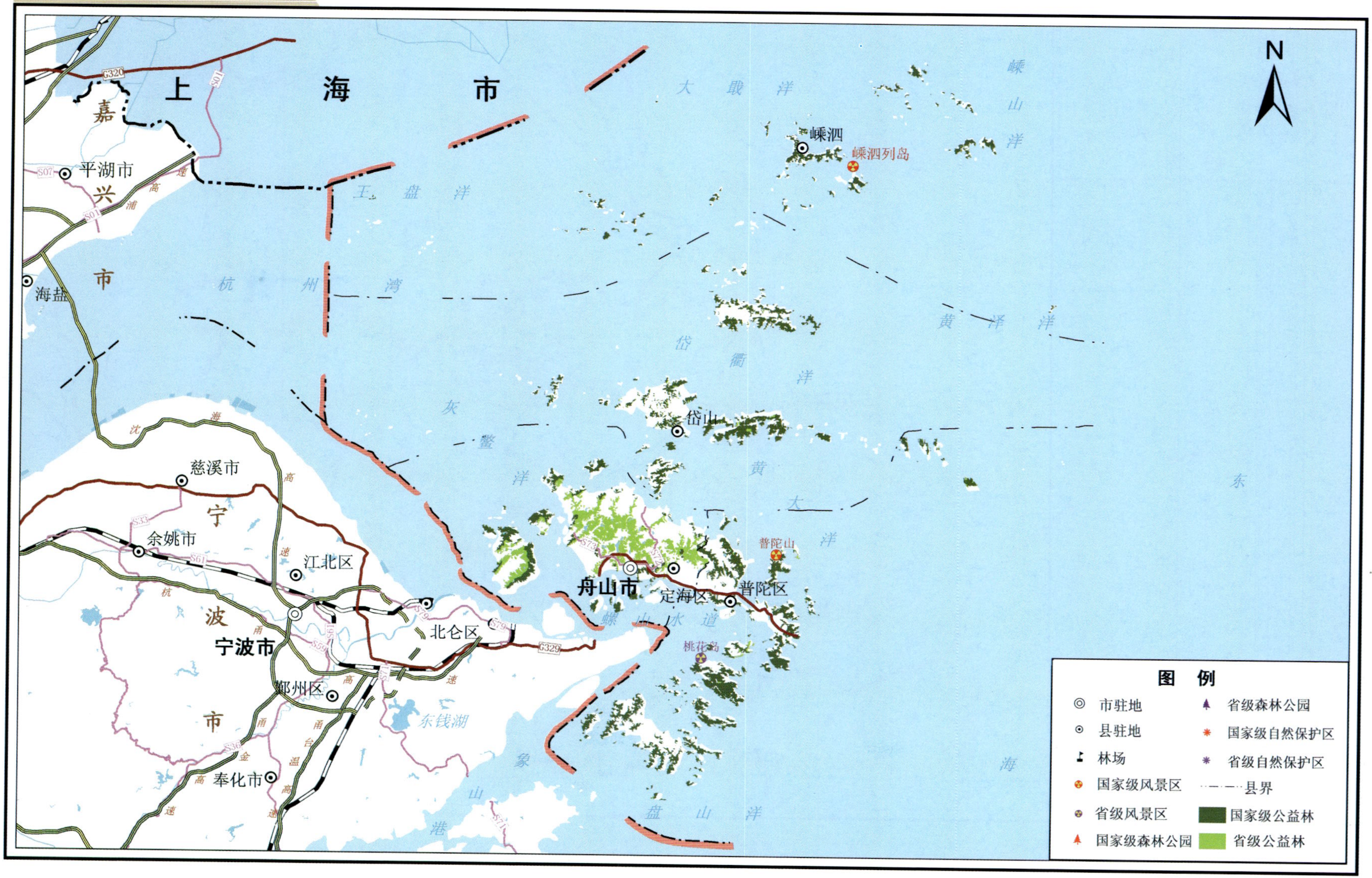

图5-11 台州市公益林分布

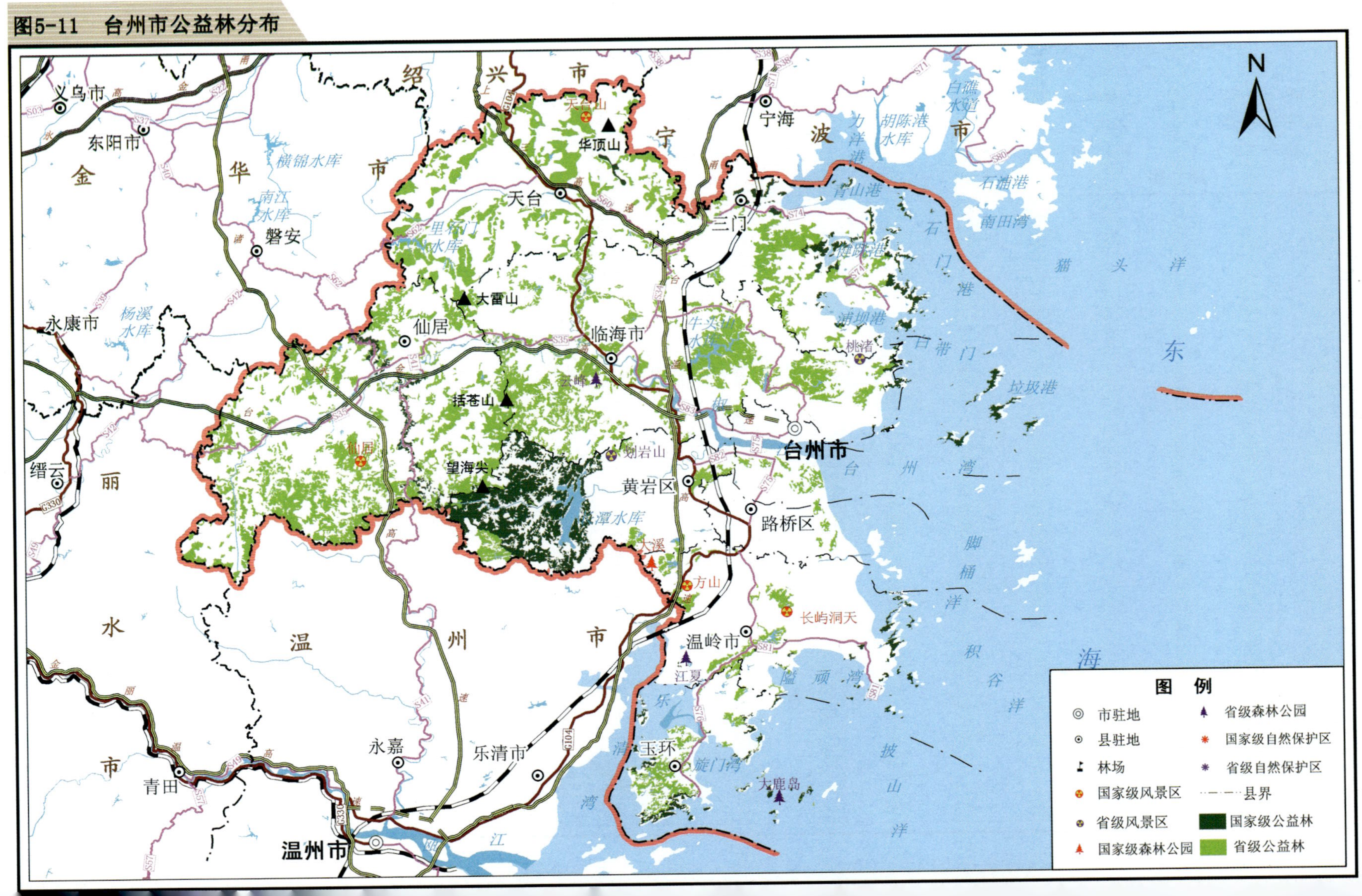

图5-12 丽水市公益林分布

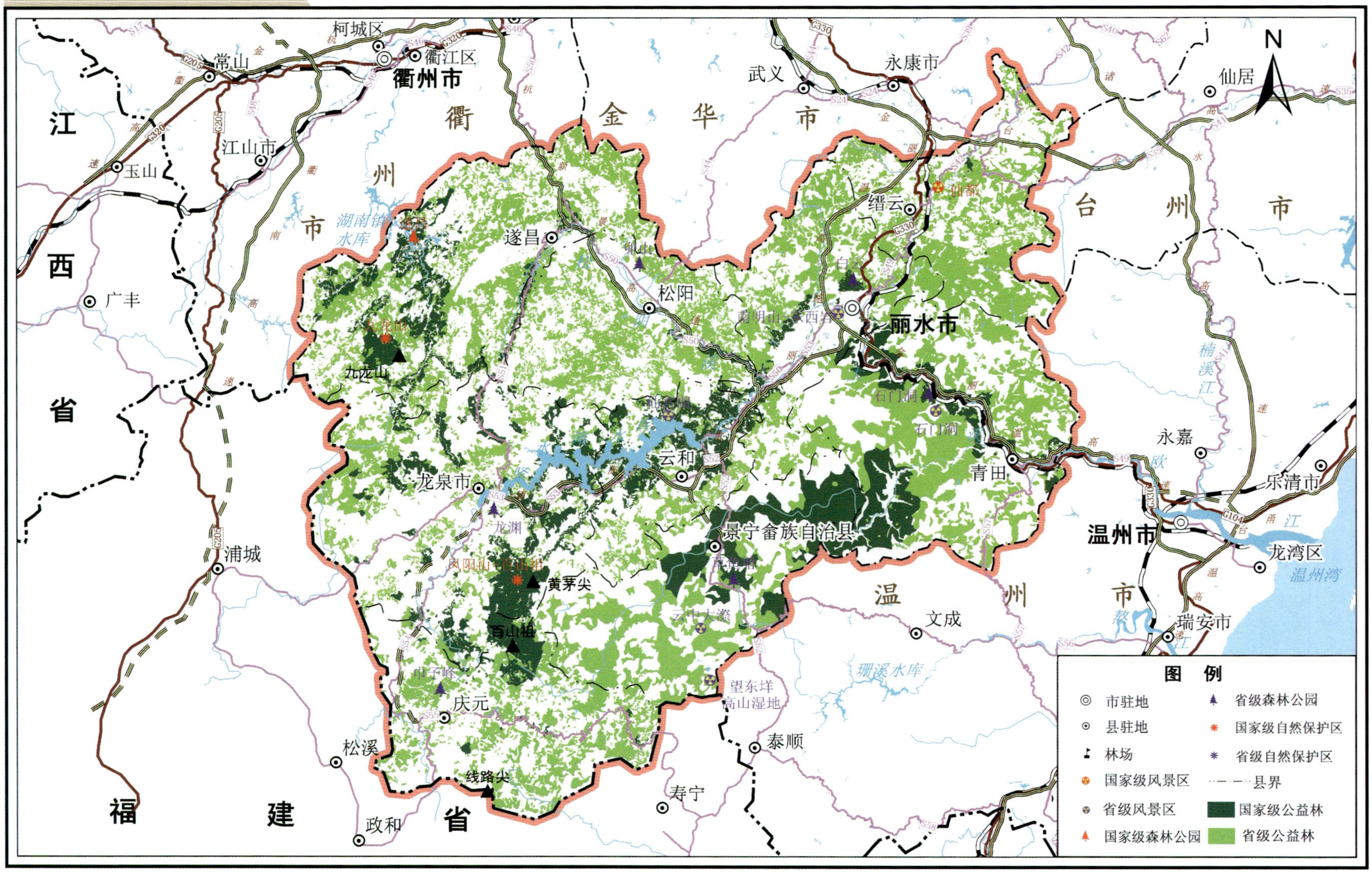

图5-13 淳安县公益林分布

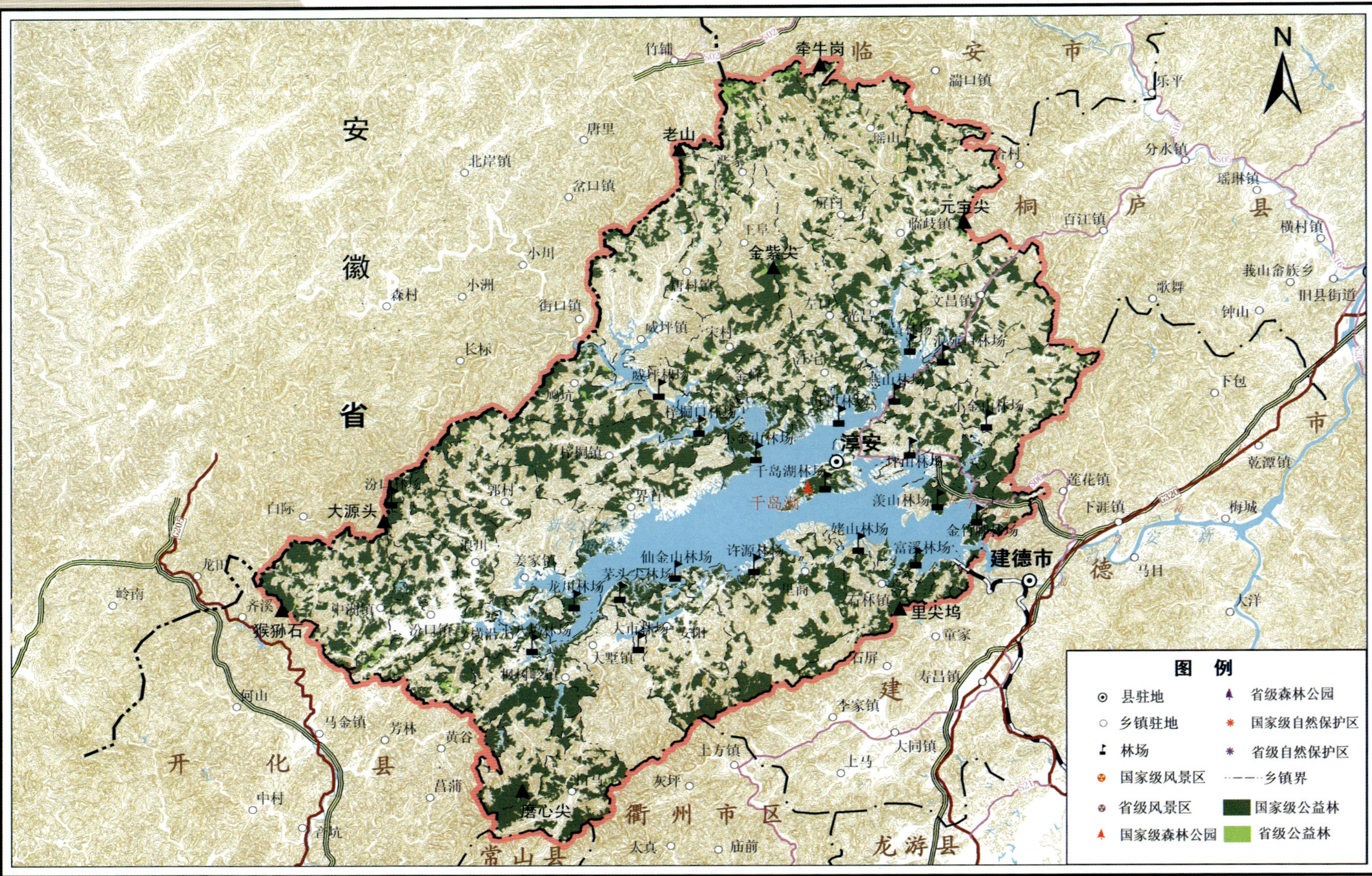

图5-14 临安市公益林分布

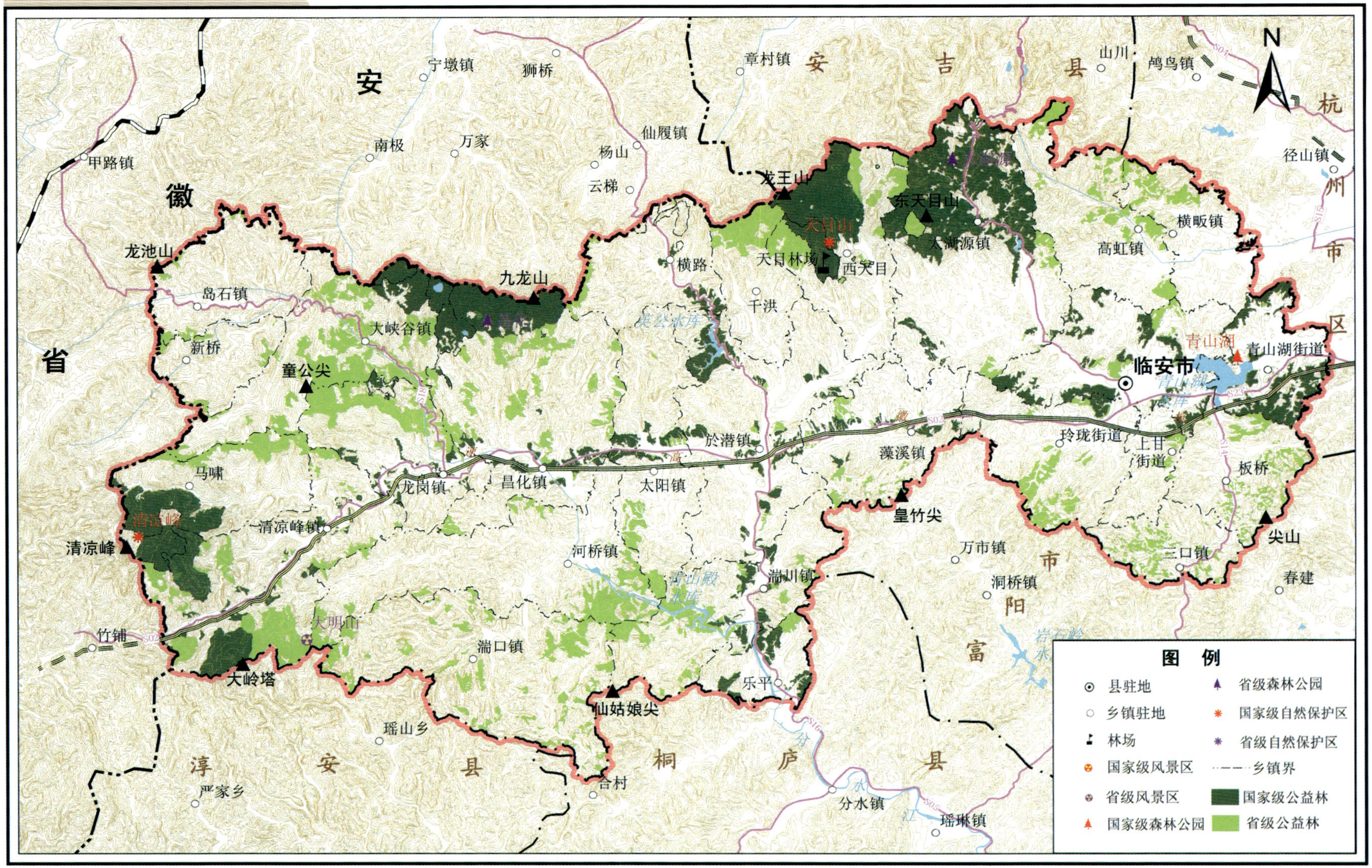

图例

- 县驻地
- 乡镇驻地
- 林场
- 国家级风景区
- 省级风景区
- 国家级森林公园
- 省级森林公园
- 国家级自然保护区
- 省级自然保护区
- 乡镇界
- 国家级公益林
- 省级公益林

图5-15 建德市公益林分布

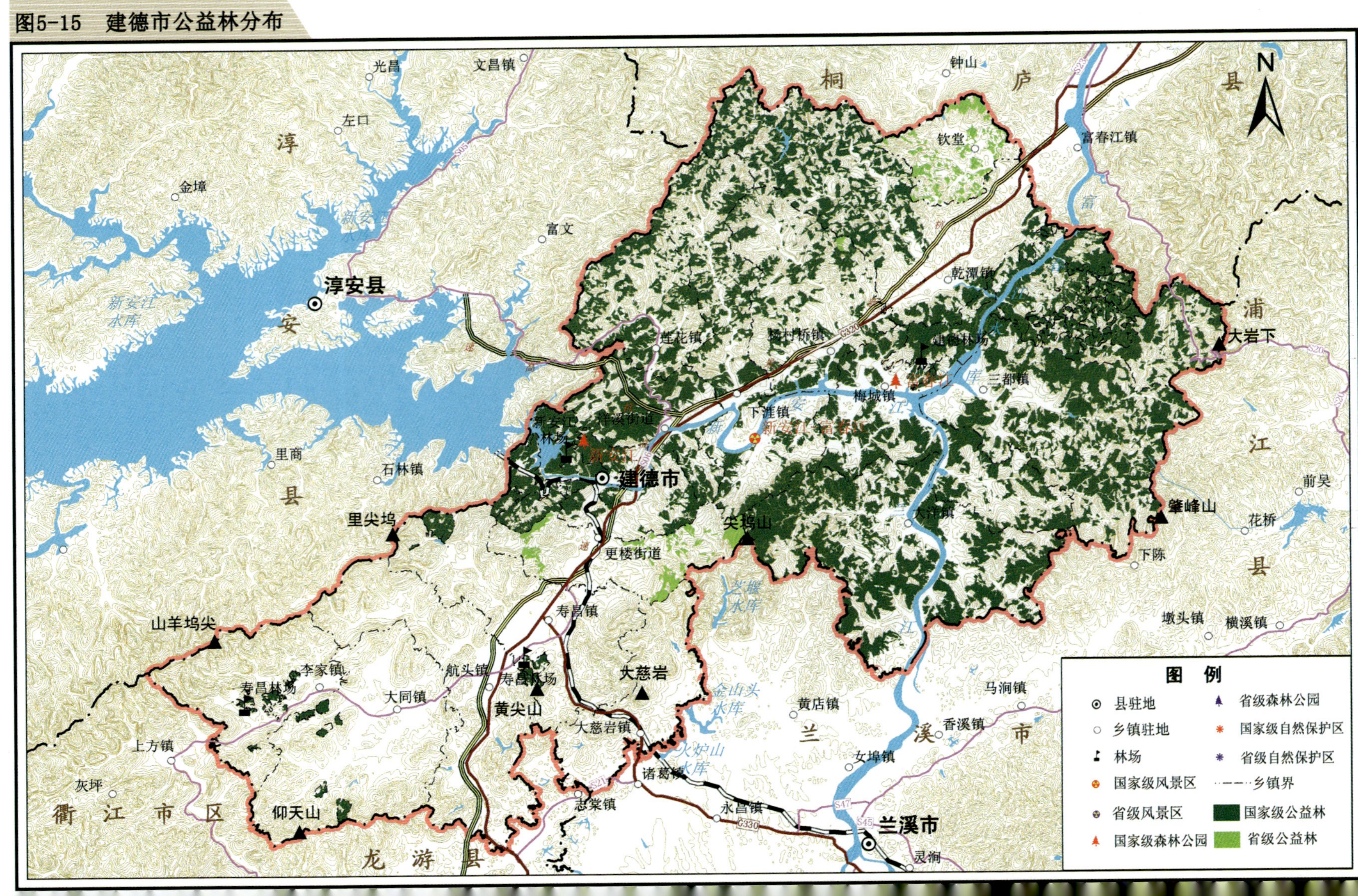

图5-16 桐庐县公益林分布

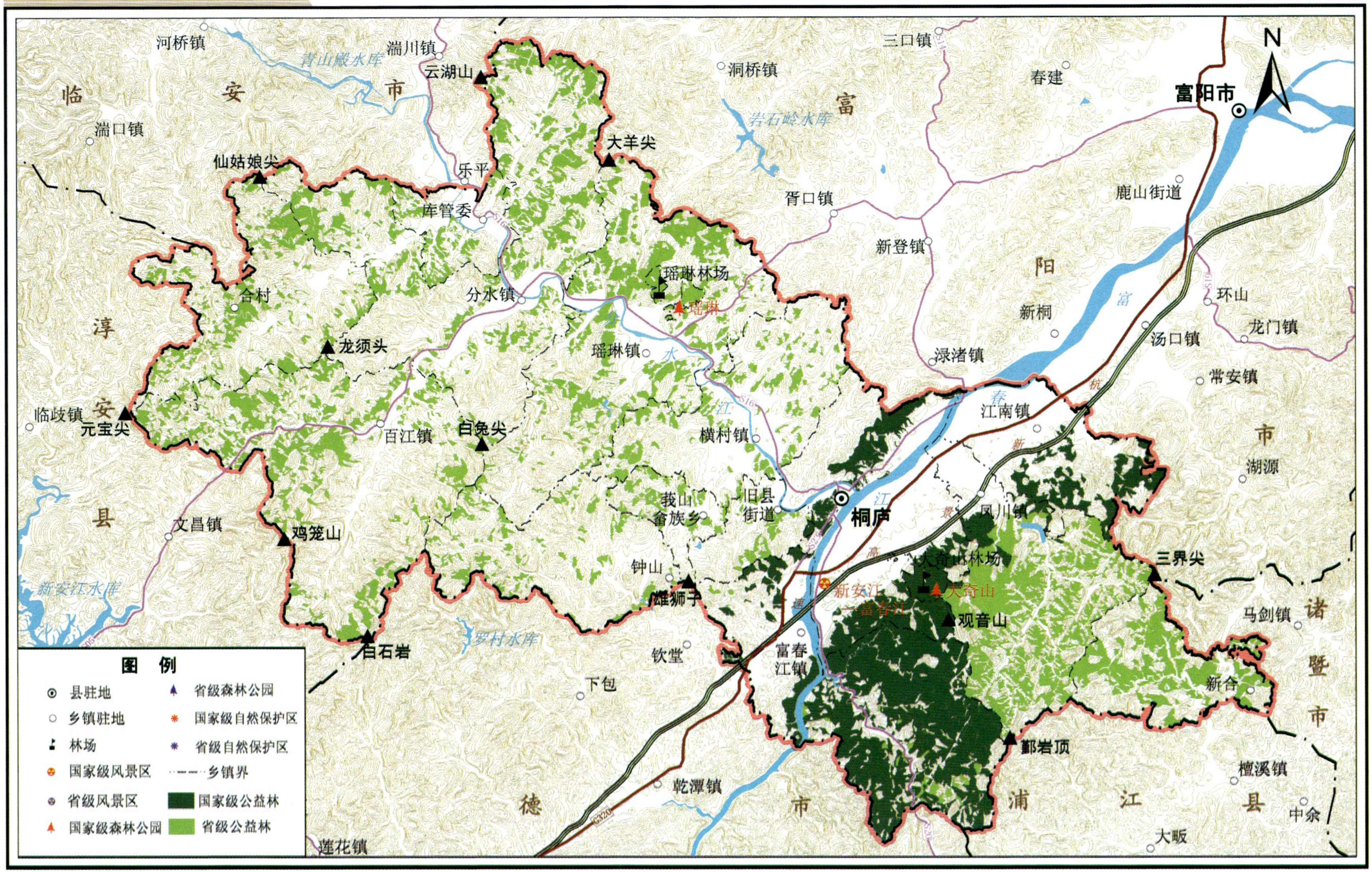

图 例

- 县驻地
- 乡镇驻地
- 林场
- 国家级风景区
- 省级风景区
- 国家级森林公园
- 省级森林公园
- 国家级自然保护区
- 省级自然保护区
- 乡镇界
- 国家级公益林
- 省级公益林

图5-17　富阳市公益林分布

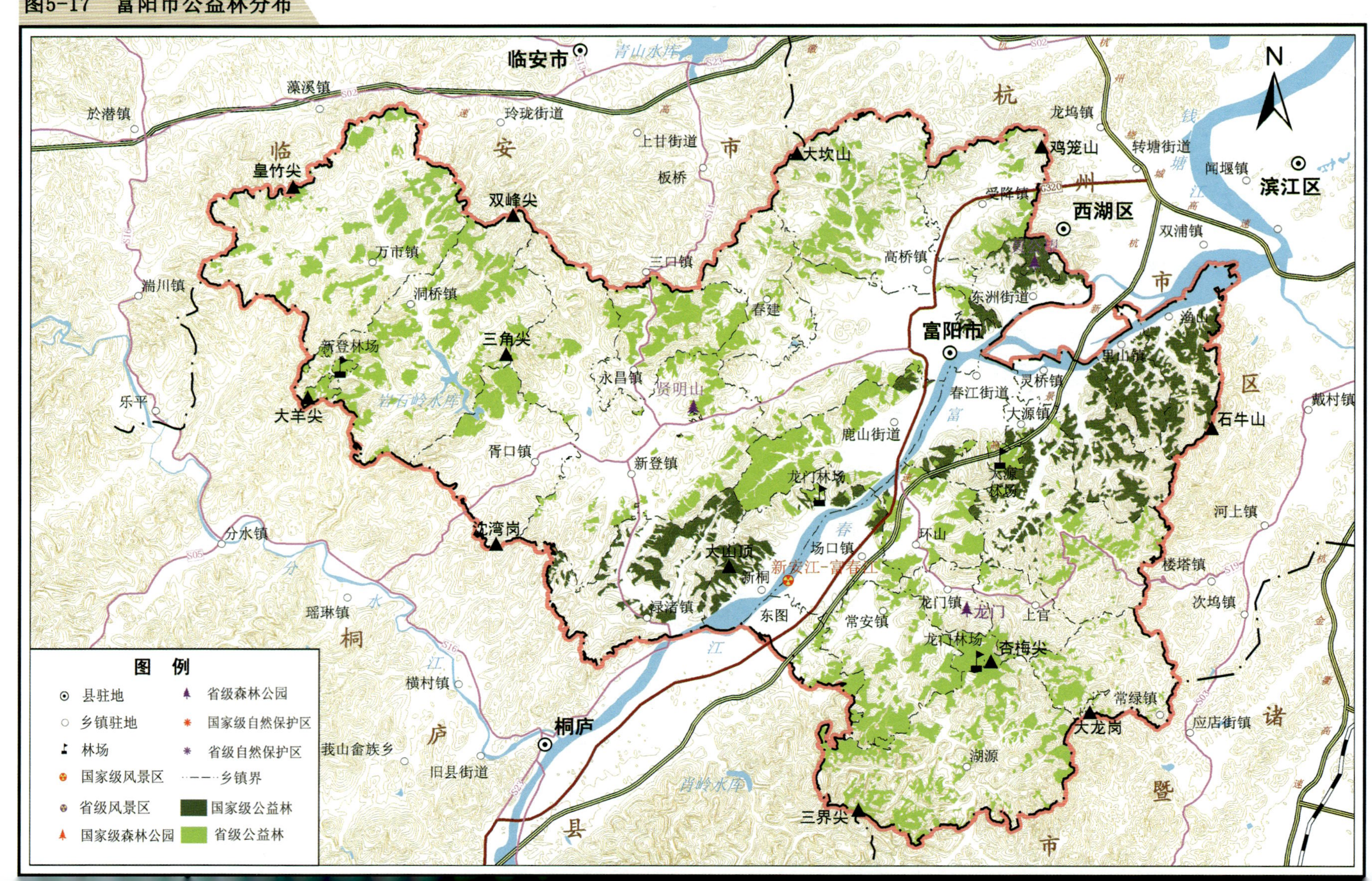

图5-18 萧山区公益林分布

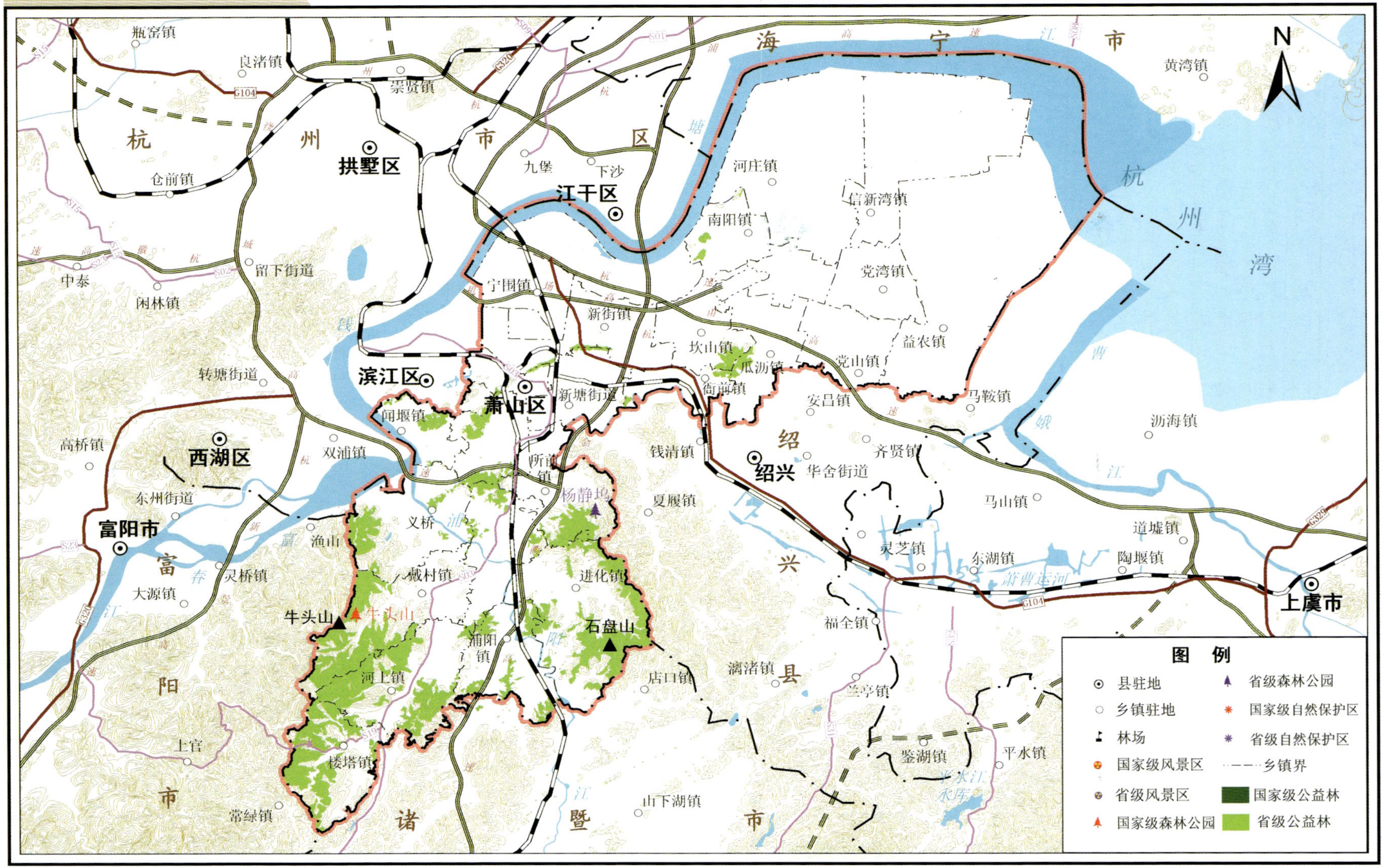

图例

- 县驻地
- 乡镇驻地
- 林场
- 国家级风景区
- 省级风景区
- 国家级森林公园
- 省级森林公园
- 国家级自然保护区
- 省级自然保护区
- 乡镇界
- 国家级公益林
- 省级公益林

图5-19 宁海县公益林分布

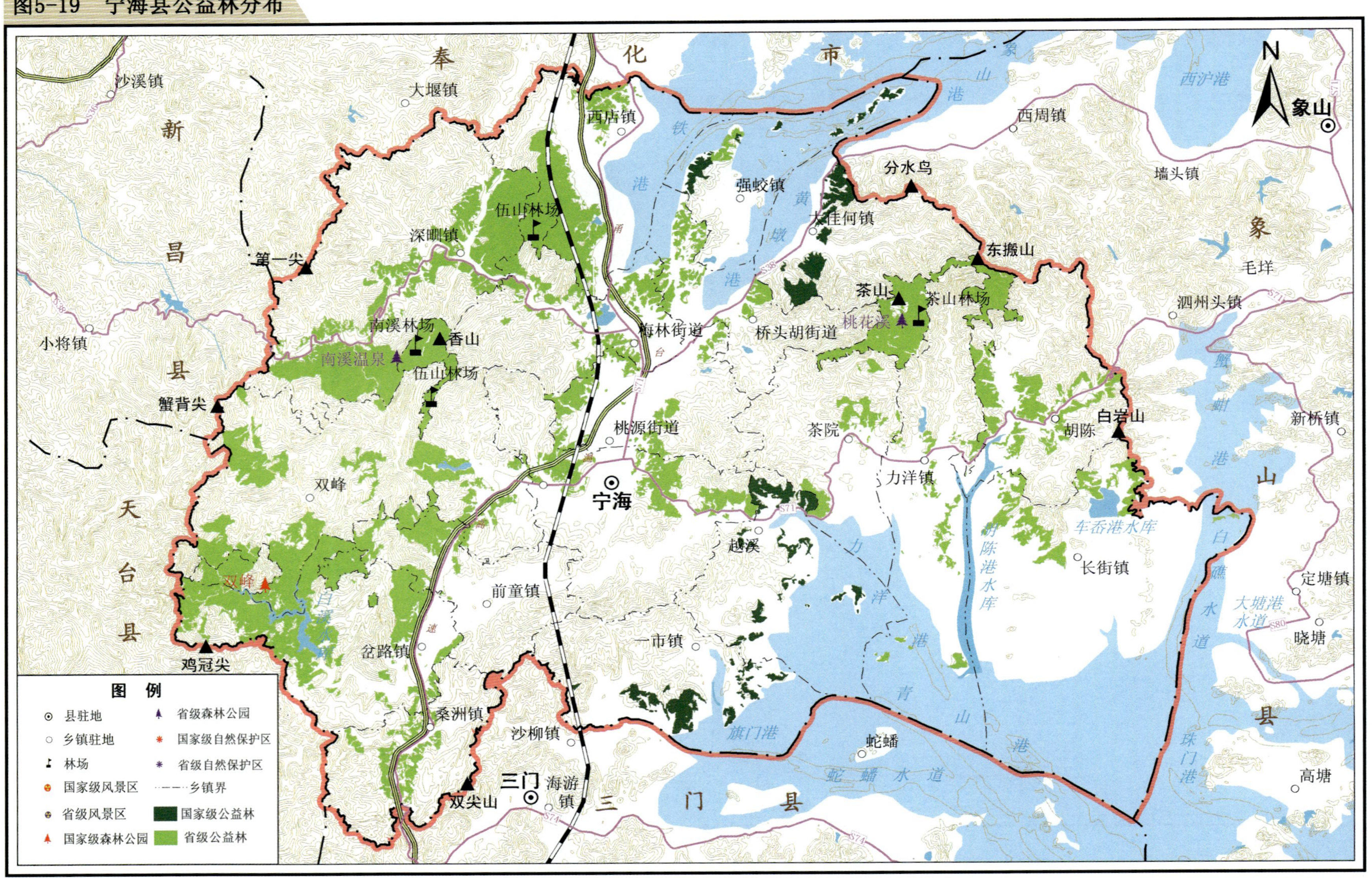

图5-20 奉化市公益林分布

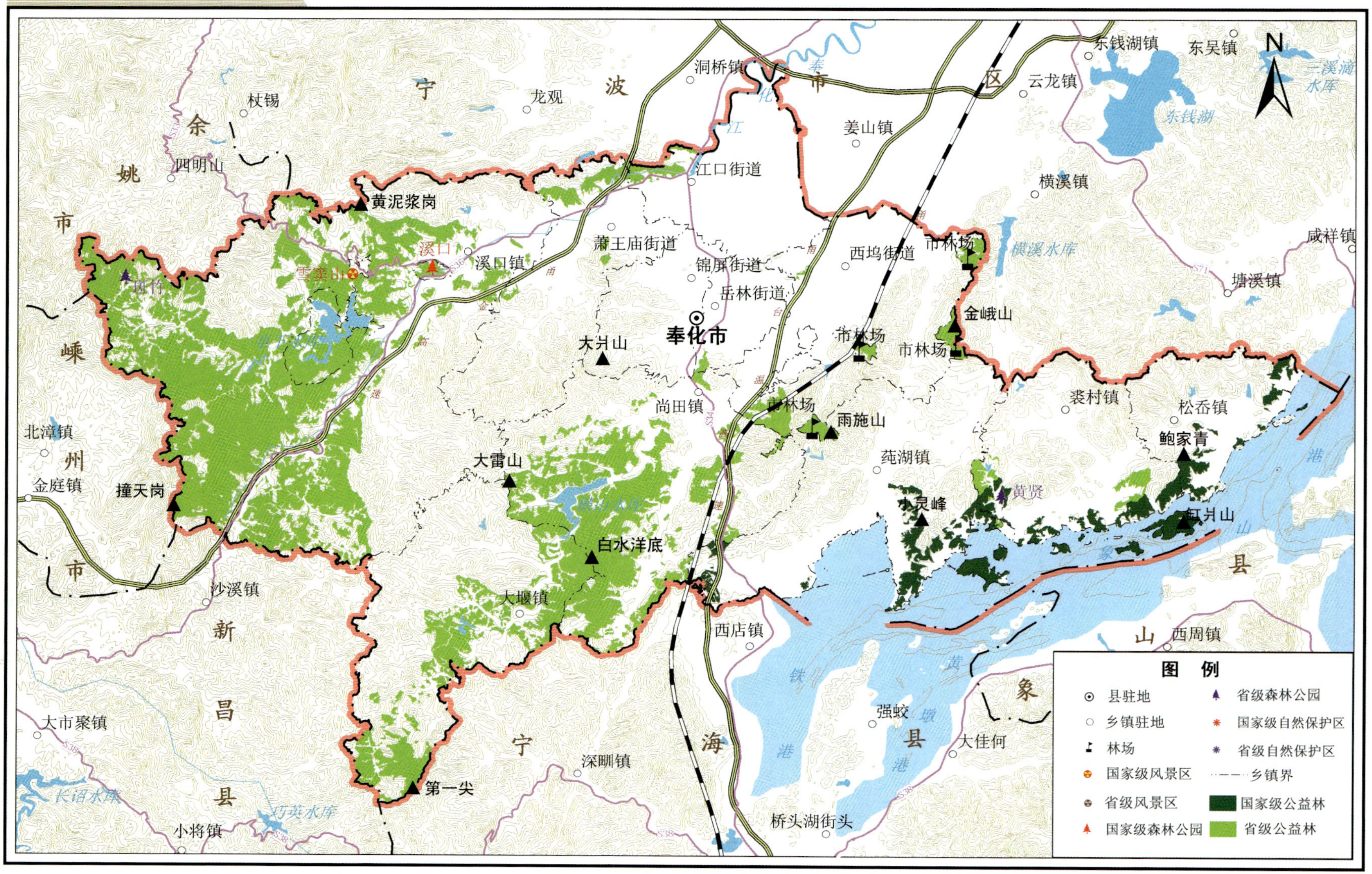

图 例

- 县驻地
- 乡镇驻地
- 林场
- 国家级风景区
- 省级风景区
- 国家级森林公园
- 省级森林公园
- 国家级自然保护区
- 省级自然保护区
- 乡镇界
- 国家级公益林
- 省级公益林

图5-21　象山县公益林分布

图5-22 鄞州区公益林分布

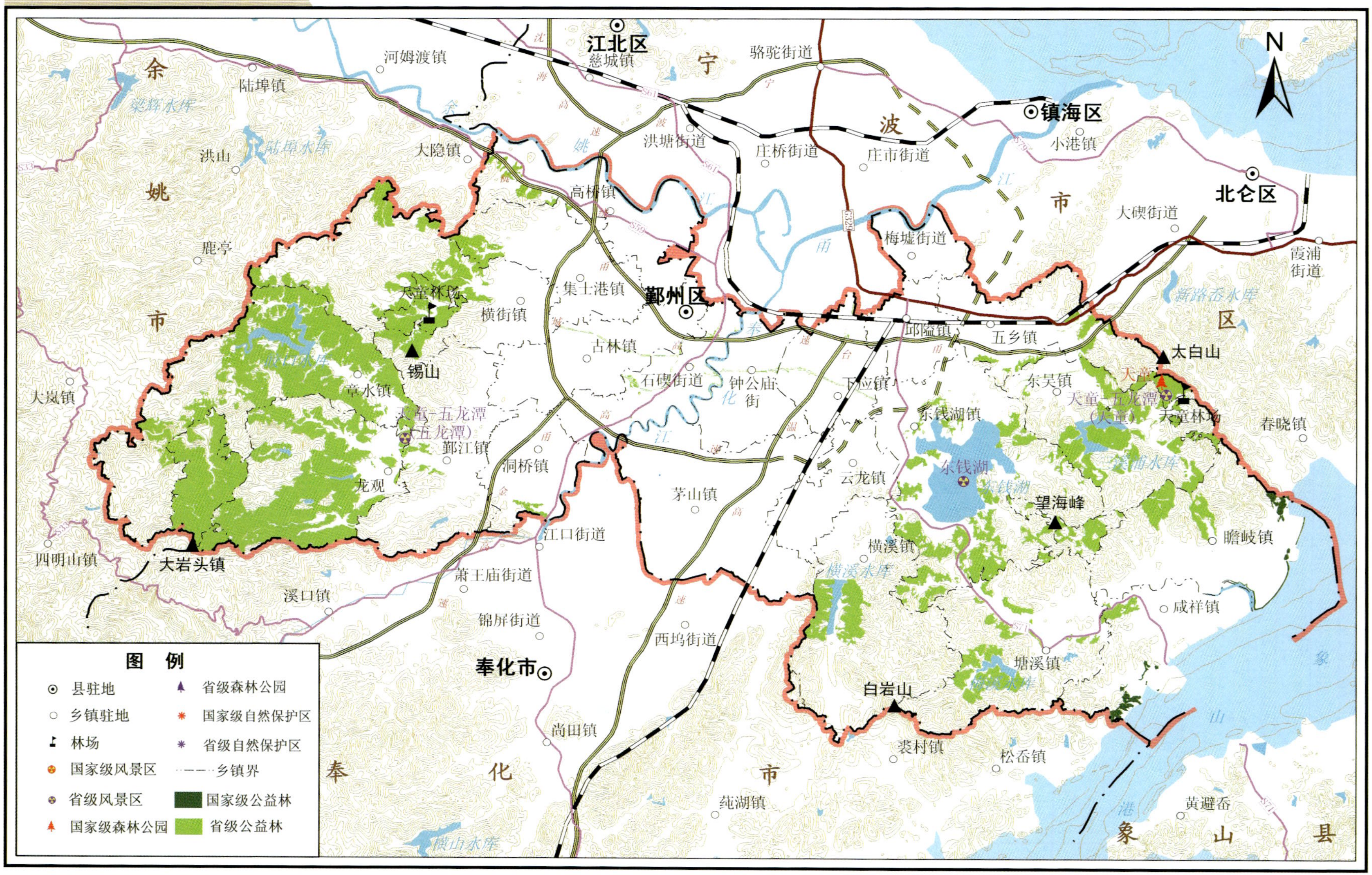

图 例

- ⊙ 县驻地
- ○ 乡镇驻地
- 林场
- 国家级风景区
- 省级风景区
- 国家级森林公园
- 省级森林公园
- 国家级自然保护区
- 省级自然保护区
- 乡镇界
- 国家级公益林
- 省级公益林

图5-23 余姚市公益林分布

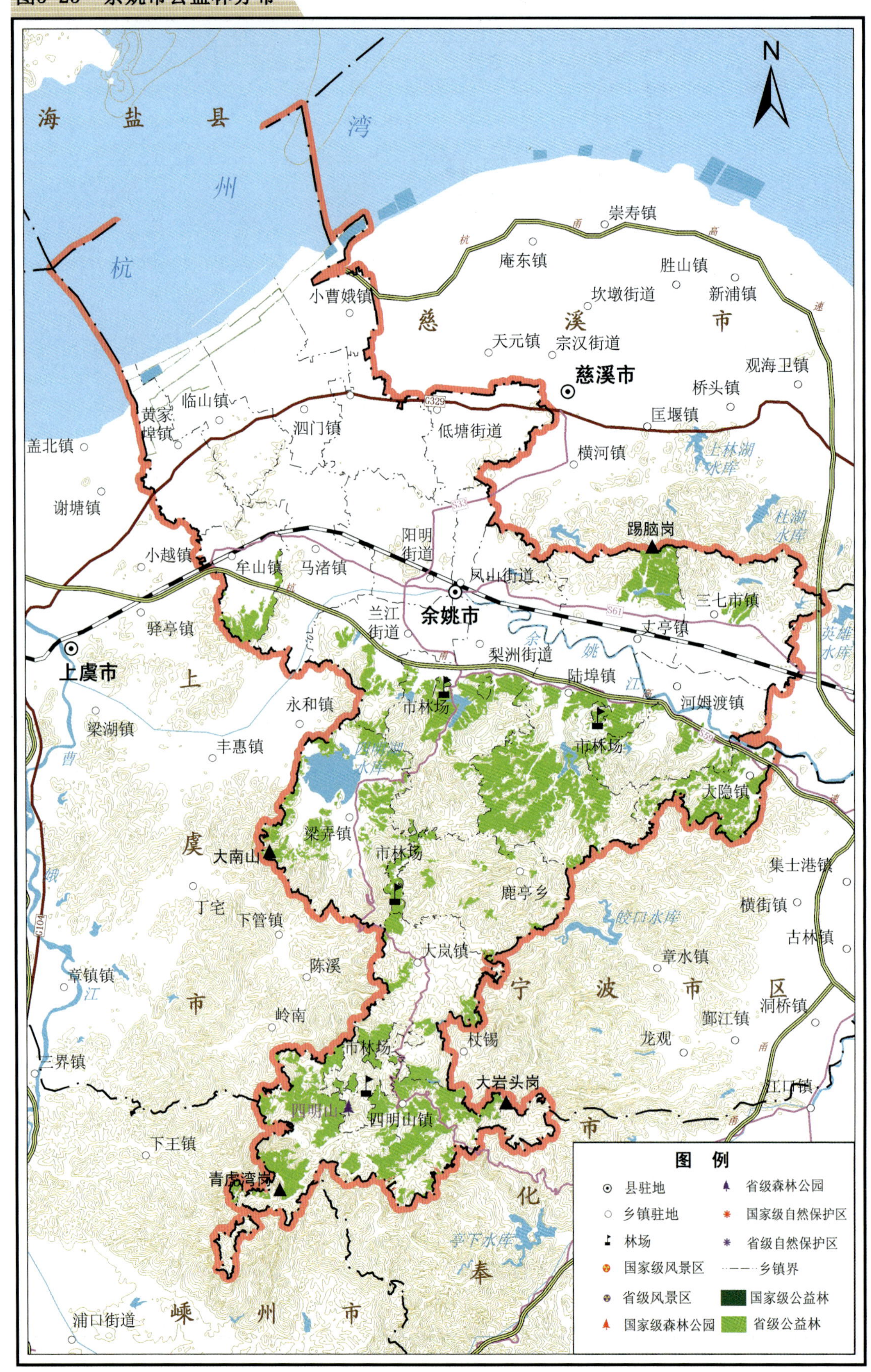

图5-24　泰顺县公益林分布

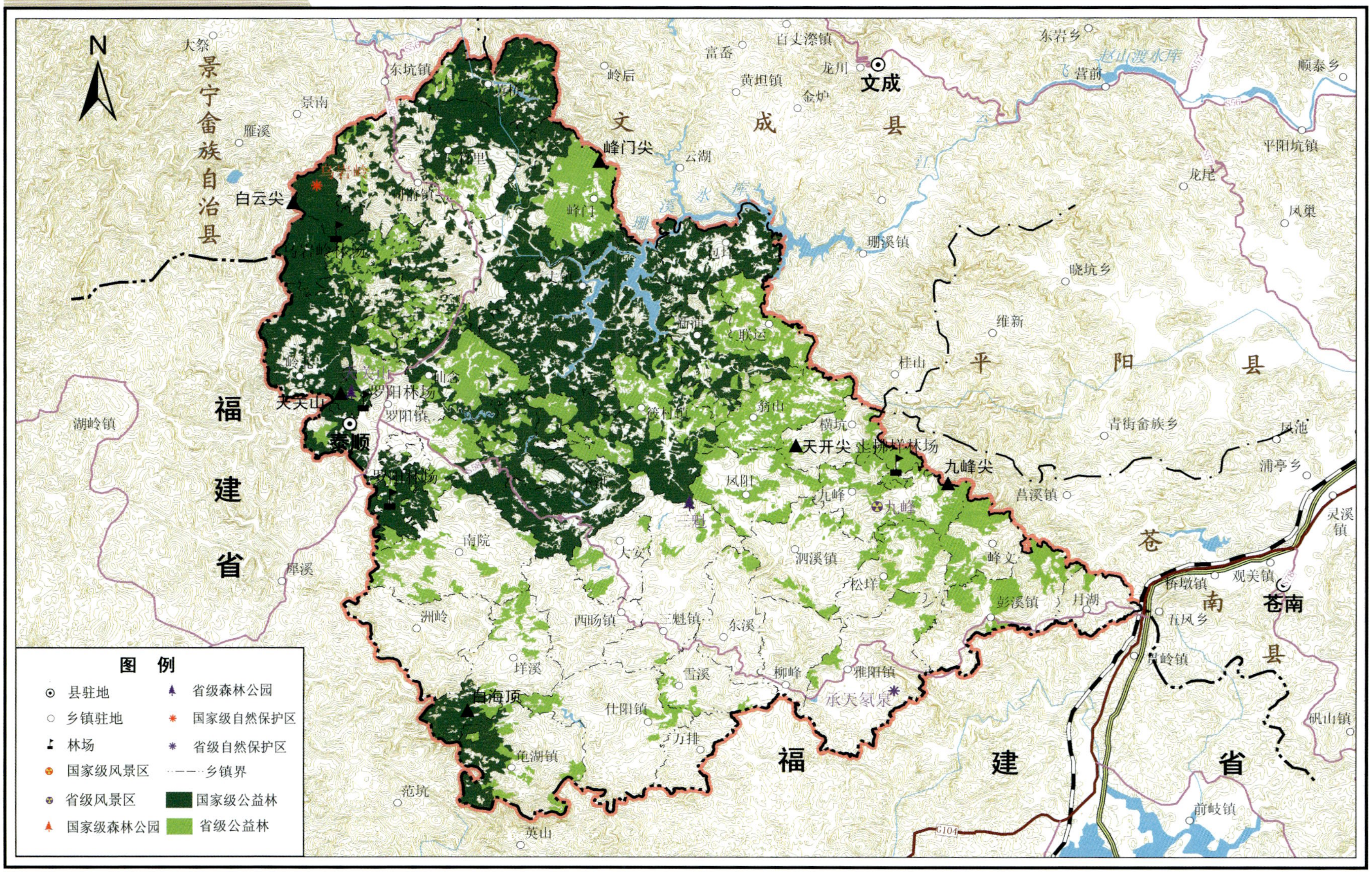

N

景宁畲族自治县

文成县

平阳县

苍南县

福建省

泰顺

文成

苍南

图例

县驻地

乡镇驻地

林场

国家级风景区

省级风景区

国家级森林公园

省级森林公园

国家级自然保护区

省级自然保护区

乡镇界

国家级公益林

省级公益林

白云尖

峰门尖

天关山

天开尖

九峰尖

白海顶

承天氡泉

罗阳林场

罗阳镇

筱村

雅阳镇

彭溪镇

泗溪镇

仕阳镇

龟湖镇

西旸镇

三魁镇

东溪

柳峰

雪溪

南院

洲岭

凤阳

九峰

松垟

峰文

横坑

翁山

新浦

联云

百丈漈镇

黄坦镇

珊溪镇

龙川

金炉

富岙

岭后

云湖

东坑镇

景南

雁溪

大祭

湖岭镇

寿泰溪

范坑

英山

万排

垟溪

月湖

莒溪镇

桥墩镇

观美镇

五凤乡

矾山镇

前岐镇

灵溪镇

浦亭乡

凤池

青街畲族乡

桂山

维新

晓坑乡

凤巢

龙尾

平阳坑镇

顺泰乡

营前

东岩乡

赵山渡水库

图5-25 永嘉县公益林分布

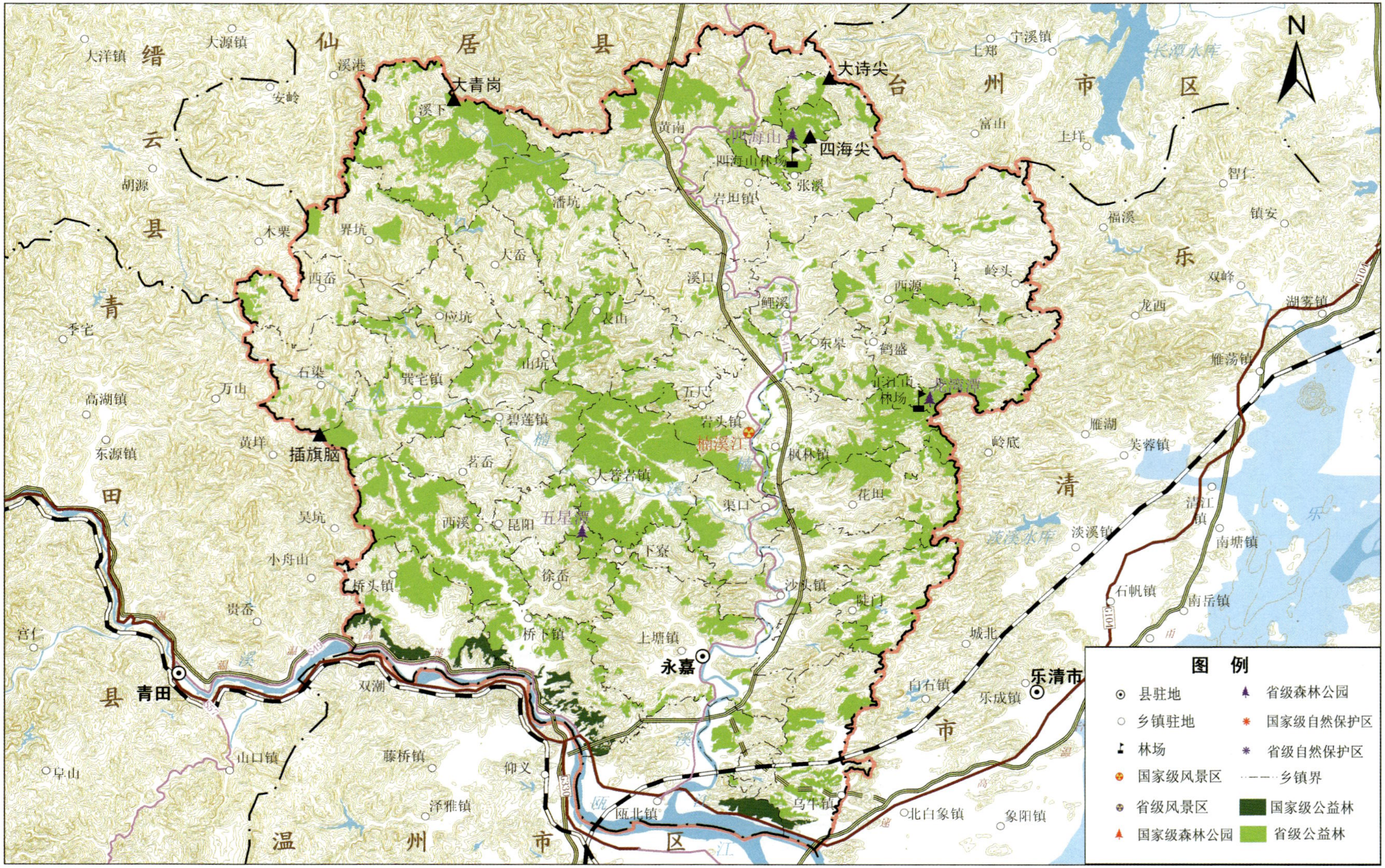

图例

- 县驻地
- 乡镇驻地
- 林场
- 国家级风景区
- 省级风景区
- 国家级森林公园
- 省级森林公园
- 国家级自然保护区
- 省级自然保护区
- 乡镇界
- 国家级公益林
- 省级公益林

图5-26　文成县公益林分布

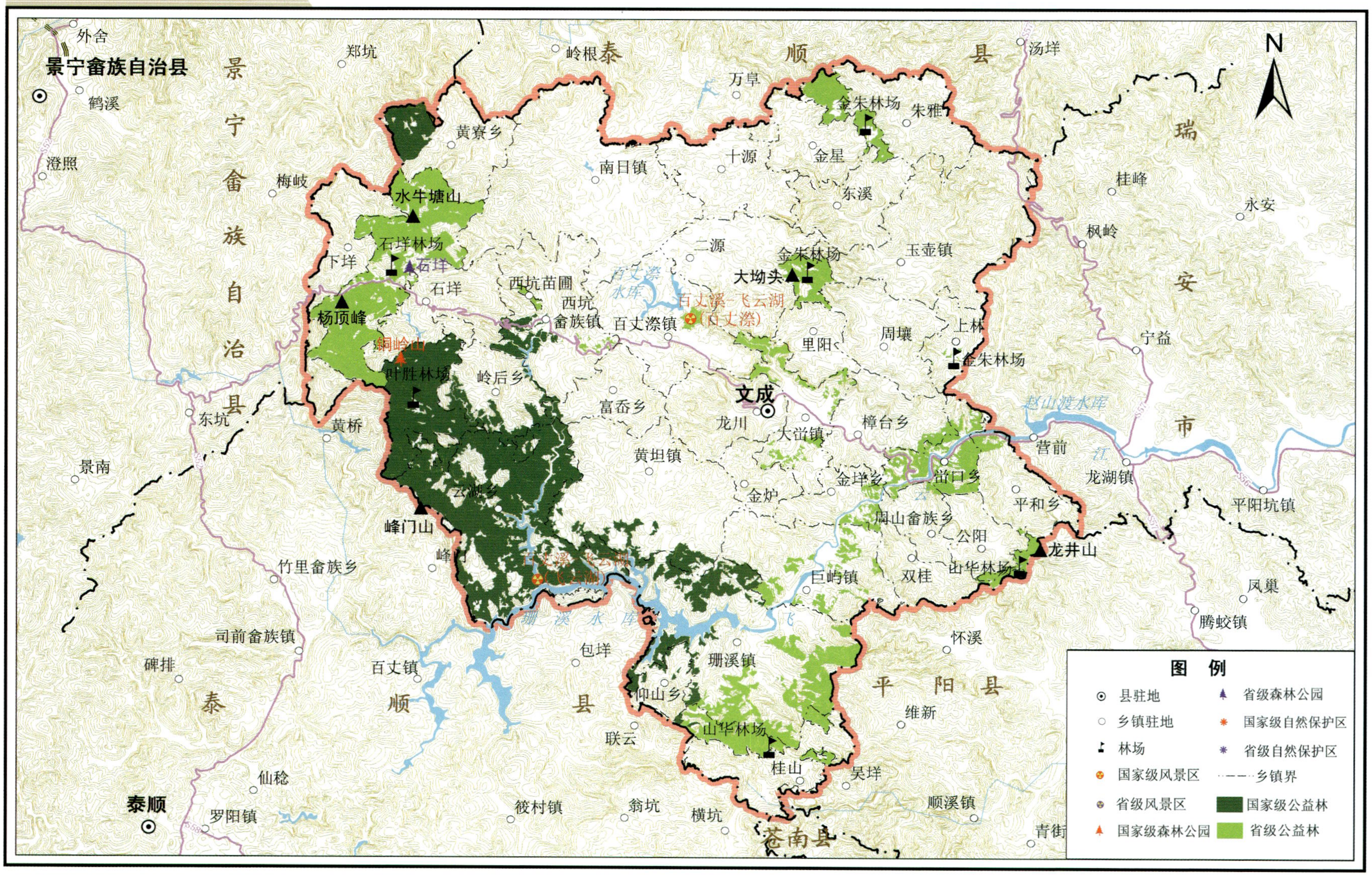

图　例

县驻地　乡镇驻地　林场　国家级风景区　省级风景区　国家级森林公园

省级森林公园　国家级自然保护区　省级自然保护区　乡镇界　国家级公益林　省级公益林

图5-27 苍南县公益林分布

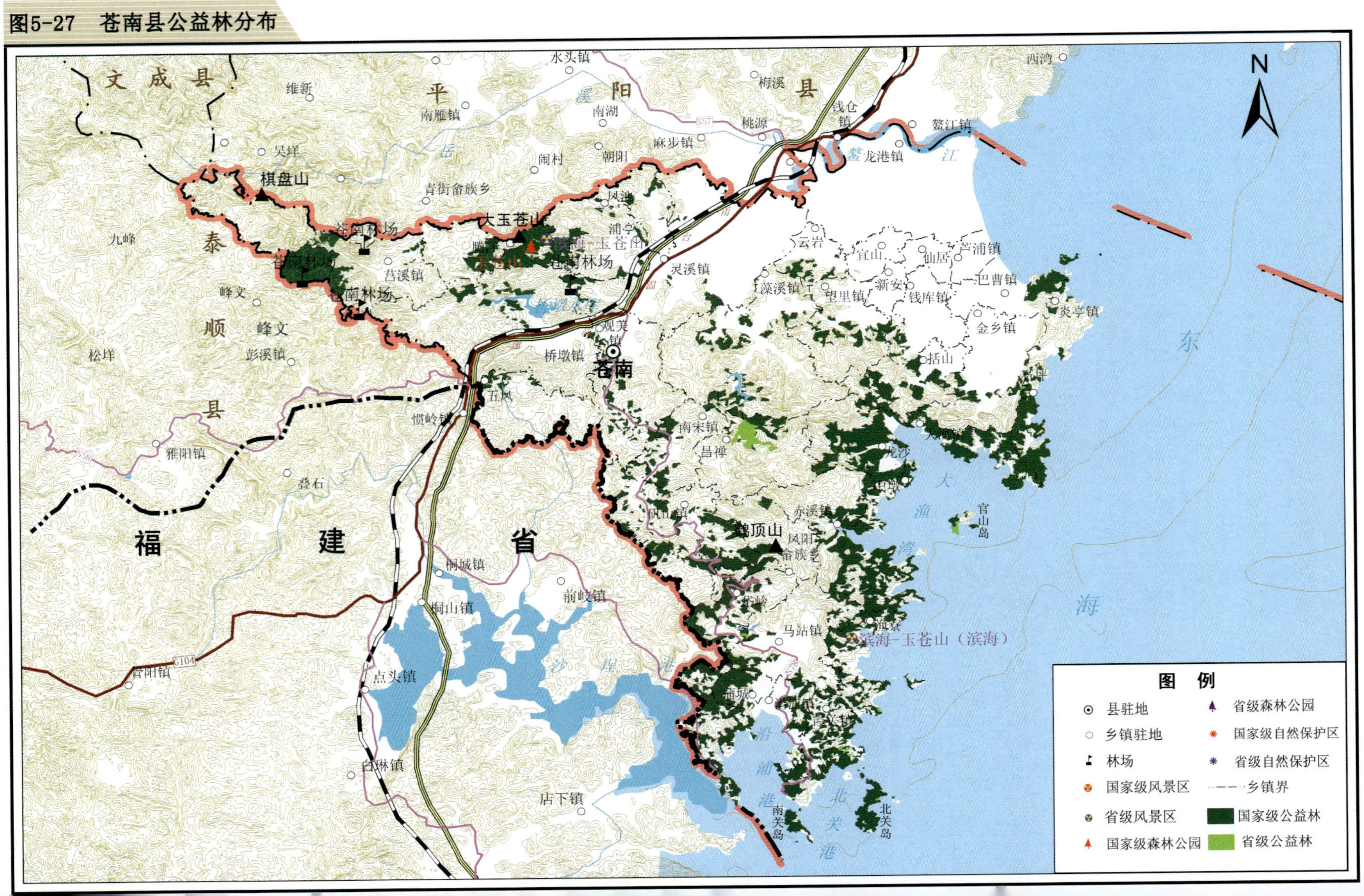

图5-28 瑞安市公益林分布

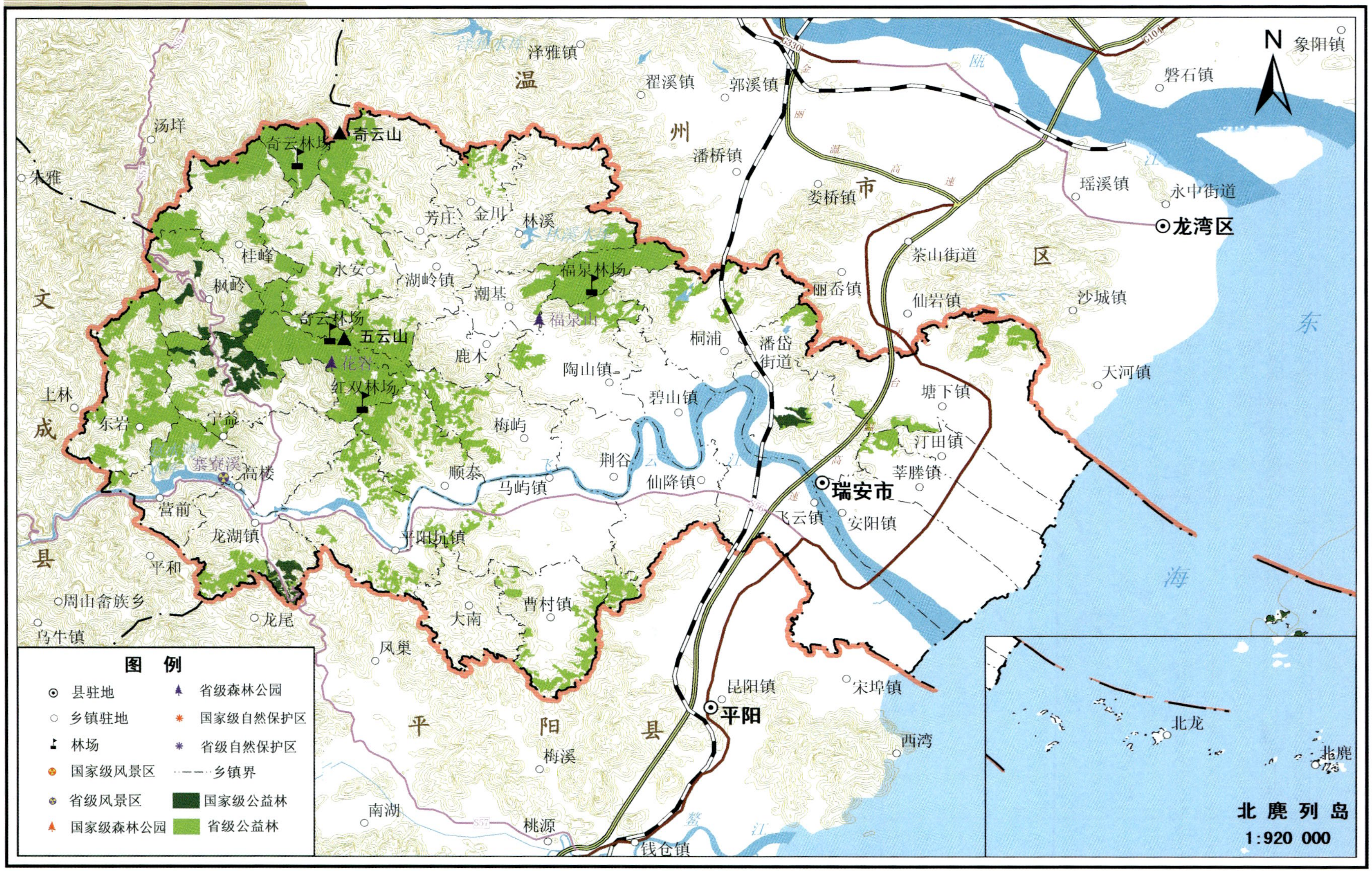

图5-29　平阳县公益林分布

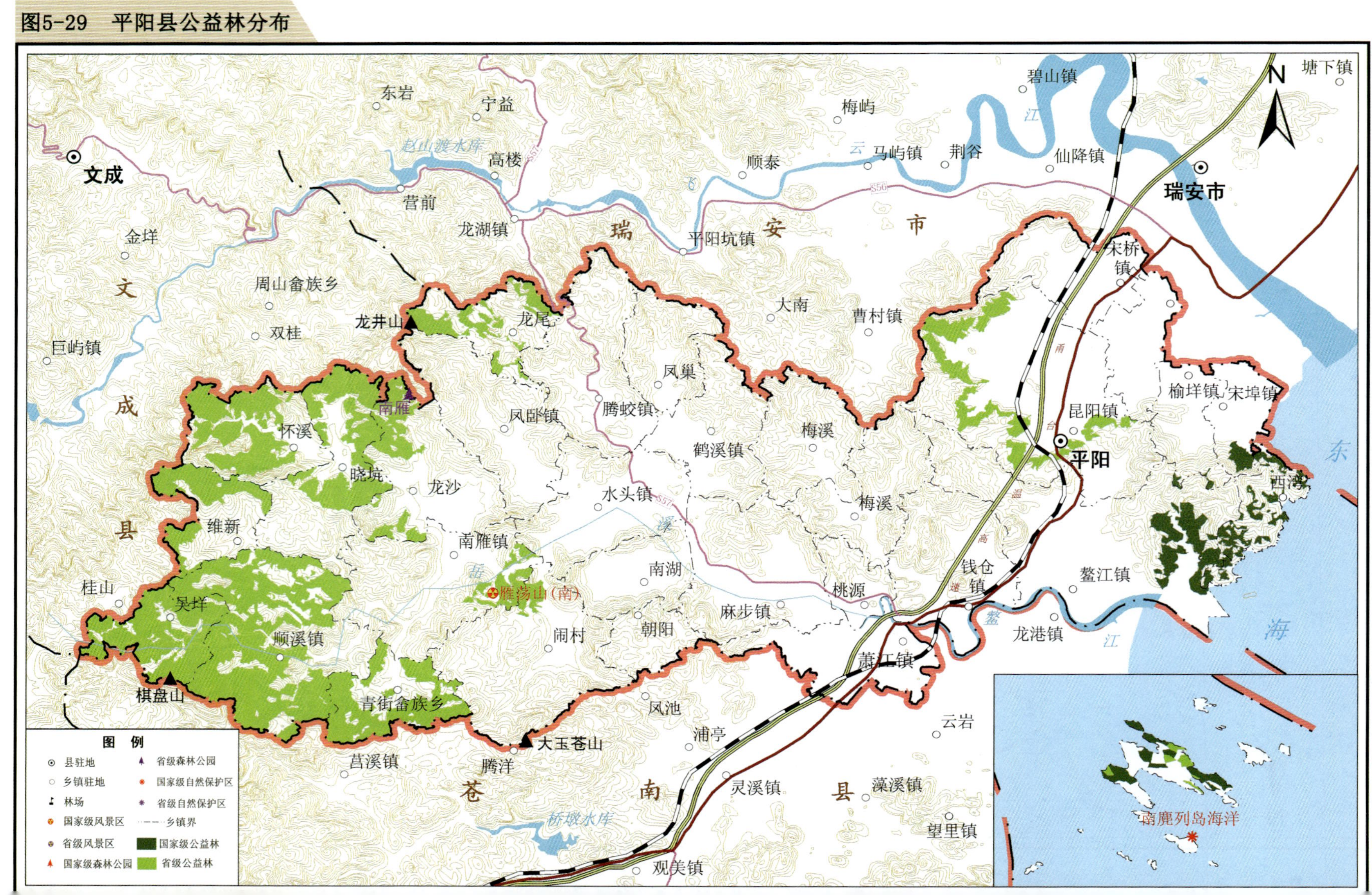

图5-30 安吉县公益林分布

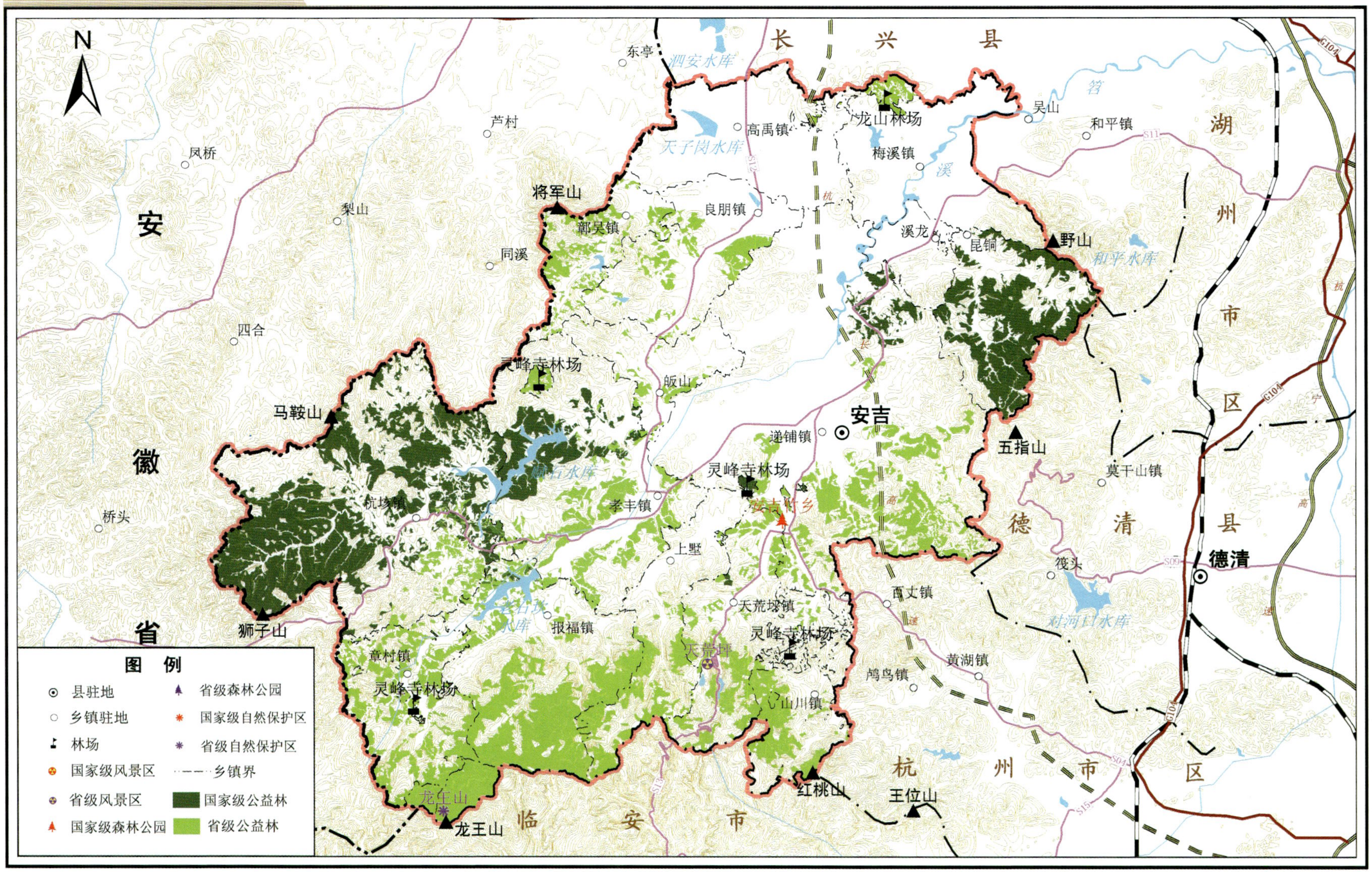

图例

- 县驻地
- 乡镇驻地
- 林场
- 国家级风景区
- 省级风景区
- 国家级森林公园
- 省级森林公园
- 国家级自然保护区
- 省级自然保护区
- 乡镇界
- 国家级公益林
- 省级公益林

图5-31 长兴县公益林分布

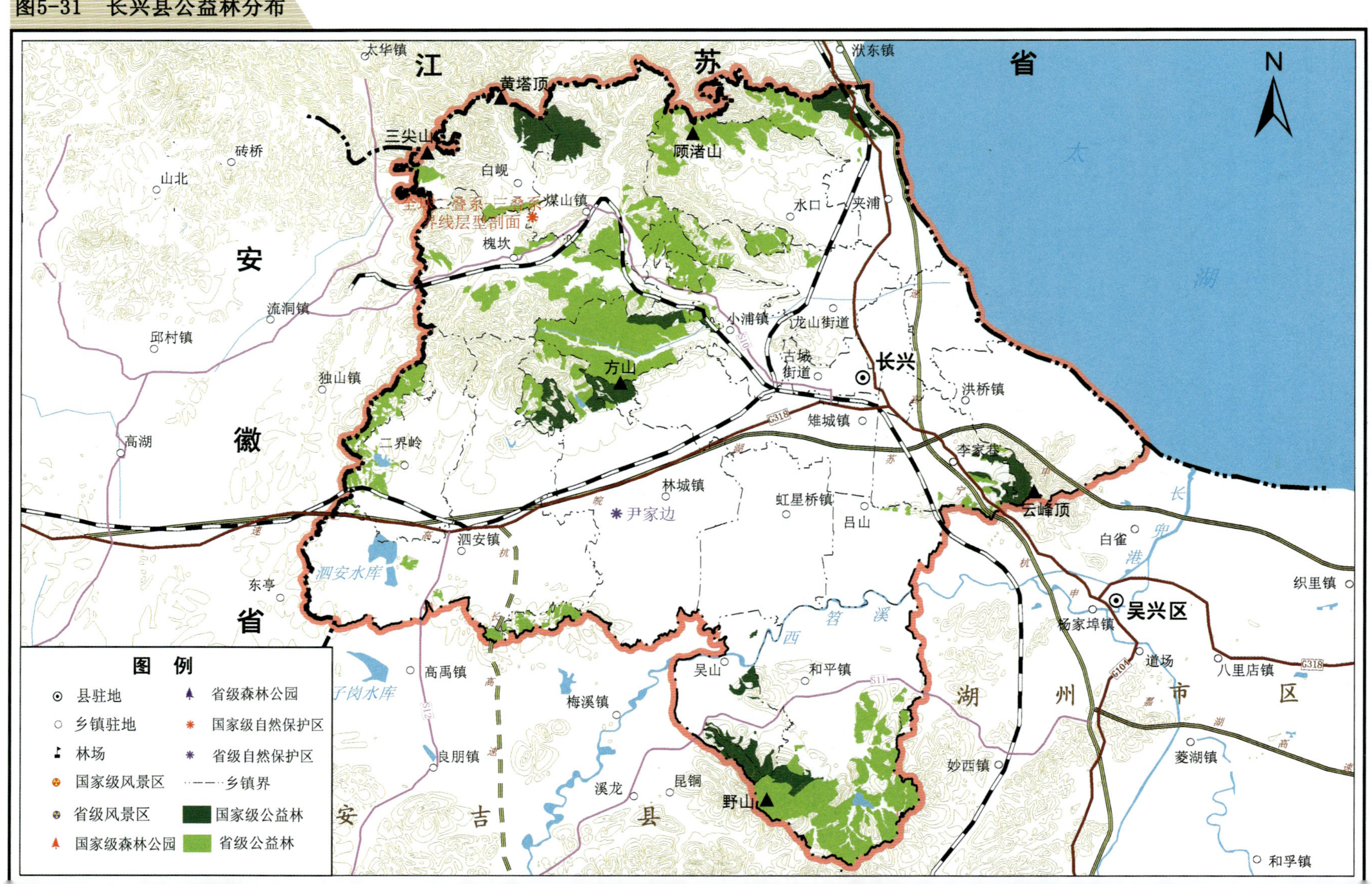

图5-32 嵊州市公益林分布

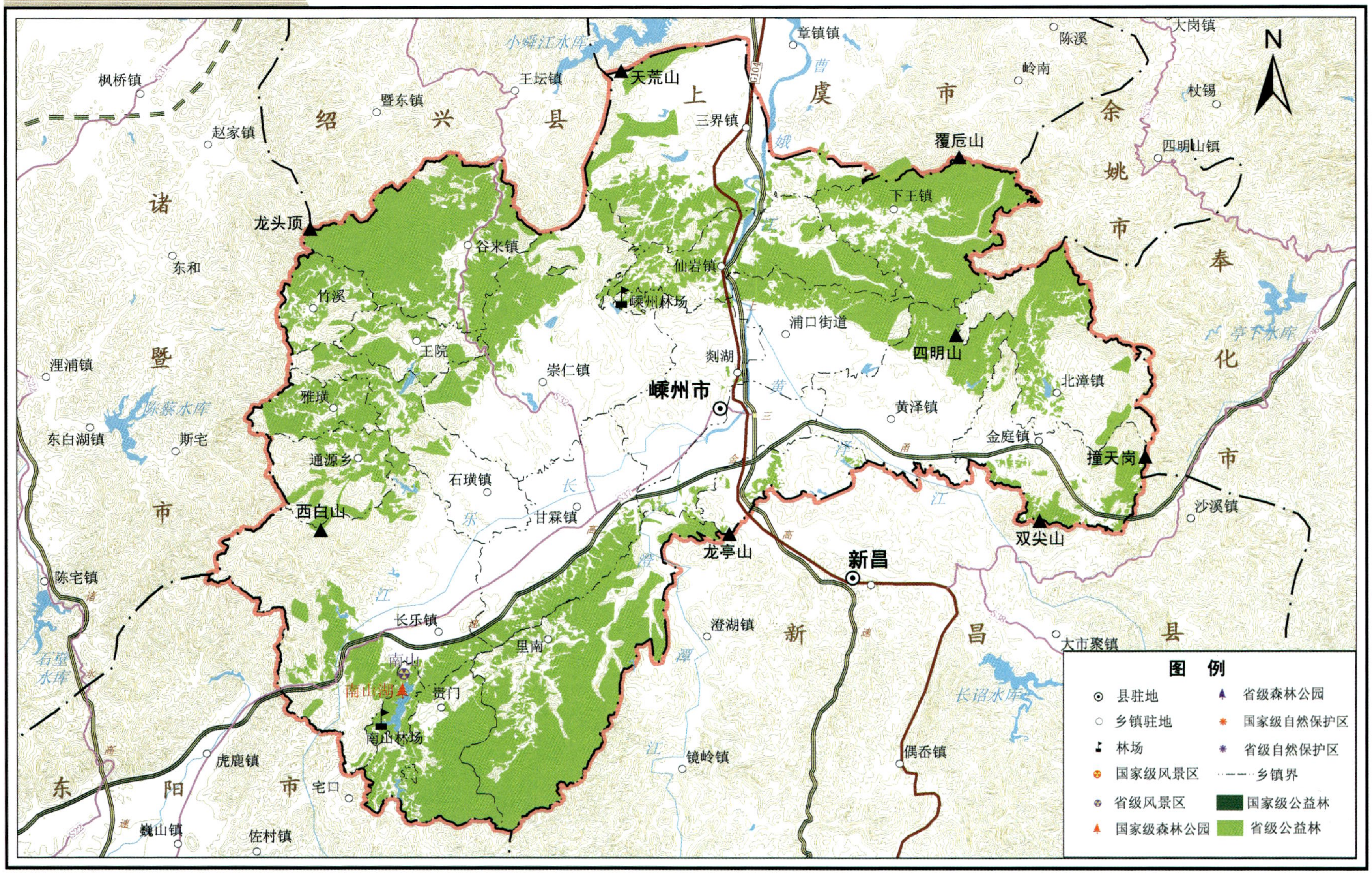

图5-33 诸暨市公益林分布

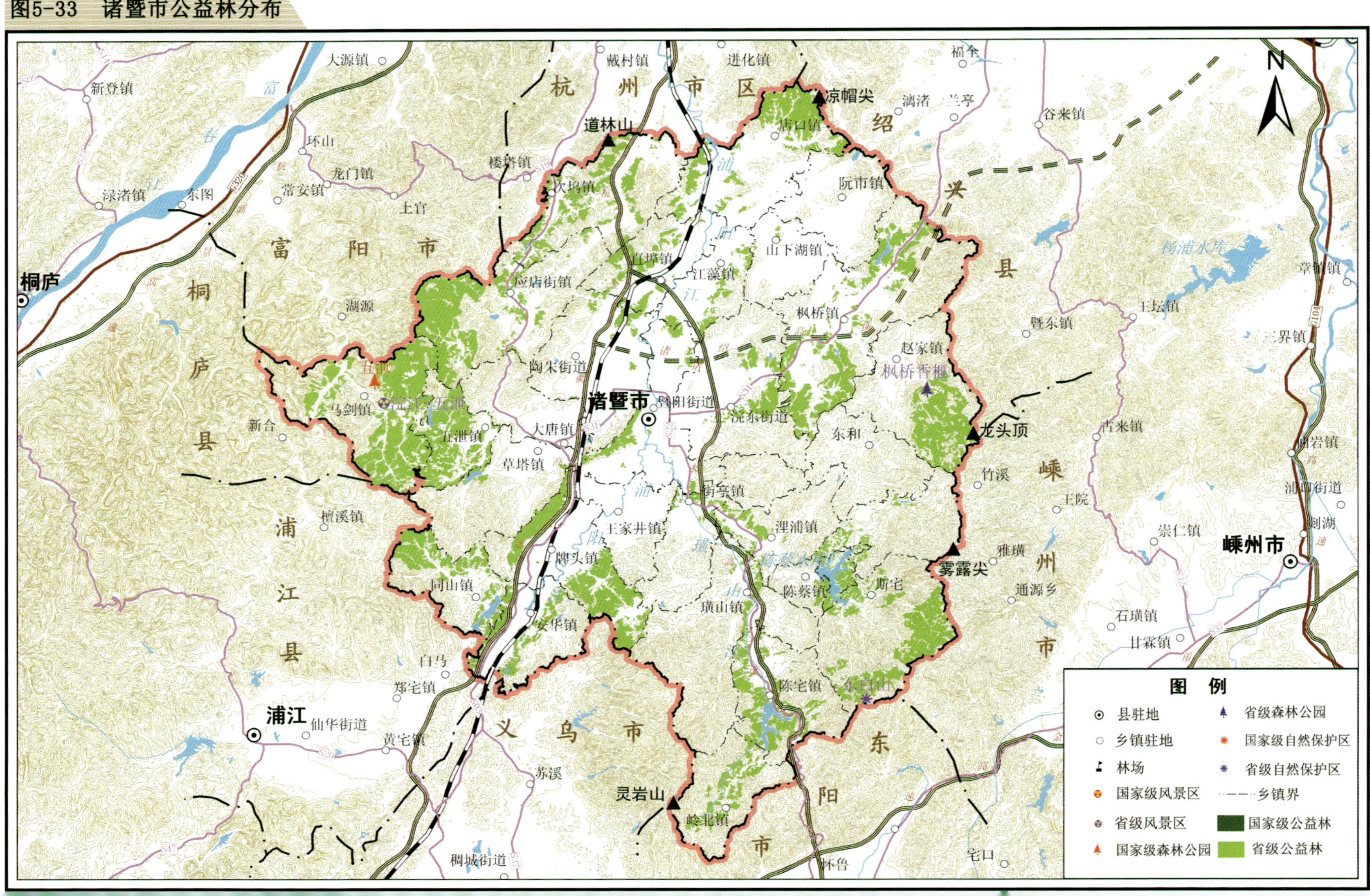

图5-34 新昌县公益林分布

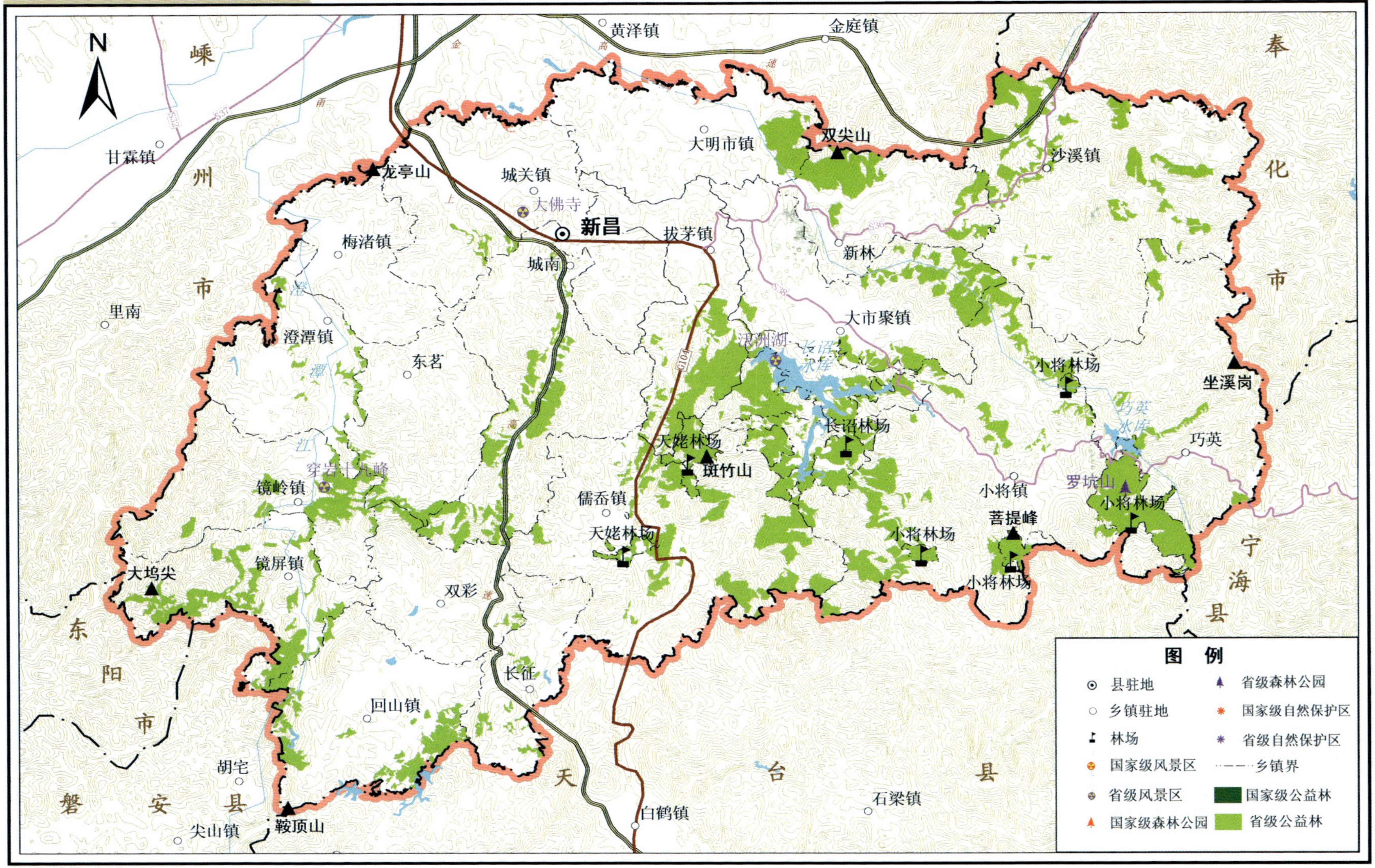

图例

- 县驻地
- 乡镇驻地
- 林场
- 国家级风景区
- 省级风景区
- 国家级森林公园
- 省级森林公园
- 国家级自然保护区
- 省级自然保护区
- 乡镇界
- 国家级公益林
- 省级公益林

图5-35 上虞市公益林分布

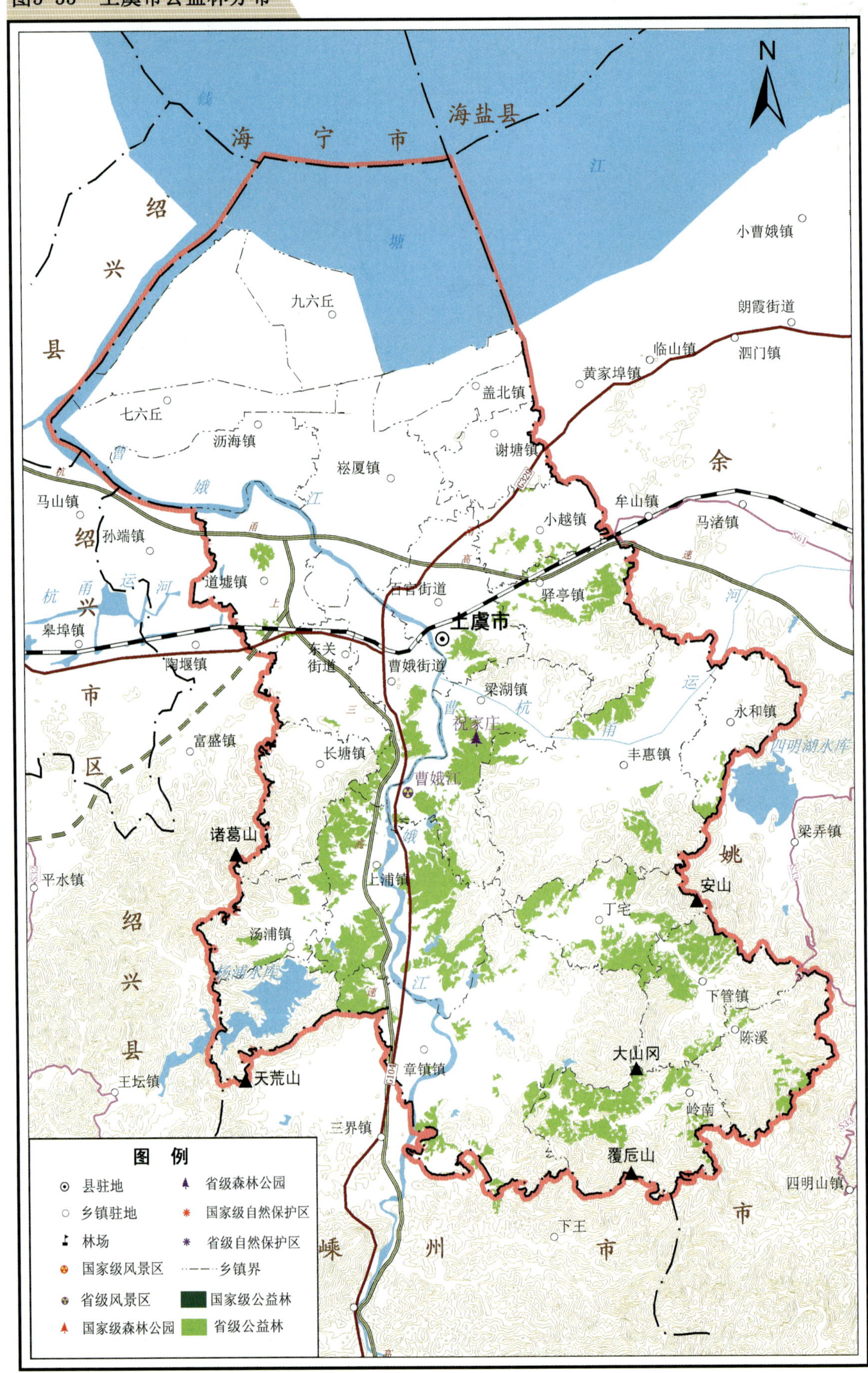

图5-36 东阳市公益林分布

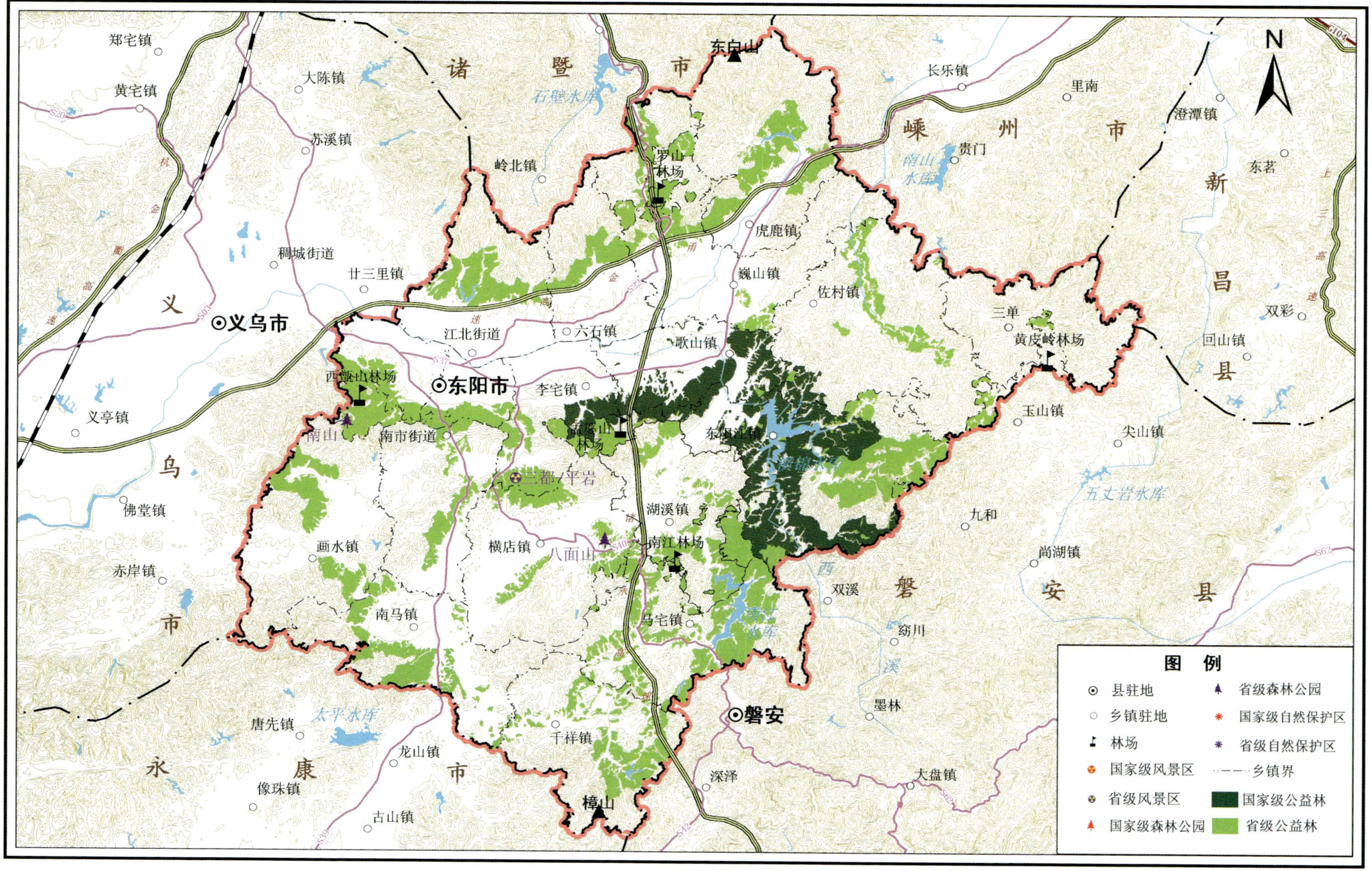

N

诸暨市
嵊州市
新昌县
磐安县
永康市
义乌市

⊙东阳市
⊙义乌市
⊙磐安

郑宅镇
黄宅镇
大陈镇
苏溪镇
岭北镇
稠城街道
廿三里镇
义亭镇
佛堂镇
赤岸镇
唐先镇
像珠镇
龙山镇
古山镇
长乐镇
里南
贵门
澄潭镇
东茗
双彩
回山镇
尖山镇
九和
尚湖镇
双溪
窈川
墨林
深泽
大盘镇
玉山镇
三单
虎鹿镇
巍山镇
佐村镇
歌山镇
六石镇
江北街道
李宅镇
南市街道
画水镇
南马镇
横店镇
湖溪镇
马宅镇
千祥镇
东阳江镇

东白山
樟山
八面山
南山
三都/平岩

罗山林场
西甑山林场
南江林场
黄皮岭林场

石壁水库
南山水库
五丈岩水库
太平水库

图例

- ⊙ 县驻地
- ○ 乡镇驻地
- 林场
- 国家级风景区
- 省级风景区
- 国家级森林公园
- 省级森林公园
- 国家级自然保护区
- 省级自然保护区
- 乡镇界
- 国家级公益林
- 省级公益林

图5-37 武义县公益林分布

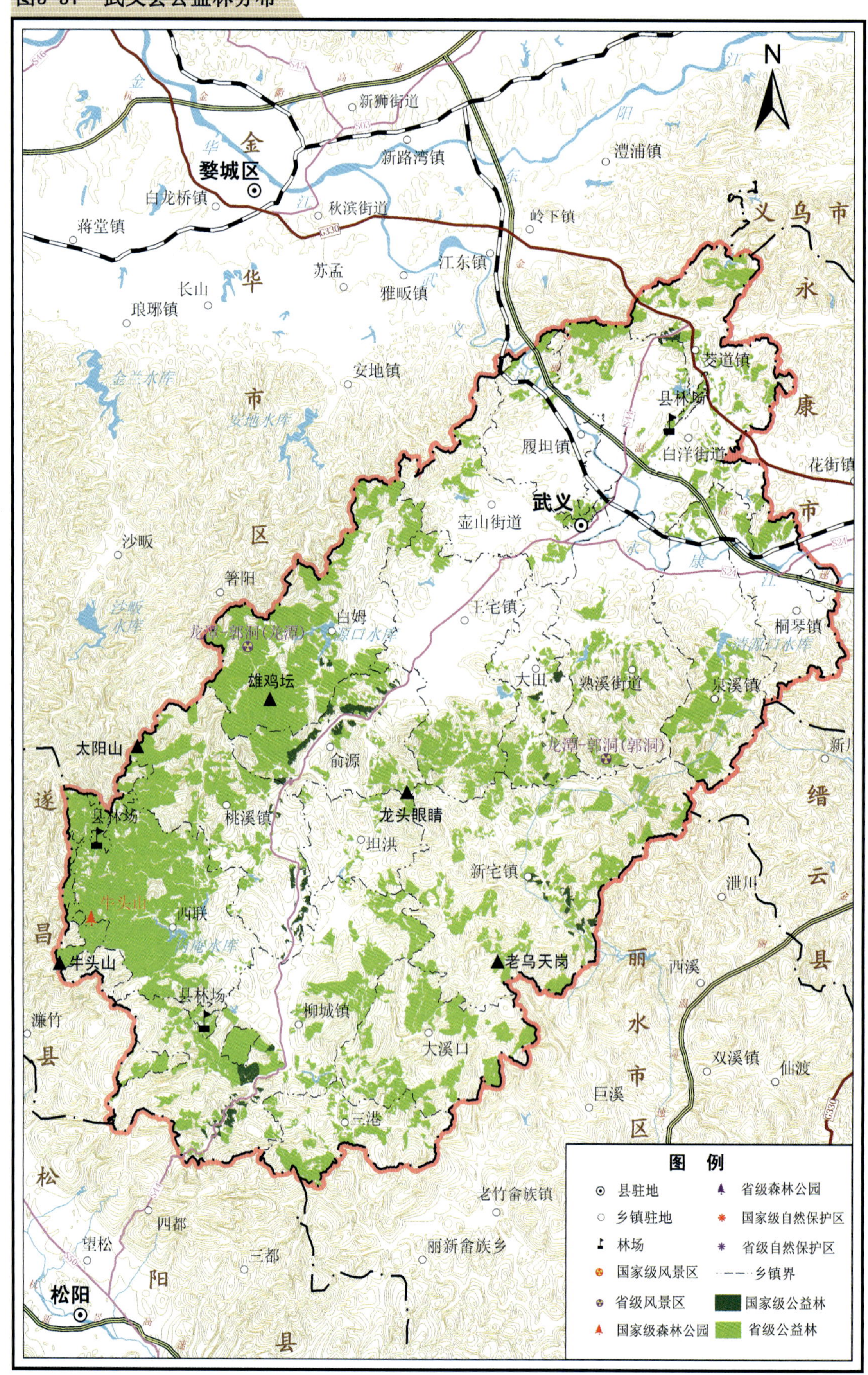

图5-38 婺城区公益林分布

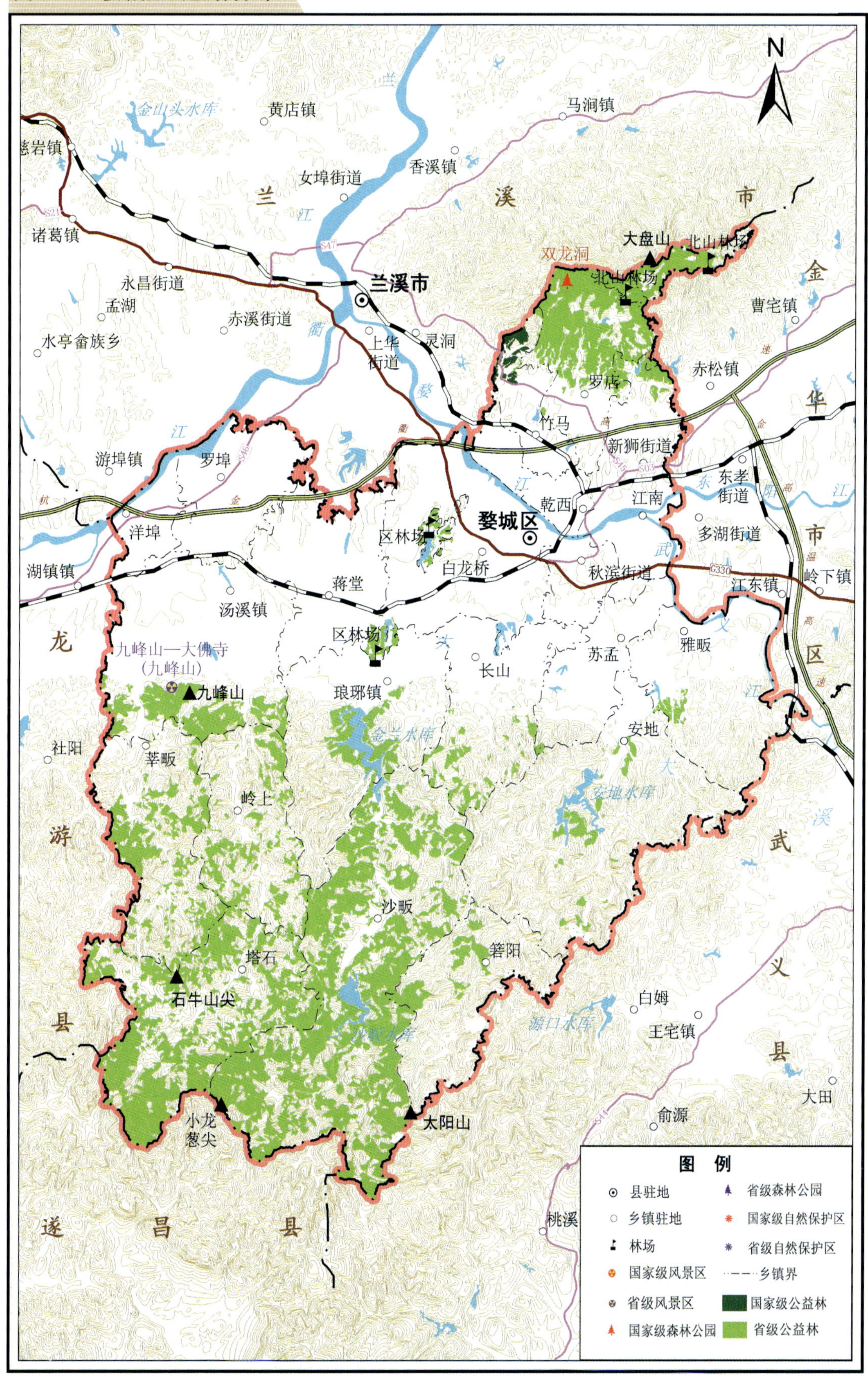

图5-39　磐安县公益林分布

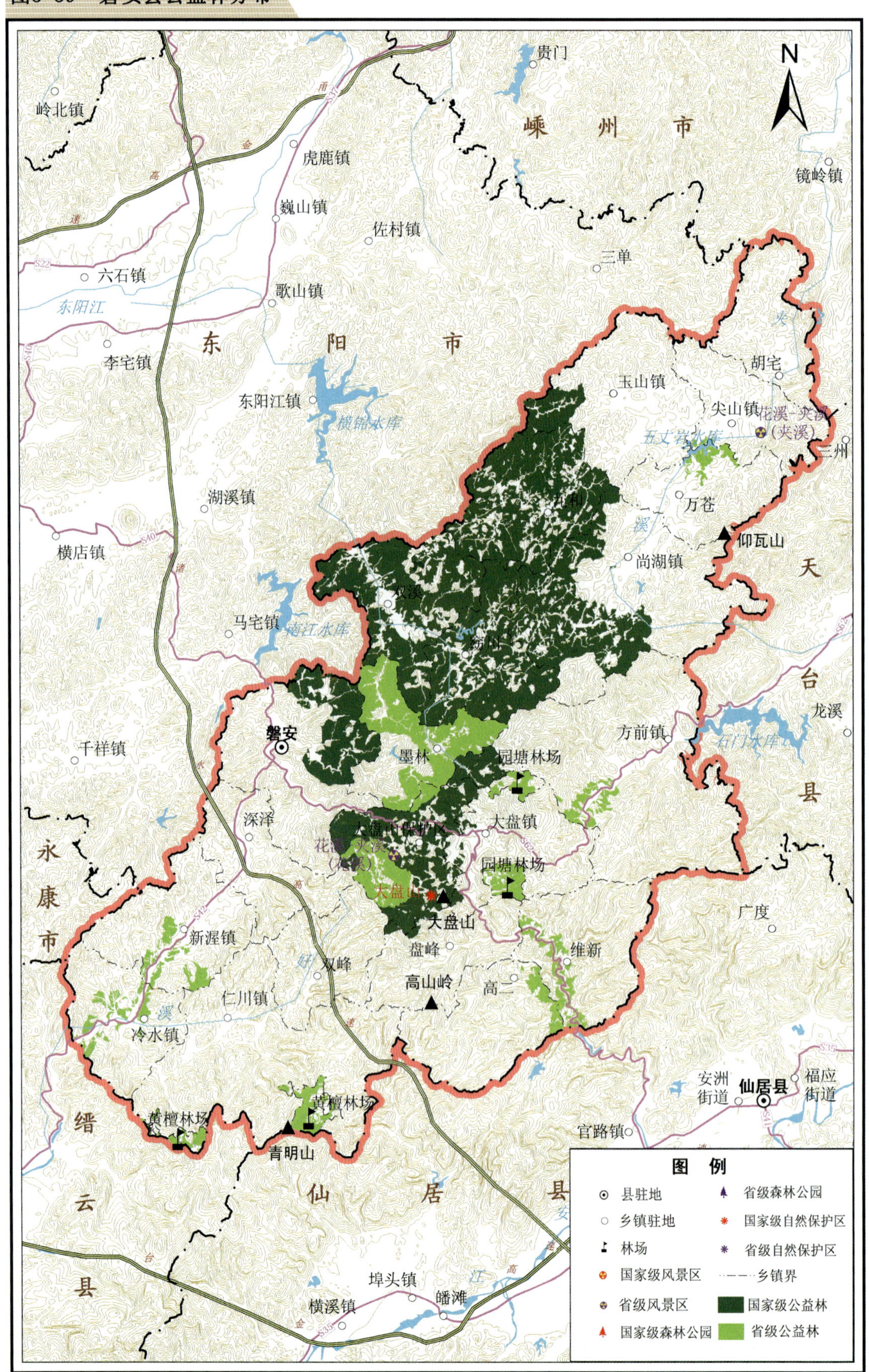

图5-40 浦江县公益林分布

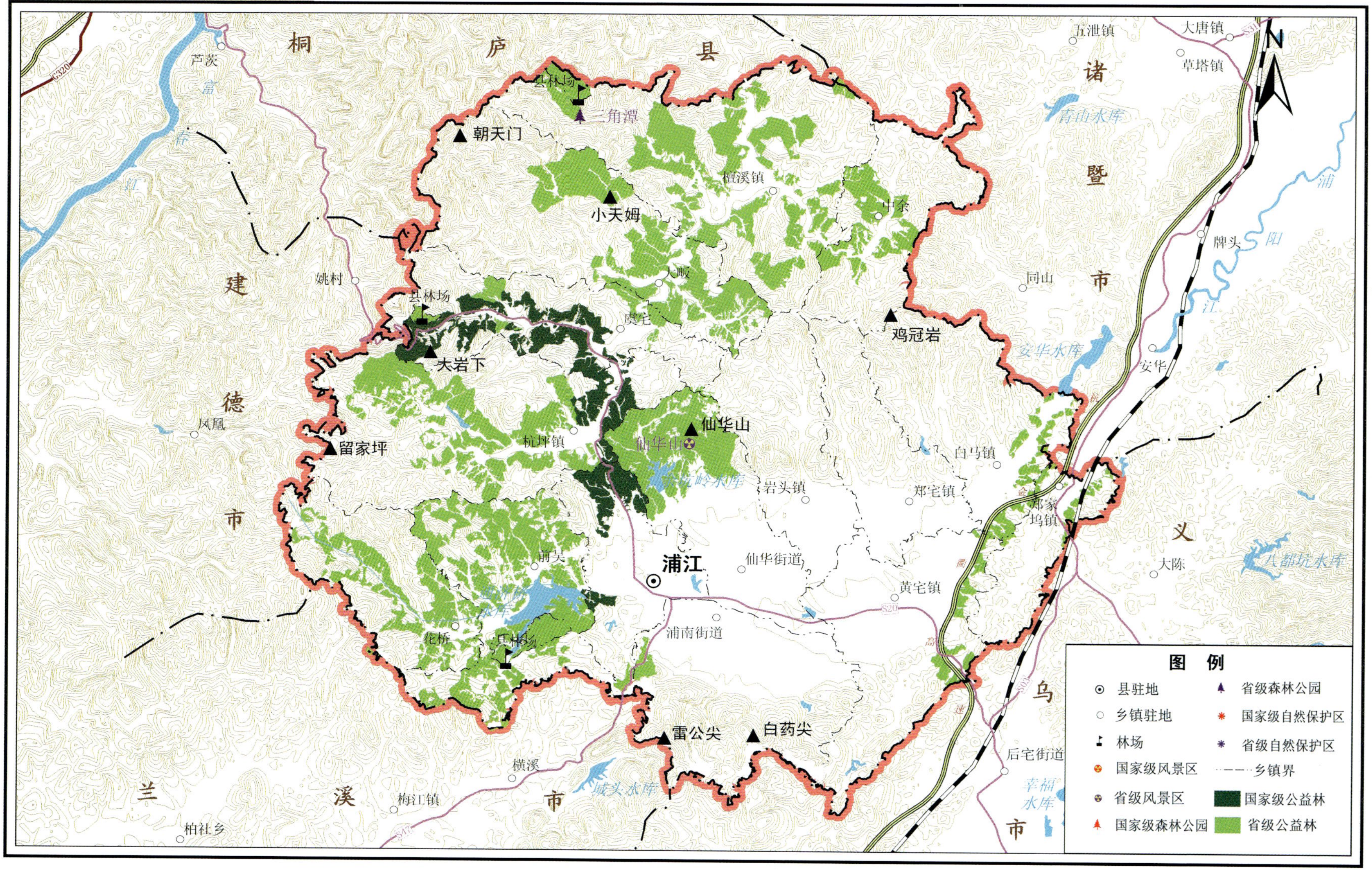

浦江

桐庐县 诸暨市 义乌市 兰溪市 建德市

大唐镇 五泄镇 草塔镇 牌头 同山 安华 大陈 后宅街道 芦茨 姚村 凤凰 横溪 梅江镇 柏社乡

檀溪镇 中余 大畈 虞宅 杭坪镇 前吴 花桥 岩头镇 郑宅镇 白马镇 郑家坞镇 黄宅镇 仙华街道 浦南街道

朝天门 小天姆 鸡冠岩 大岩下 留家坪 仙华山 雷公尖 白药尖

县林场 三角潭 仙华山 县林场 乌林场

青山水库 安华水库 八都坑水库 通济桥水库 金坑岭水库 城头水库 幸福水库

浦阳江 富春江

图例

县驻地
乡镇驻地
林场
国家级风景区
省级风景区
国家级森林公园
省级森林公园
国家级自然保护区
省级自然保护区
乡镇界
国家级公益林
省级公益林

图5-41 兰溪市公益林分布

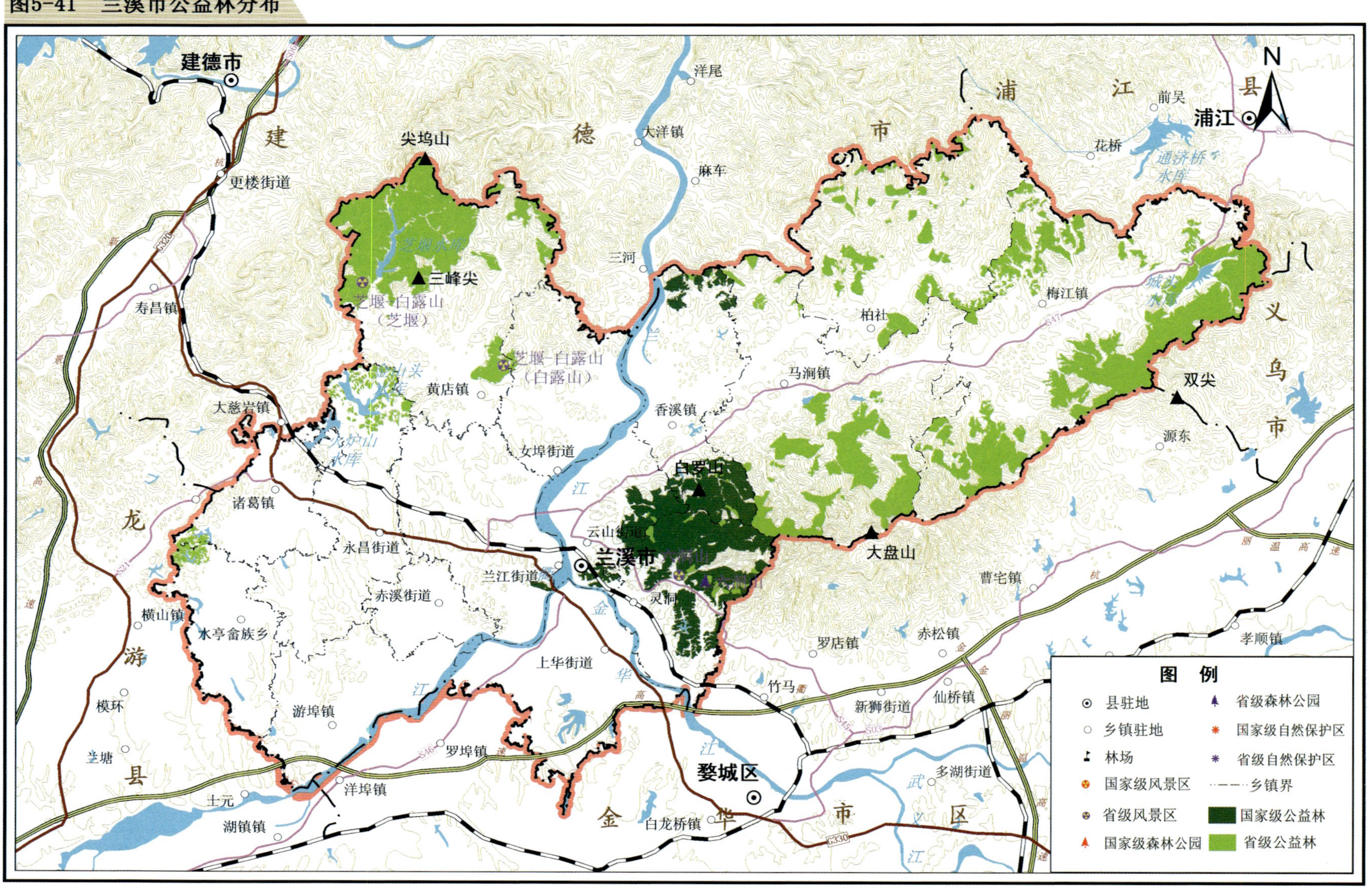

图5-42 永康市公益林分布

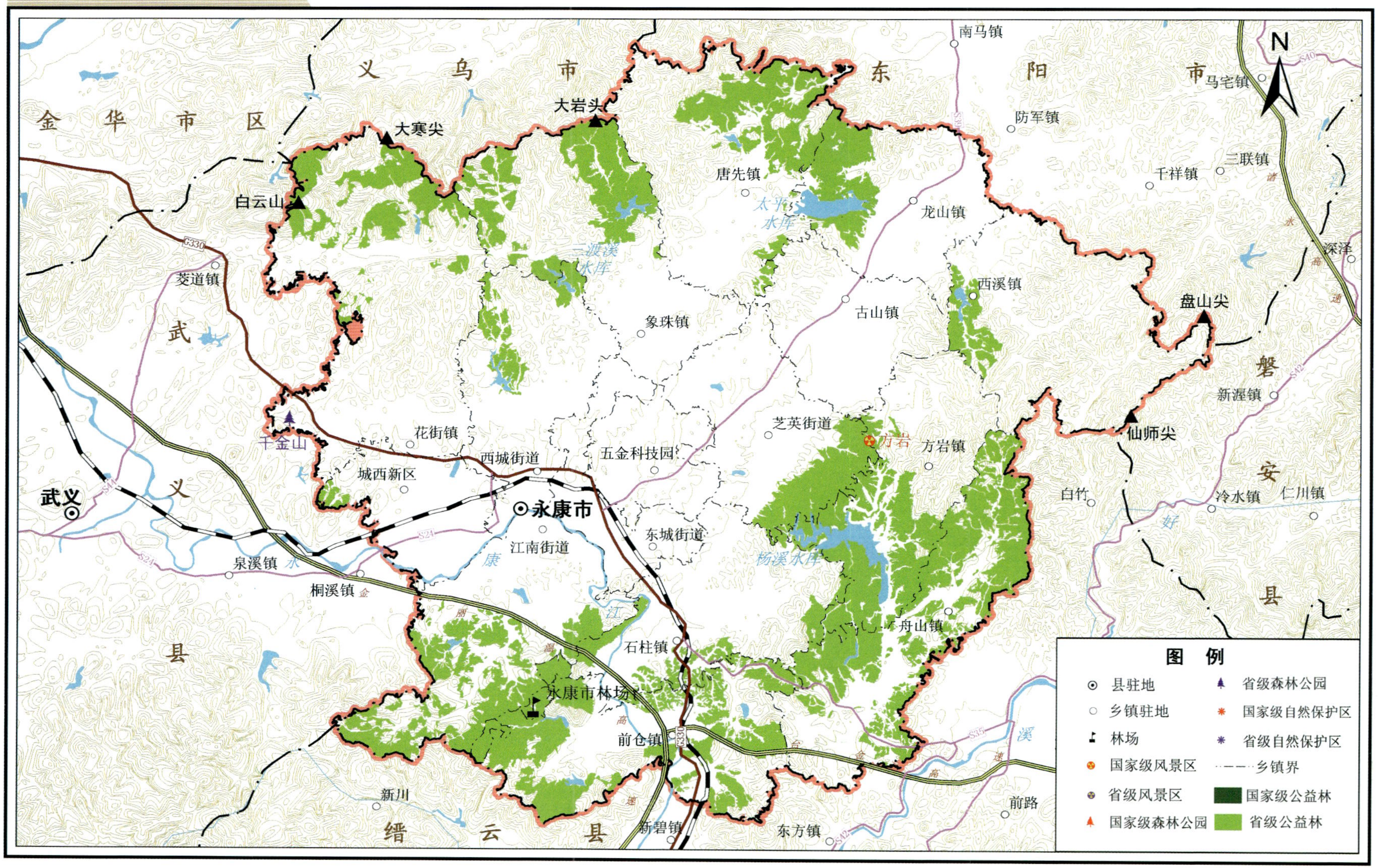

图 例

- 县驻地
- 乡镇驻地
- 林场
- 国家级风景区
- 省级风景区
- 国家级森林公园
- 省级森林公园
- 国家级自然保护区
- 省级自然保护区
- 乡镇界
- 国家级公益林
- 省级公益林

图5-43　定海区公益林分布

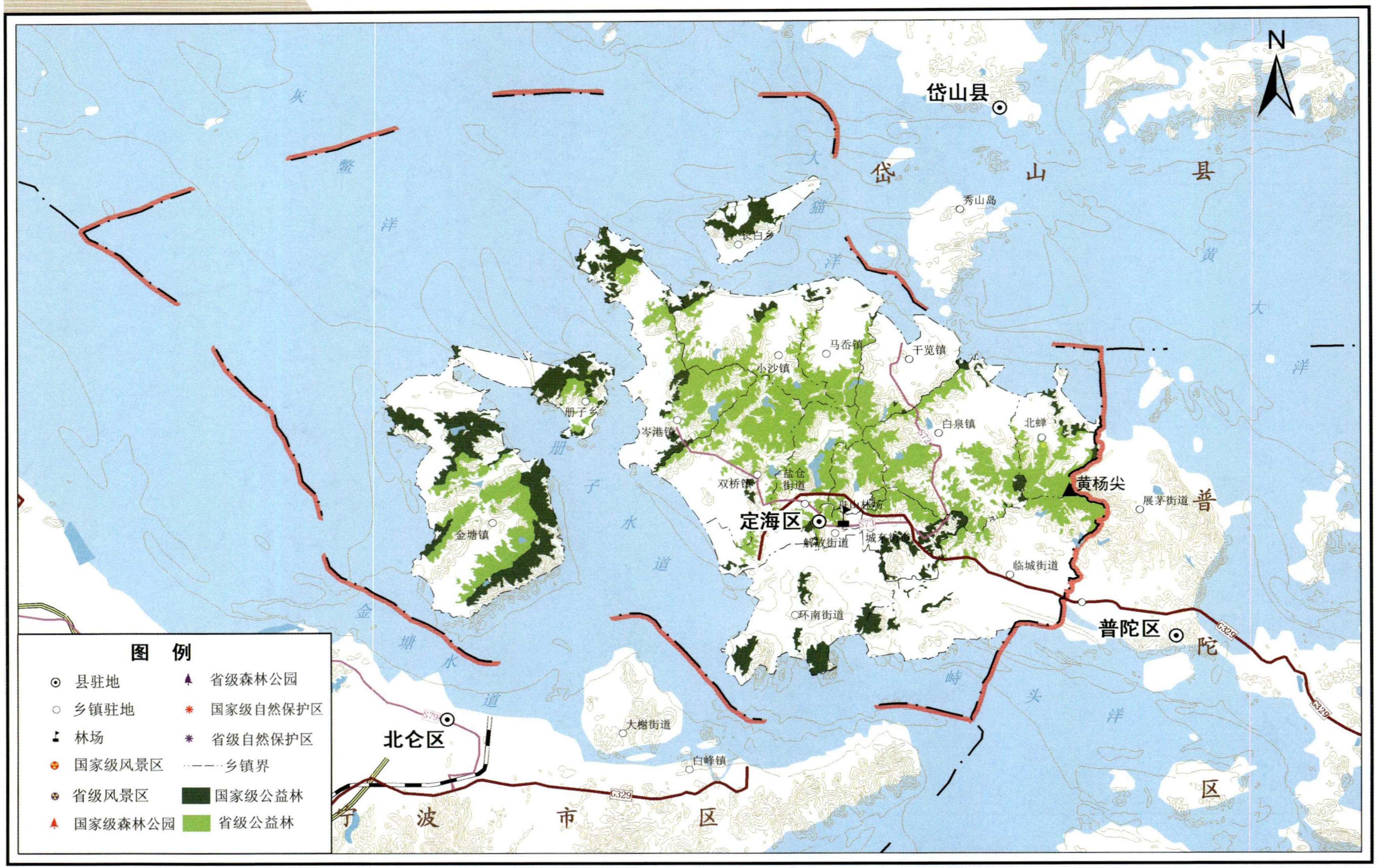

岱山县
岱　山　县
秀山岛
长白乡
马岙镇
干览镇
小沙镇
白泉镇
北蝉乡
岑港镇
册子乡
双桥镇
盐仓街道
定海区
临城街道
黄杨尖
展茅街道
普陀区
普　陀　区
金塘镇
解放街道
城东街道
环南街道
大榭街道
白峰镇
北仑区
宁　波　市　区
灰　鳖　洋
大　猫　洋
黄　大　洋
册　子　水　道
金　塘　水　道
峙　头　洋
S72
S73
S79
G329

图　例

⊙	县驻地	▲	省级森林公园
○	乡镇驻地	✱	国家级自然保护区
▪	林场	✱	省级自然保护区
●	国家级风景区	----	乡镇界
●	省级风景区	■	国家级公益林
▲	国家级森林公园	■	省级公益林

图5-44 普陀区公益林分布

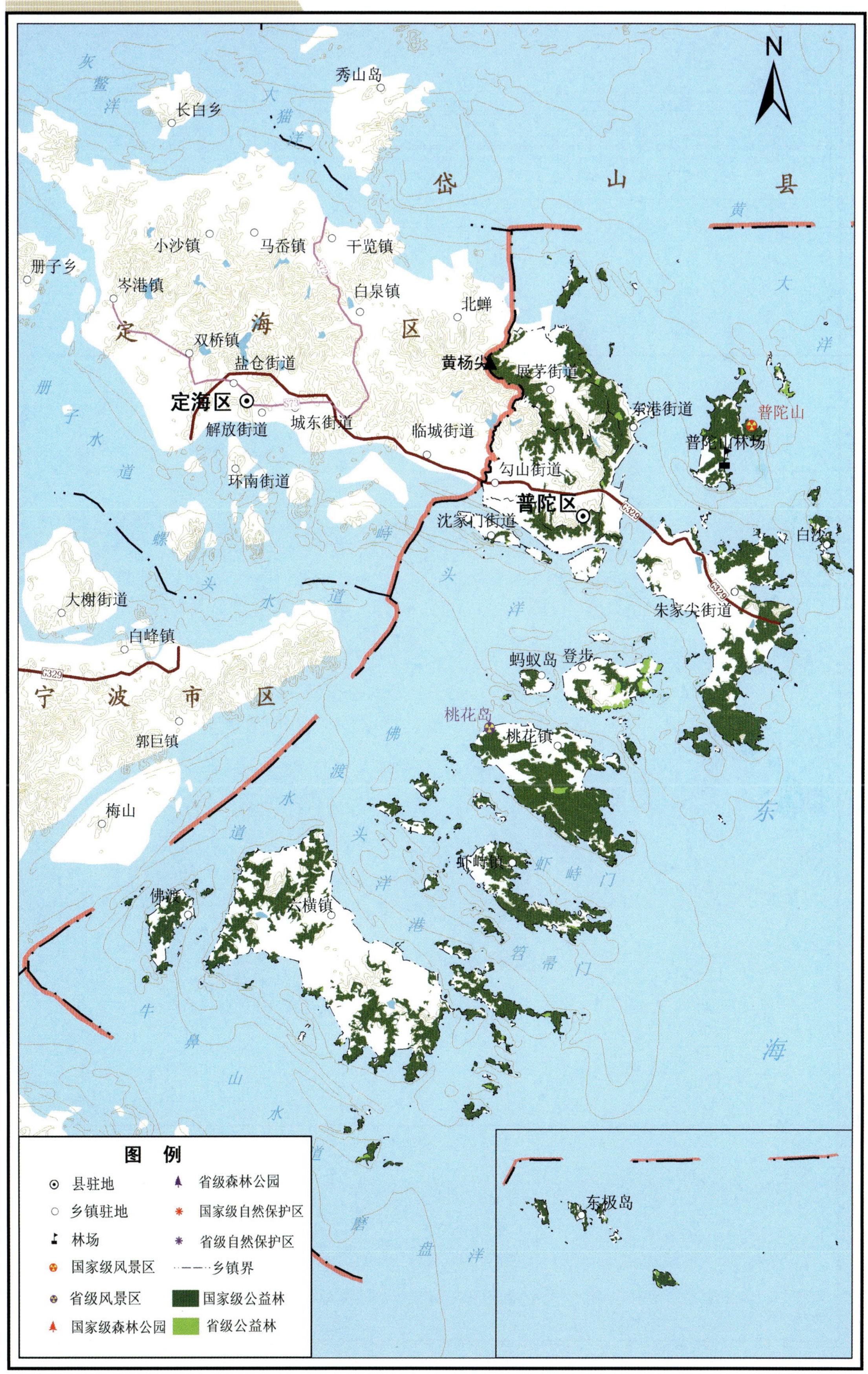

图5-45 开化县公益林分布

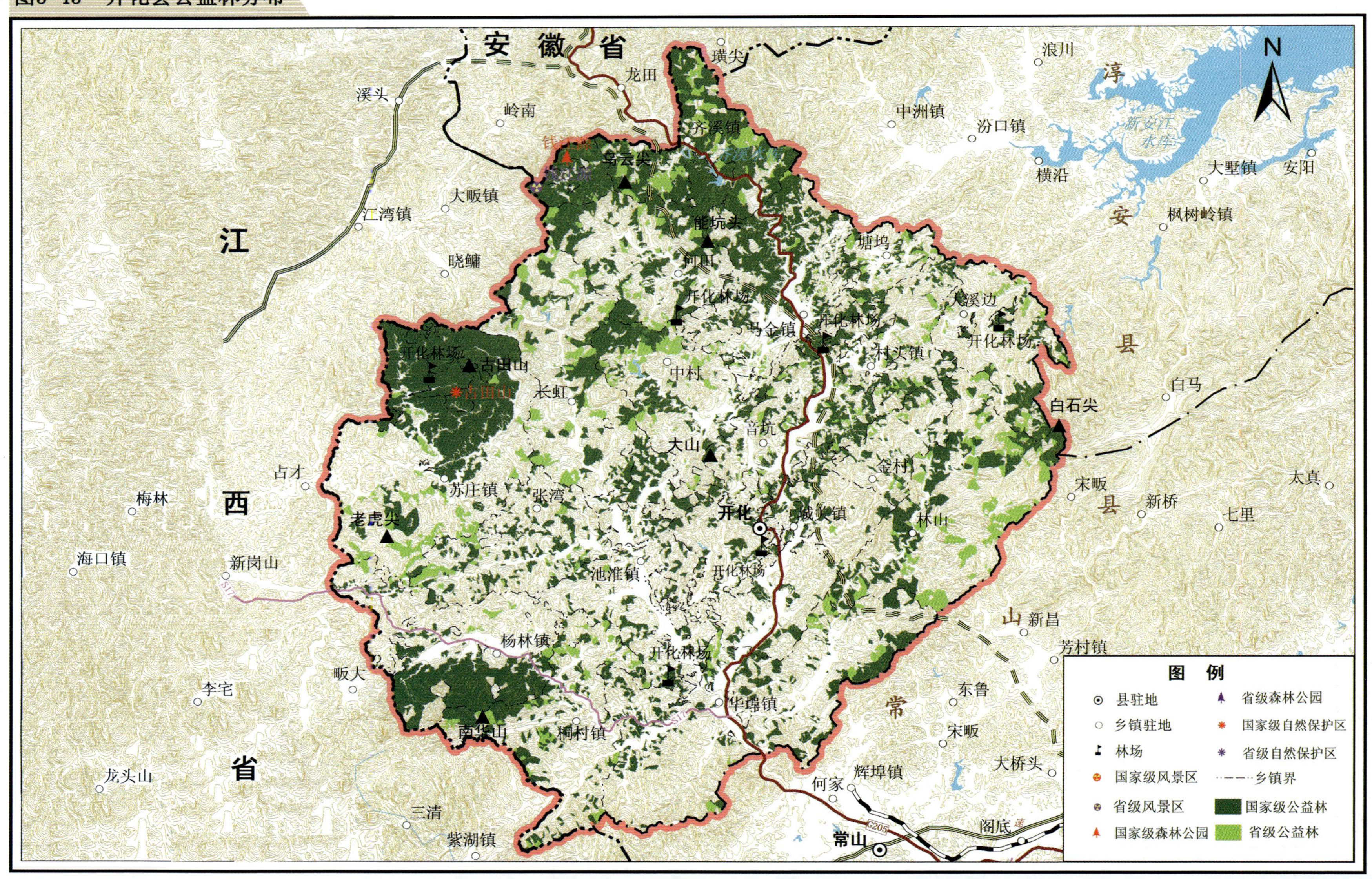

图5-46 江山市公益林分布

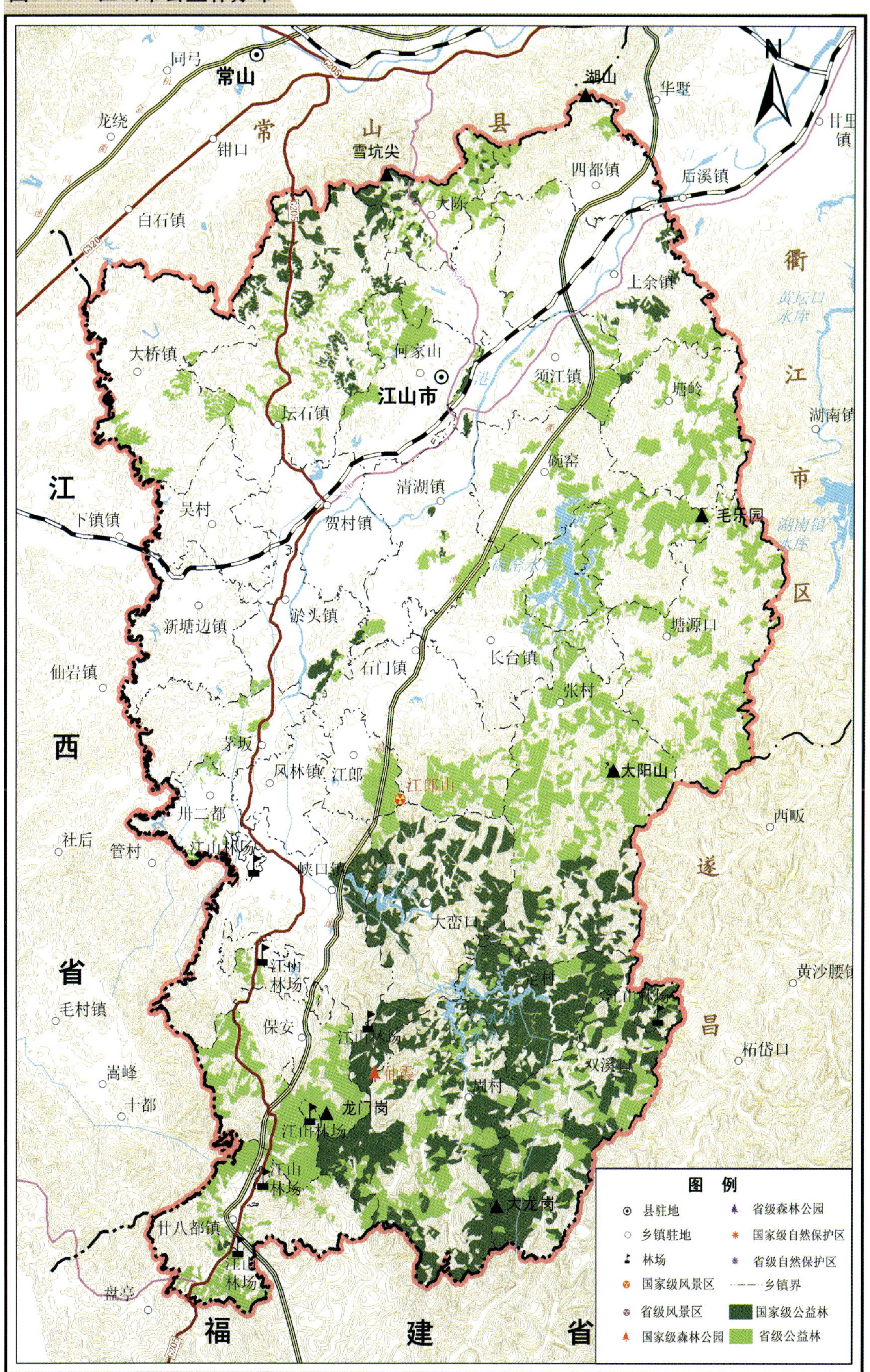

图5-47 衢江区公益林分布

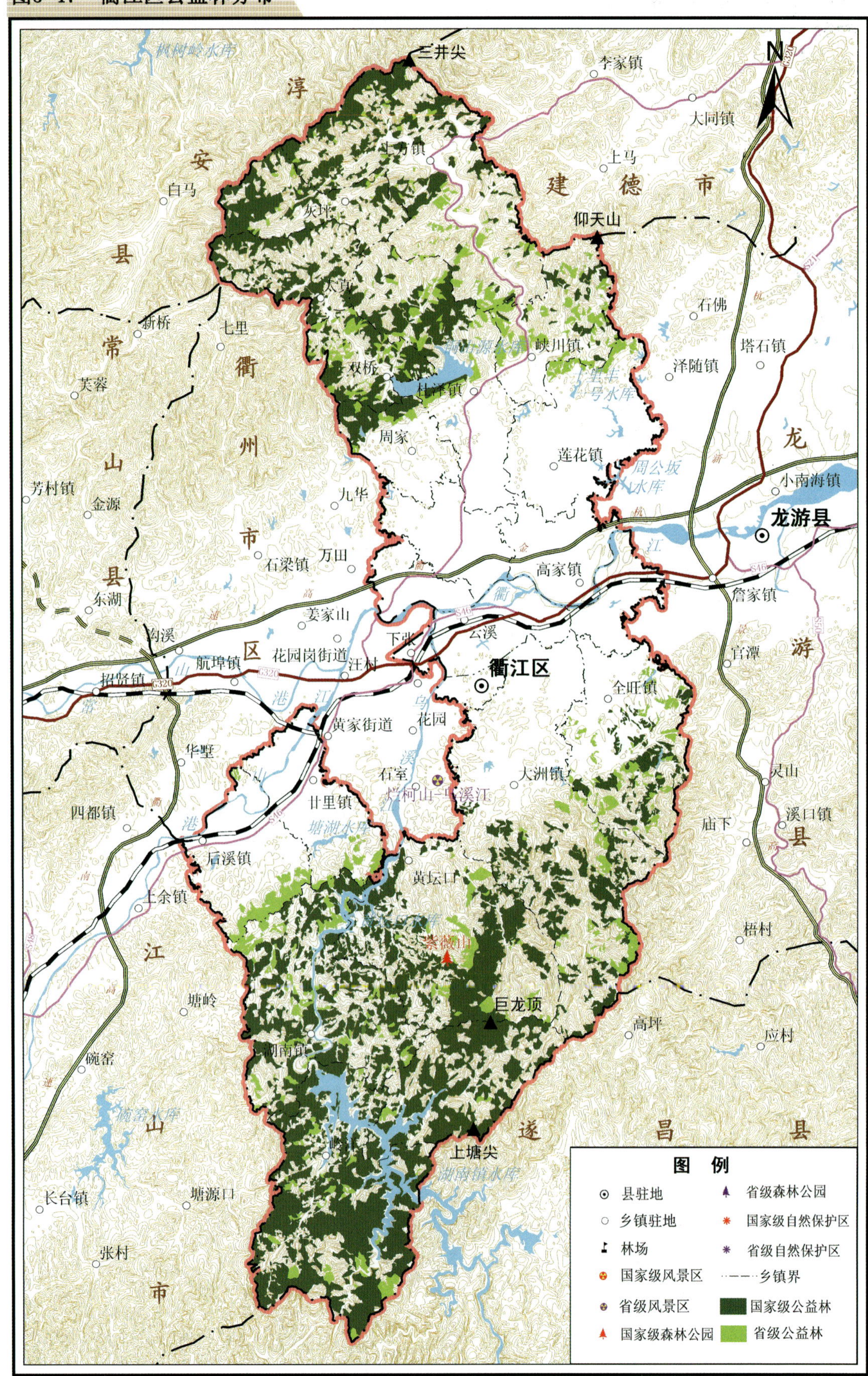

图5-48 常山县公益林分布

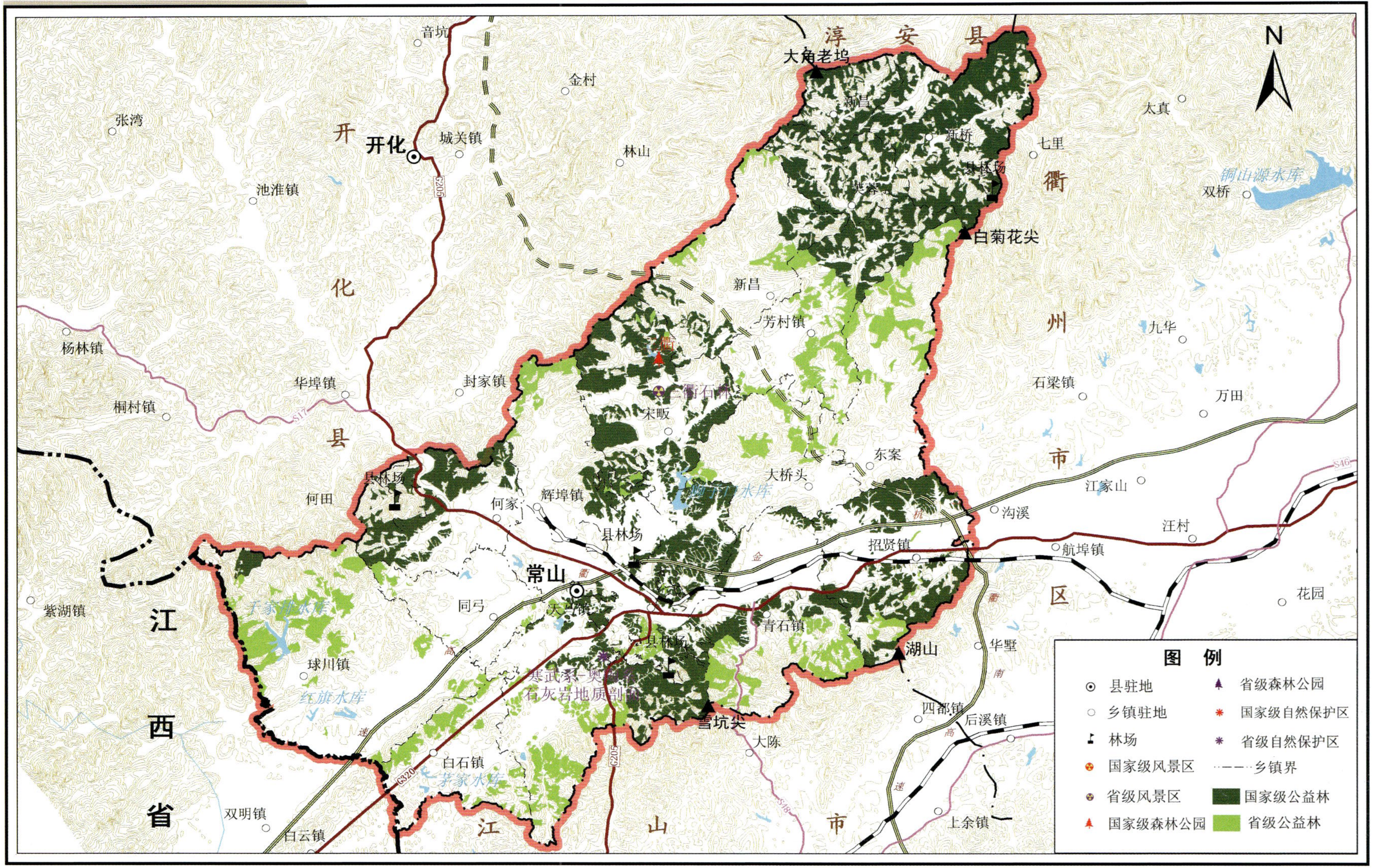

图例

- 县驻地
- 乡镇驻地
- 林场
- 国家级风景区
- 省级风景区
- 国家级森林公园
- 省级森林公园
- 国家级自然保护区
- 省级自然保护区
- 乡镇界
- 国家级公益林
- 省级公益林

图5-49 龙游县公益林分布

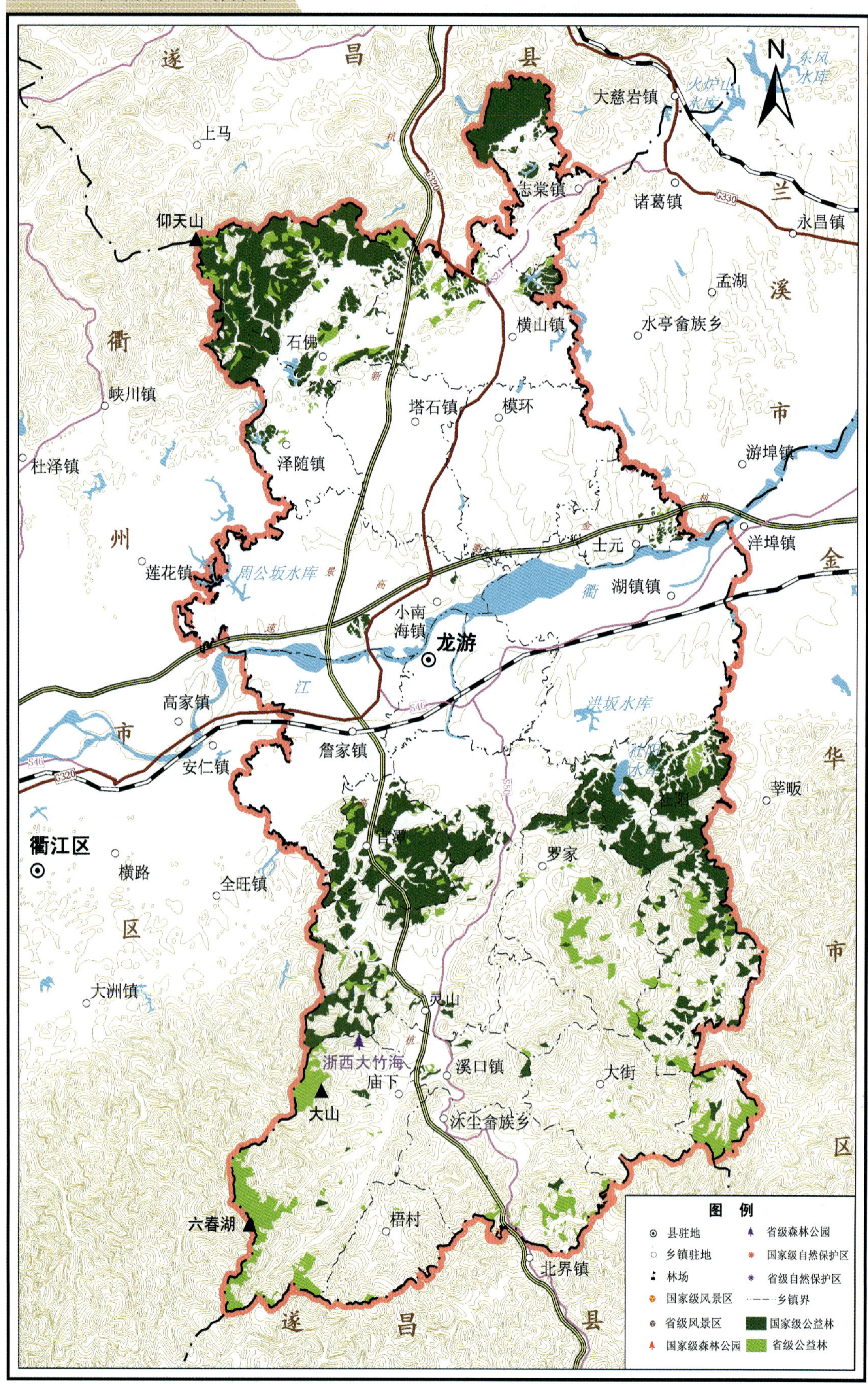

图5-50　仙居县公益林分布

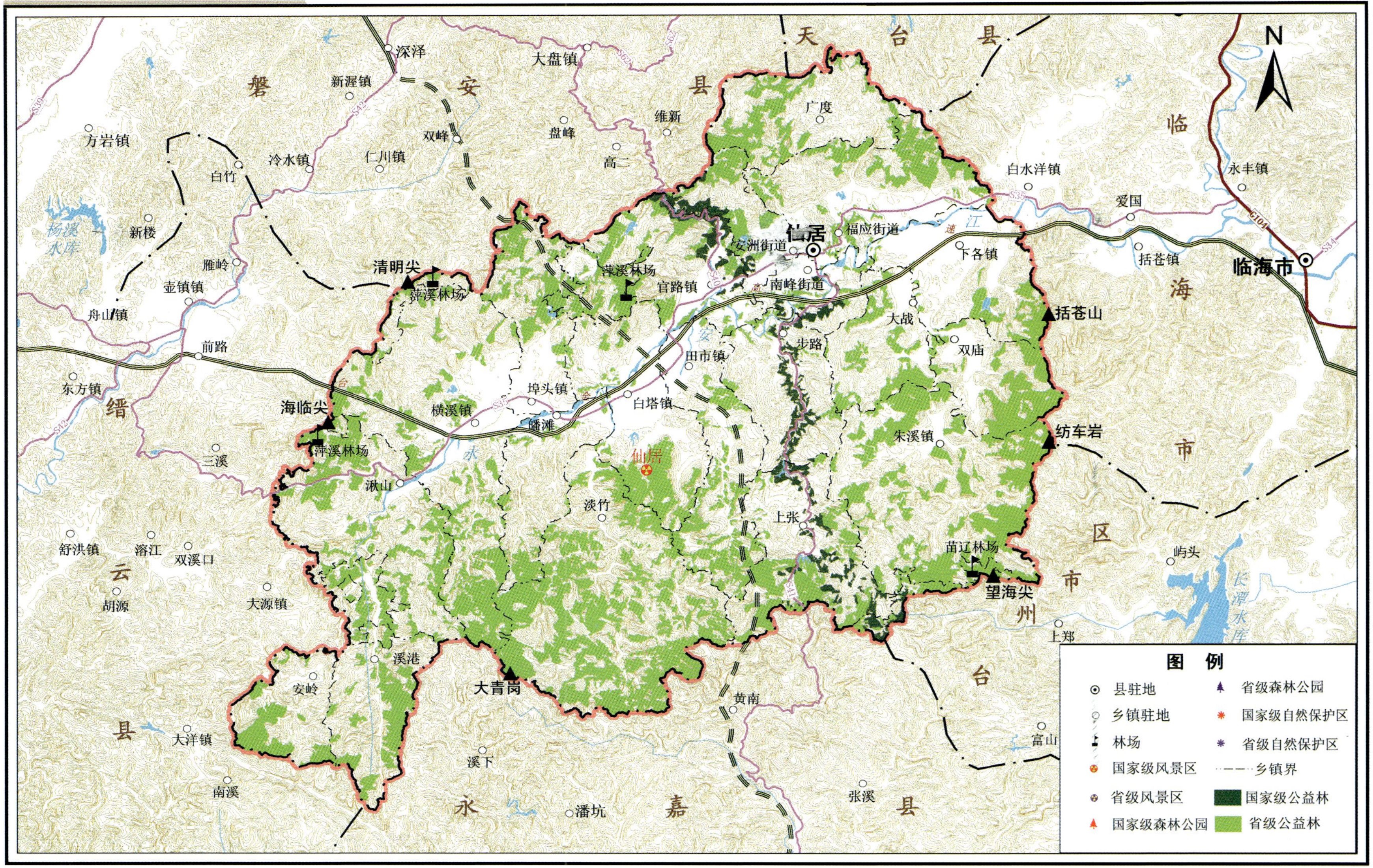

图例

- 县驻地
- 乡镇驻地
- 林场
- 国家级风景区
- 省级风景区
- 国家级森林公园
- 省级森林公园
- 国家级自然保护区
- 省级自然保护区
- 乡镇界
- 国家级公益林
- 省级公益林

图5-51　临海市公益林分布

图5-52 天台县公益林分布

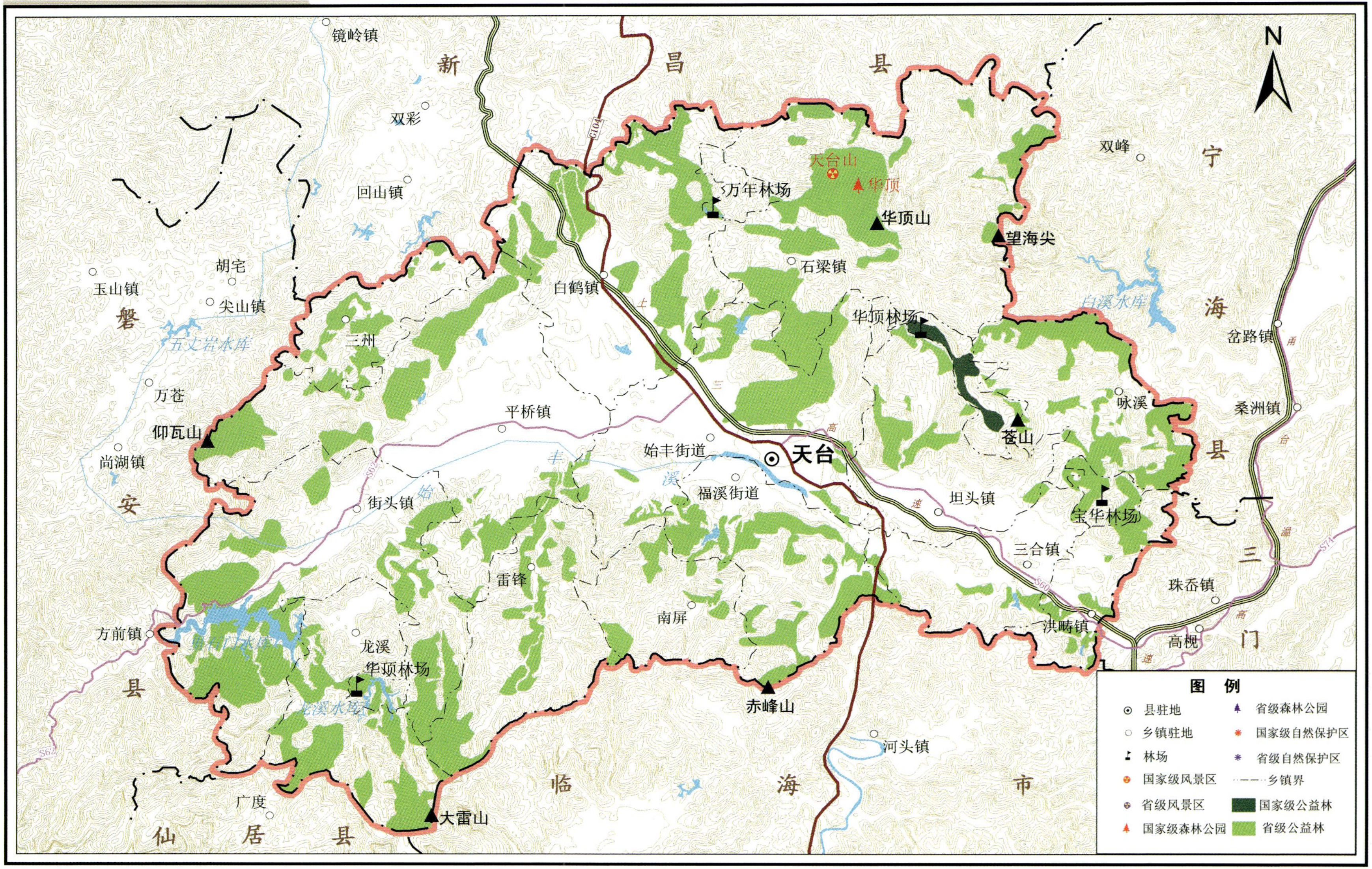

图5-53 黄岩区公益林分布

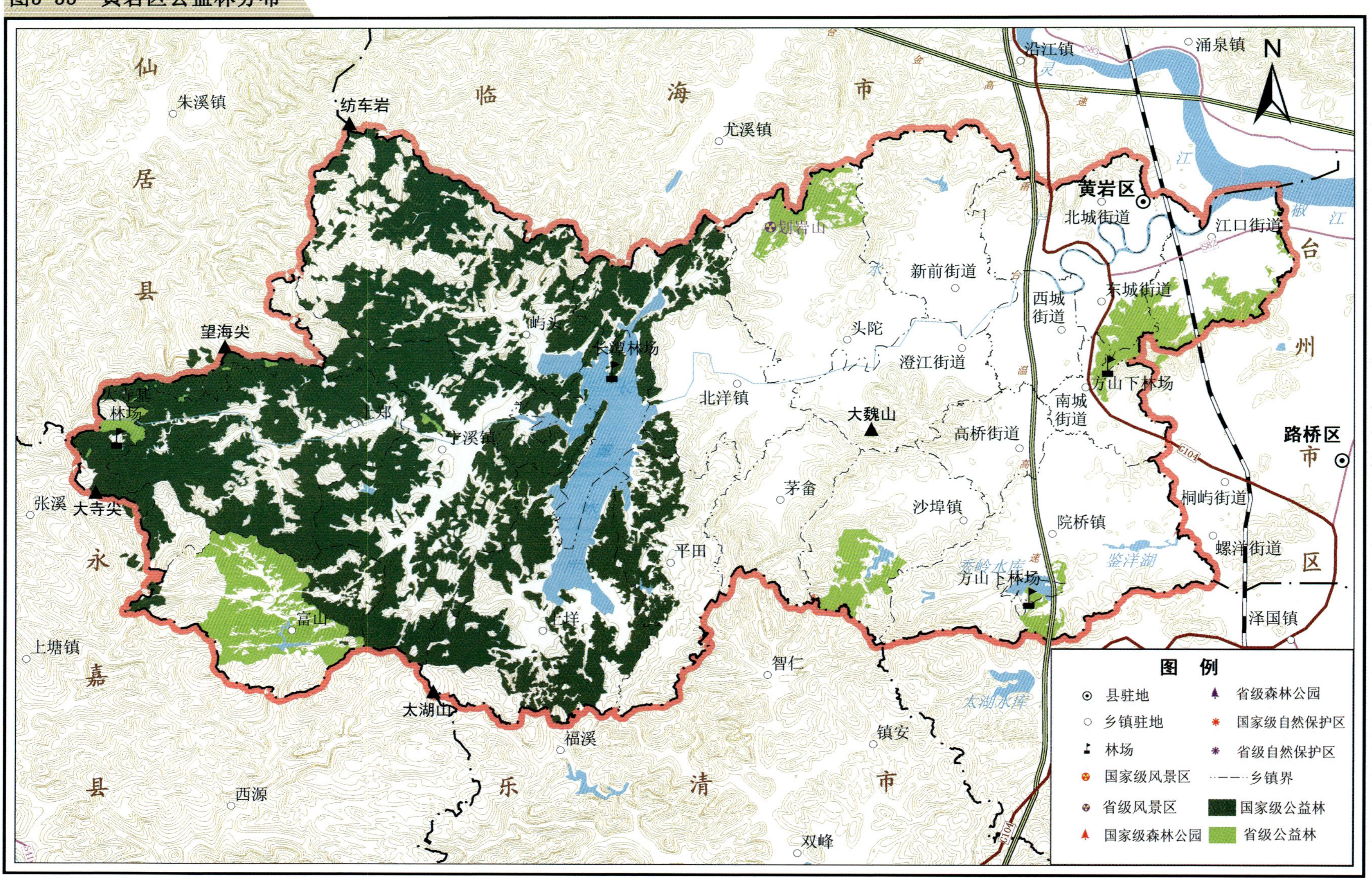

图5-54 三门县公益林分布

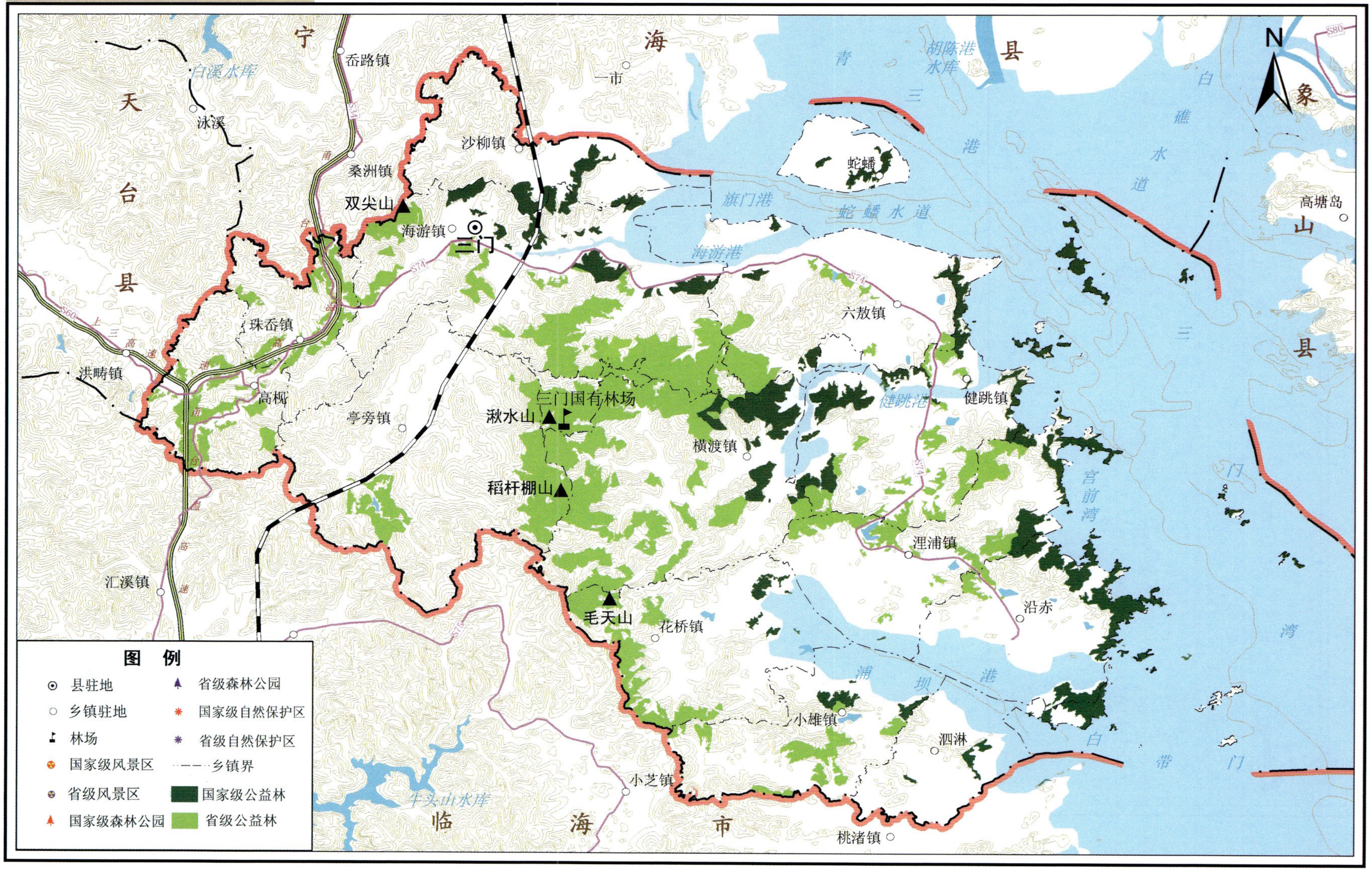

宁海县
天台县
象山县
临海市
三门
沙柳镇
桑洲镇
海游镇
岙路镇
泳溪
珠岙镇
洪畴镇
高枧
亭旁镇
汇溪镇
一市
双尖山
湫水山
三门国有林场
稻杆棚山
毛天山
横渡镇
花桥镇
小芝镇
桃渚镇
六敖镇
健跳镇
浬浦镇
沿赤
小雄镇
泗淋
蛇蟠
高塘岛
白溪水库
牛头山水库
胡陈港水库
旗门港
海游港
健跳港
蛇蟠水道
青三港
白礁水道
三门湾
宫前湾
浦坝港
白带门

图例

- 县驻地
- 乡镇驻地
- 林场
- 国家级风景区
- 省级风景区
- 国家级森林公园
- 省级森林公园
- 国家级自然保护区
- 省级自然保护区
- 乡镇界
- 国家级公益林
- 省级公益林

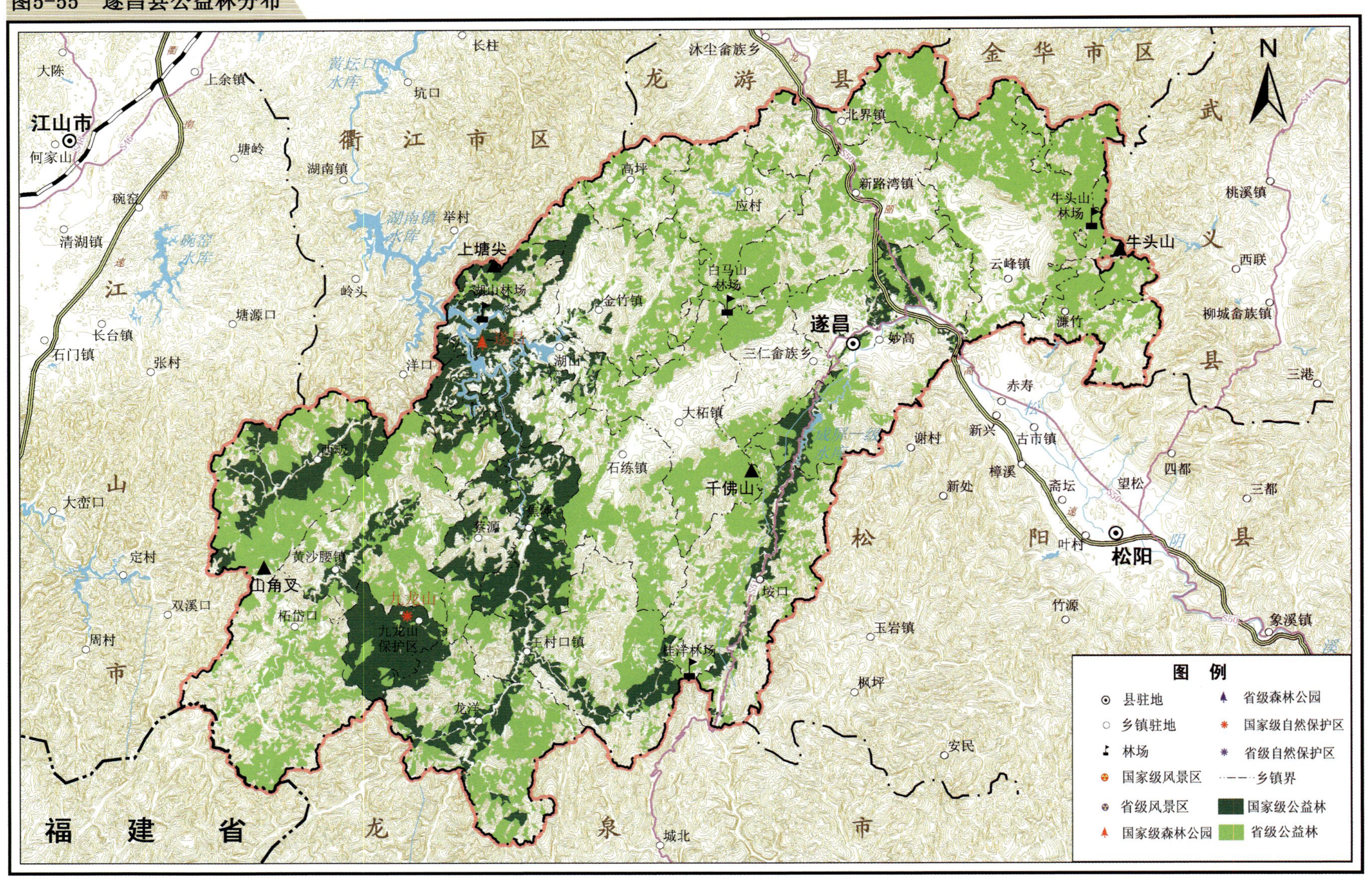

图5-55　遂昌县公益林分布

图5-56 青田县公益林分布

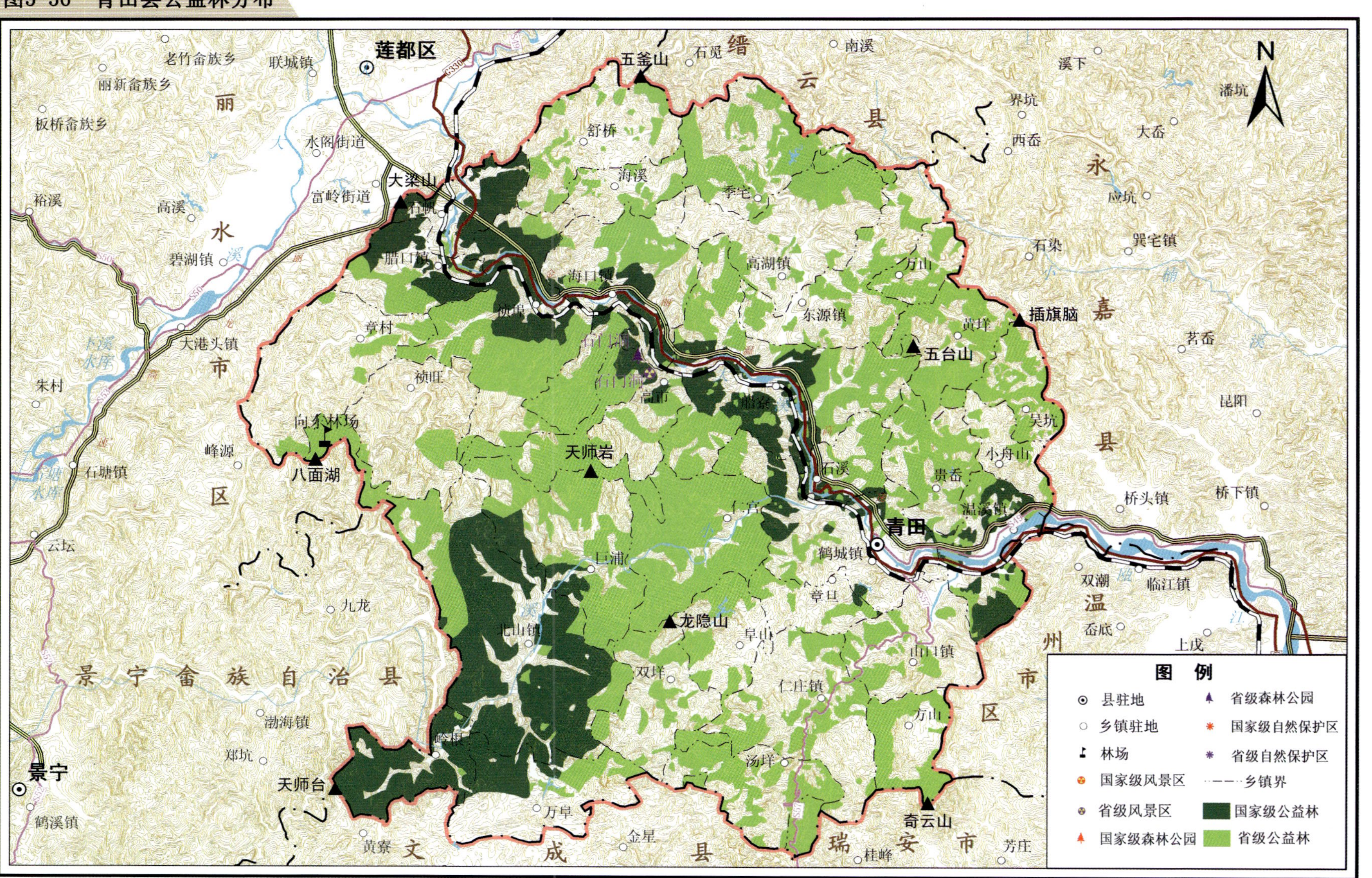

图5-57 龙泉市公益林分布

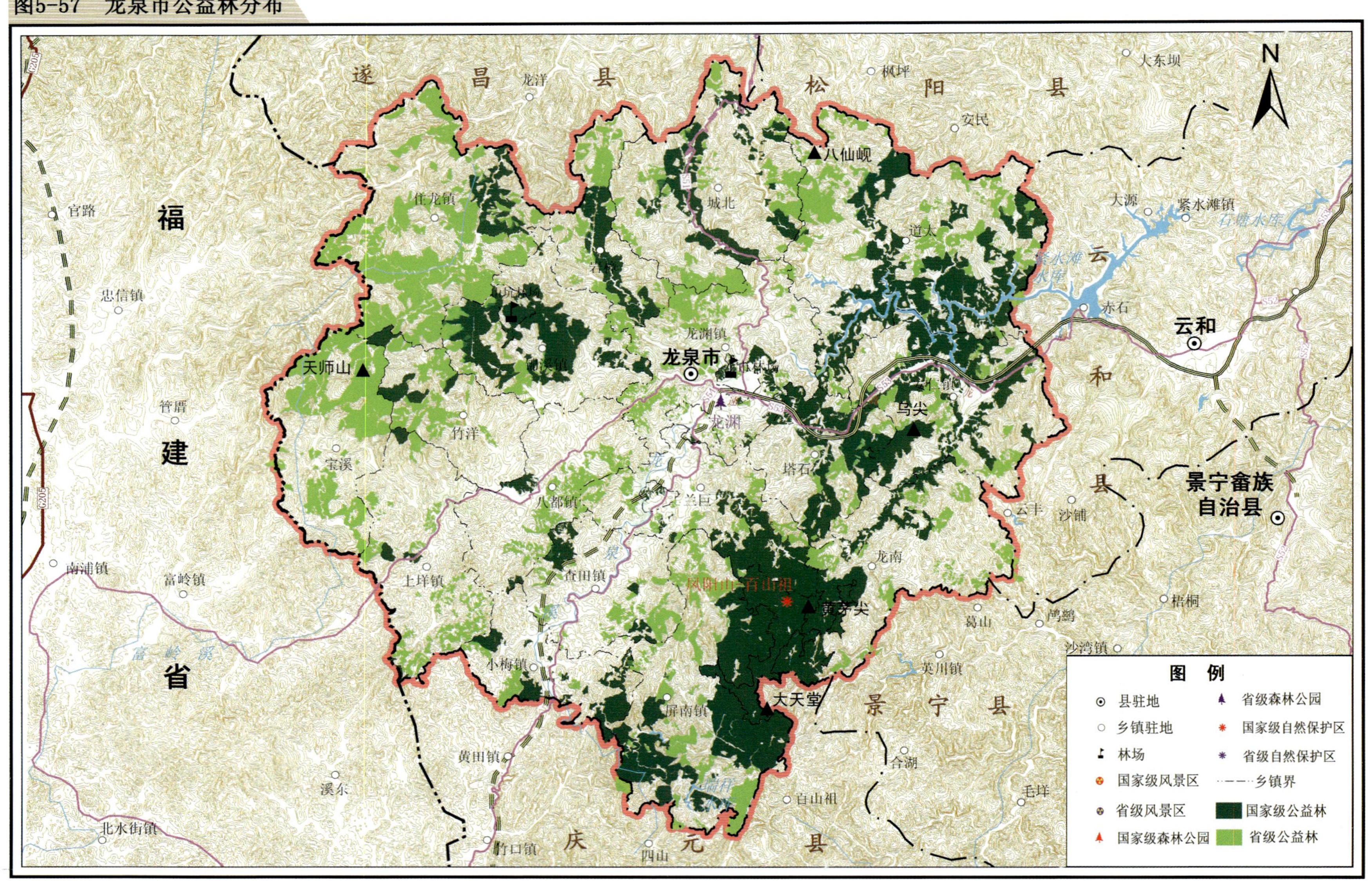

图5-58 景宁县公益林分布

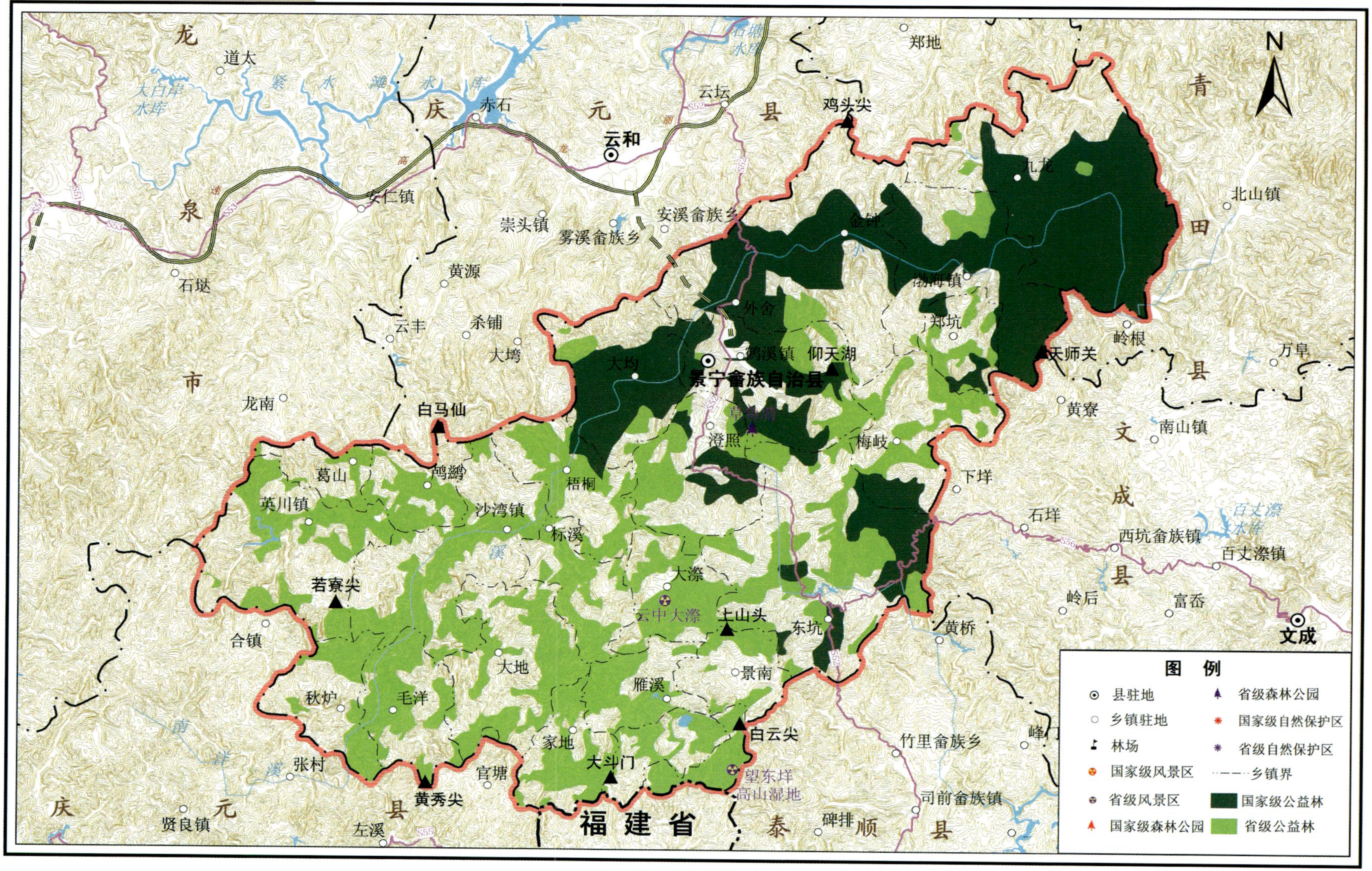

图例

- ⊙ 县驻地
- ○ 乡镇驻地
- 林场
- 国家级风景区
- 省级风景区
- 国家级森林公园
- 省级森林公园
- 国家级自然保护区
- 省级自然保护区
- 乡镇界
- 国家级公益林
- 省级公益林

图5-59 庆元县公益林分布

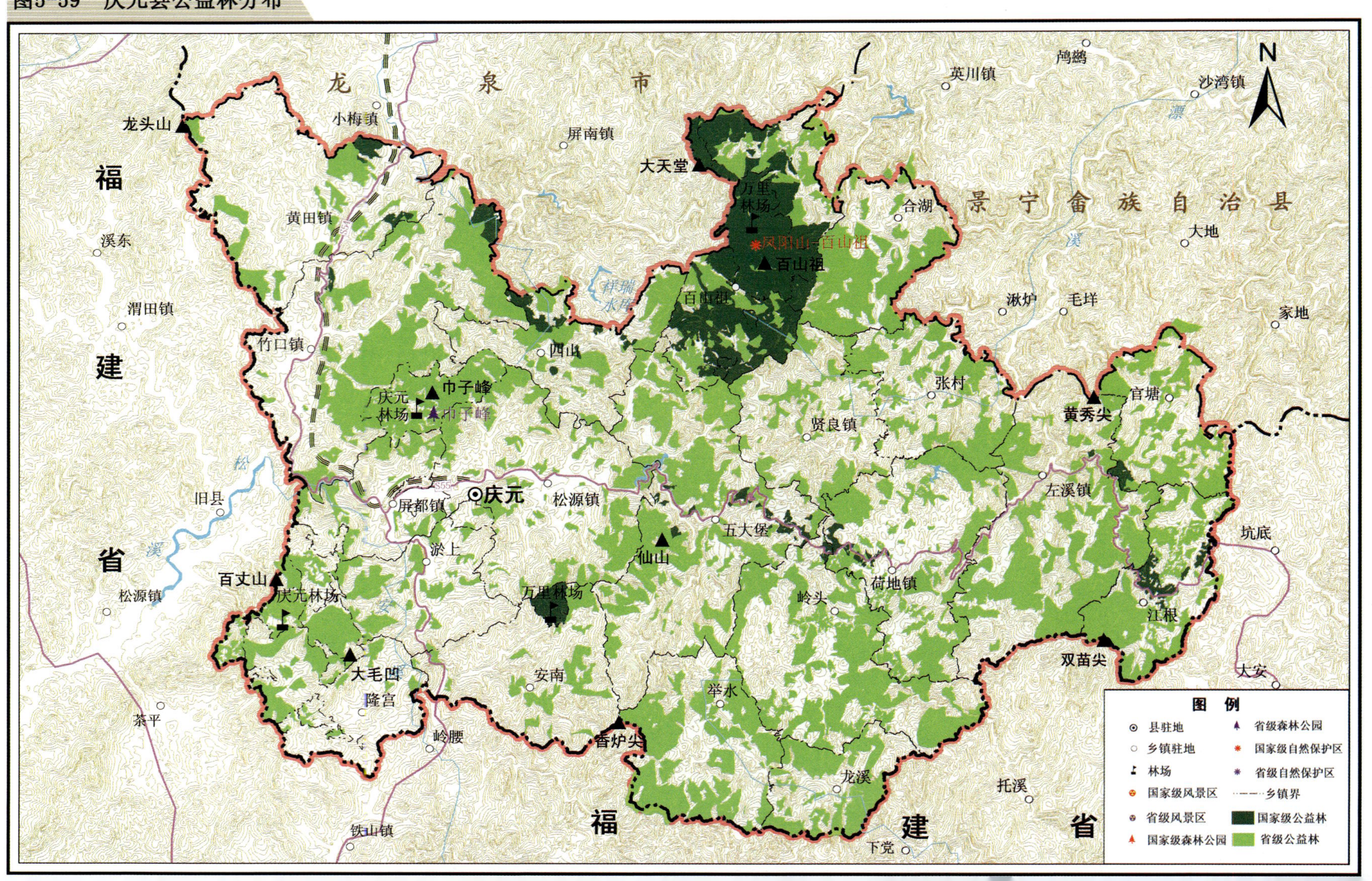

图5-60　莲都区公益林分布

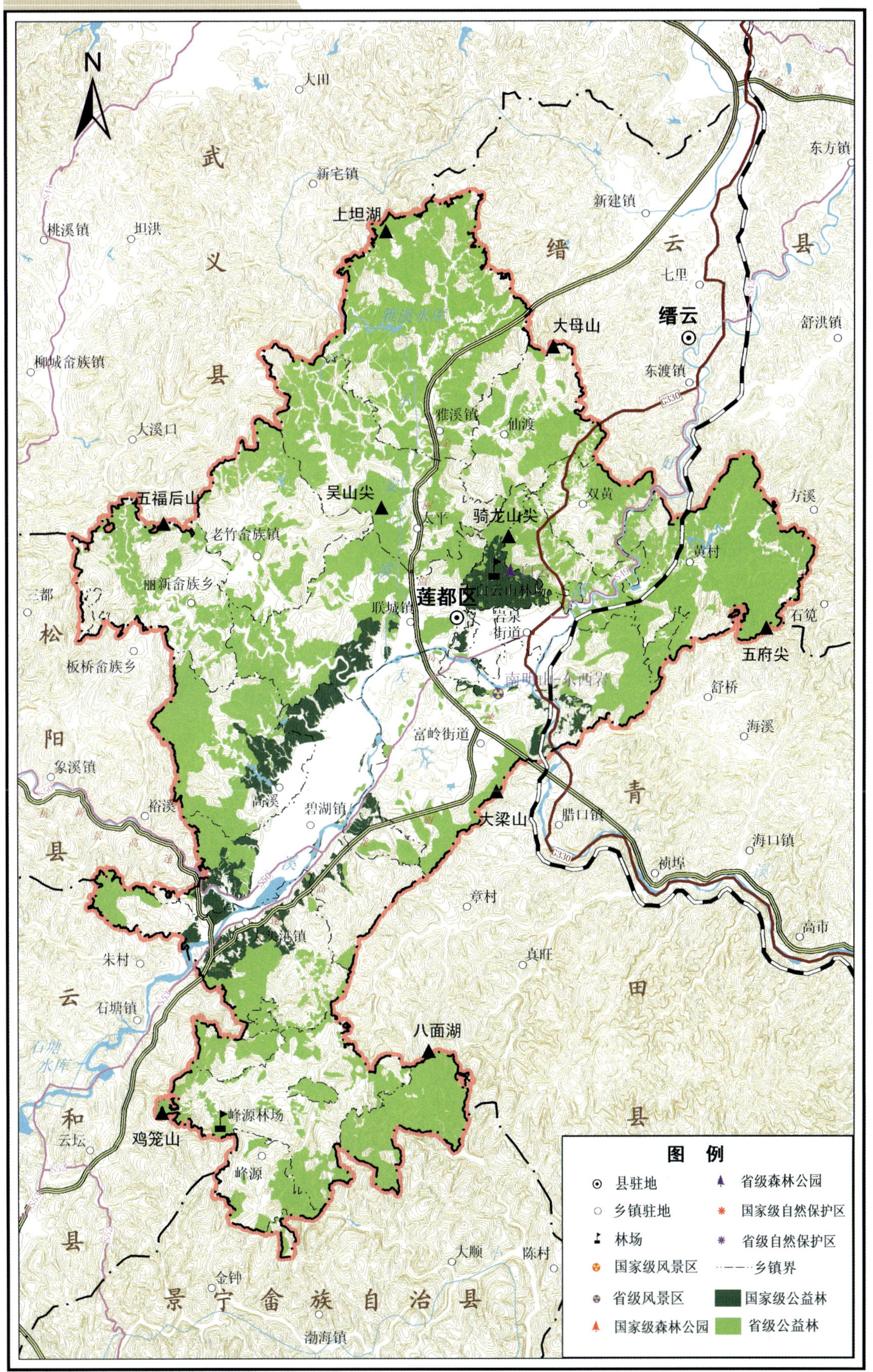

图5-61 缙云县公益林分布

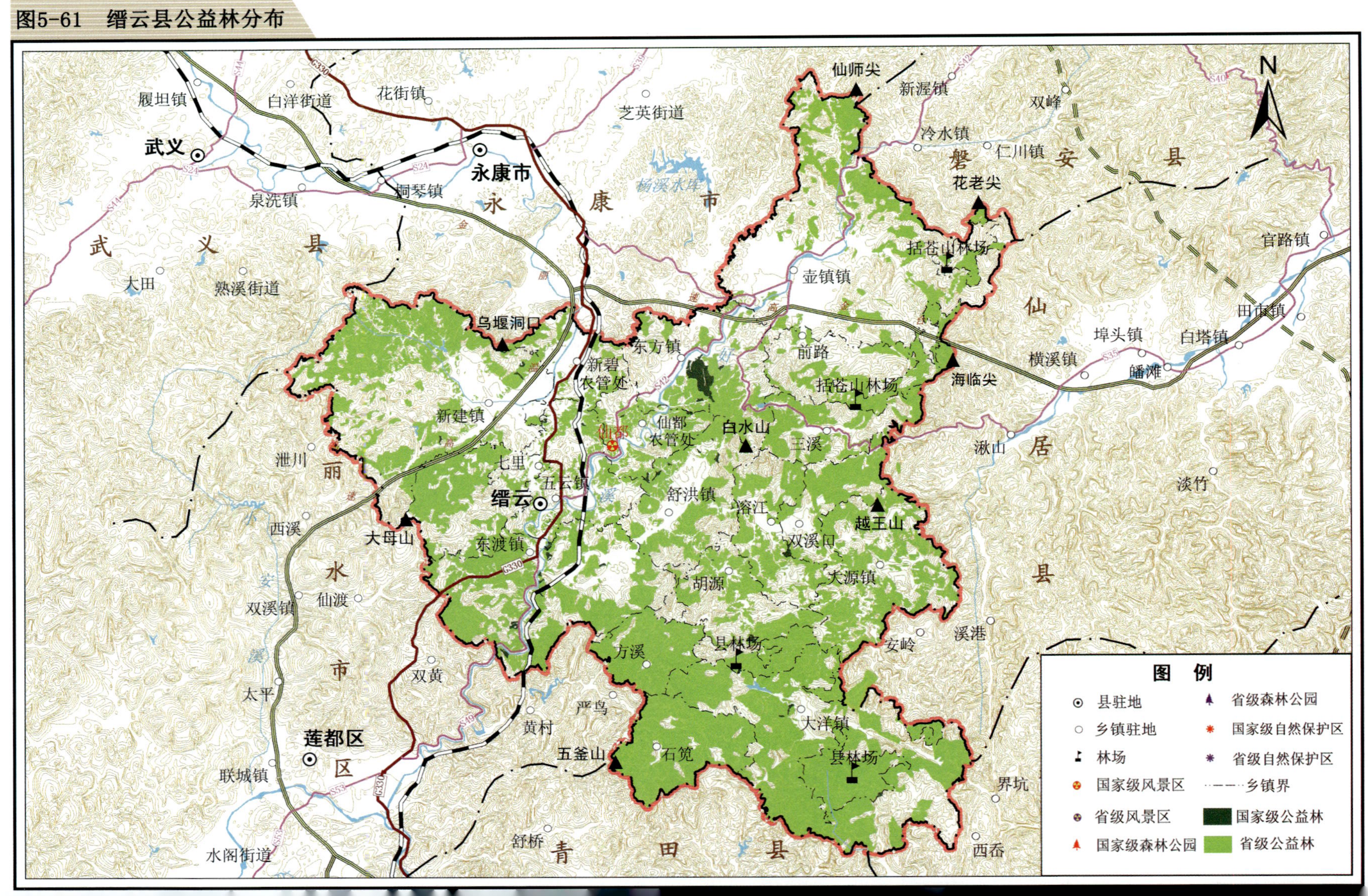

图5-62　松阳县公益林分布

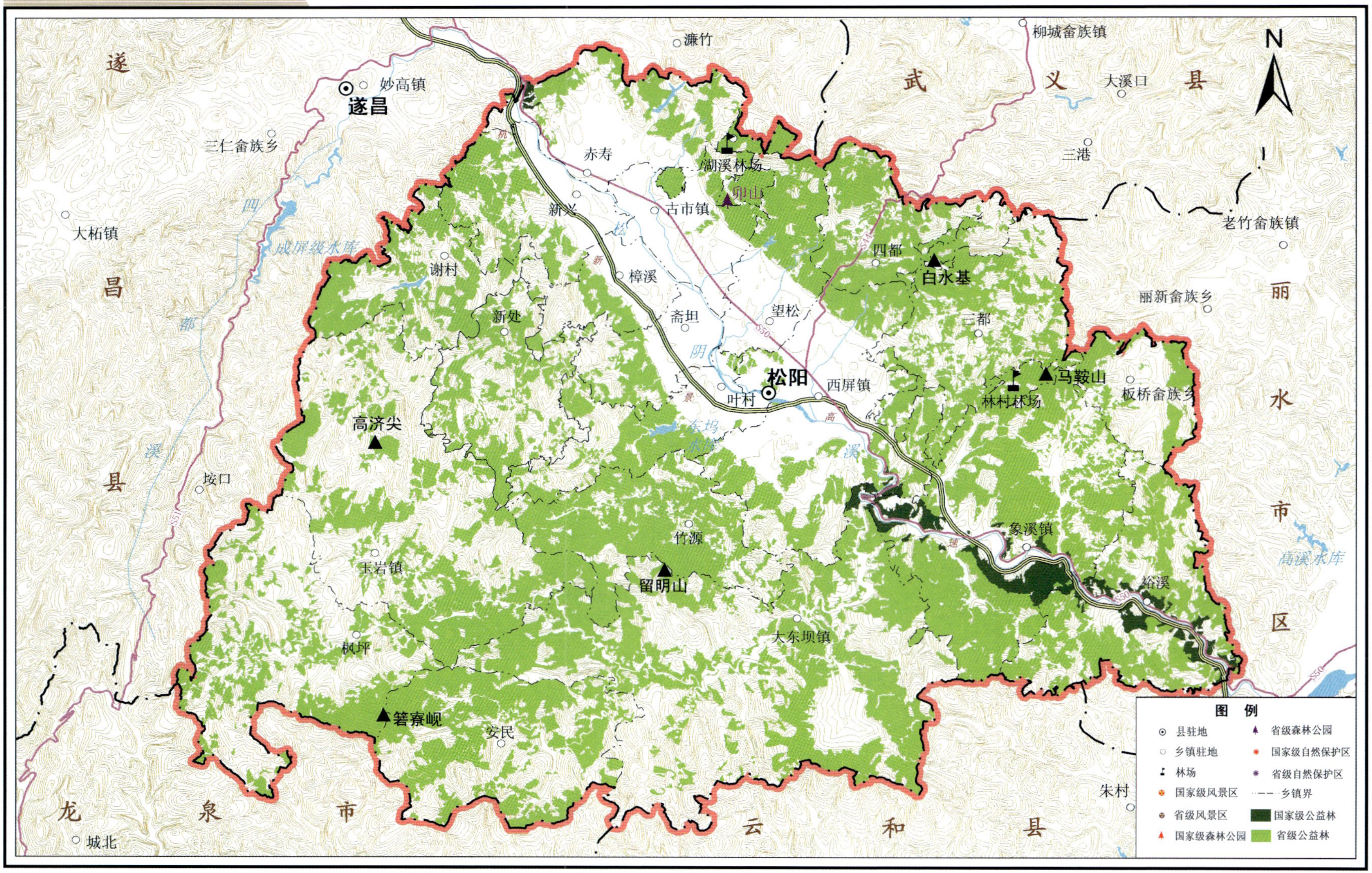

N

遂昌县
武义县
丽水市区
龙泉市
云和县

遂昌
妙高镇
三仁畲族乡
大柘镇
垵口
城北
濂竹
柳城畲族镇
大溪口
三港
老竹畲族镇
丽新畲族乡
板桥畲族乡
朱村

松阳
西屏镇
叶村
望松
斋坦
樟溪
古市镇
赤寿
新兴
四都
三都
谢村
新处
竹源
象溪镇
裕溪
大东坝镇
玉岩镇
枫坪
安民

湖溪林场
林村林场
卯山
白水基
马鞍山
高济尖
留明山
箬寮岘

成屏级水库
东坞水库
青溪水库
松阴溪
四都溪

S50
S51

图　例

县驻地
乡镇驻地
林场
国家级风景区
省级风景区
国家级森林公园
省级森林公园
国家级自然保护区
省级自然保护区
乡镇界
国家级公益林
省级公益林

图5-63 云和县公益林分布

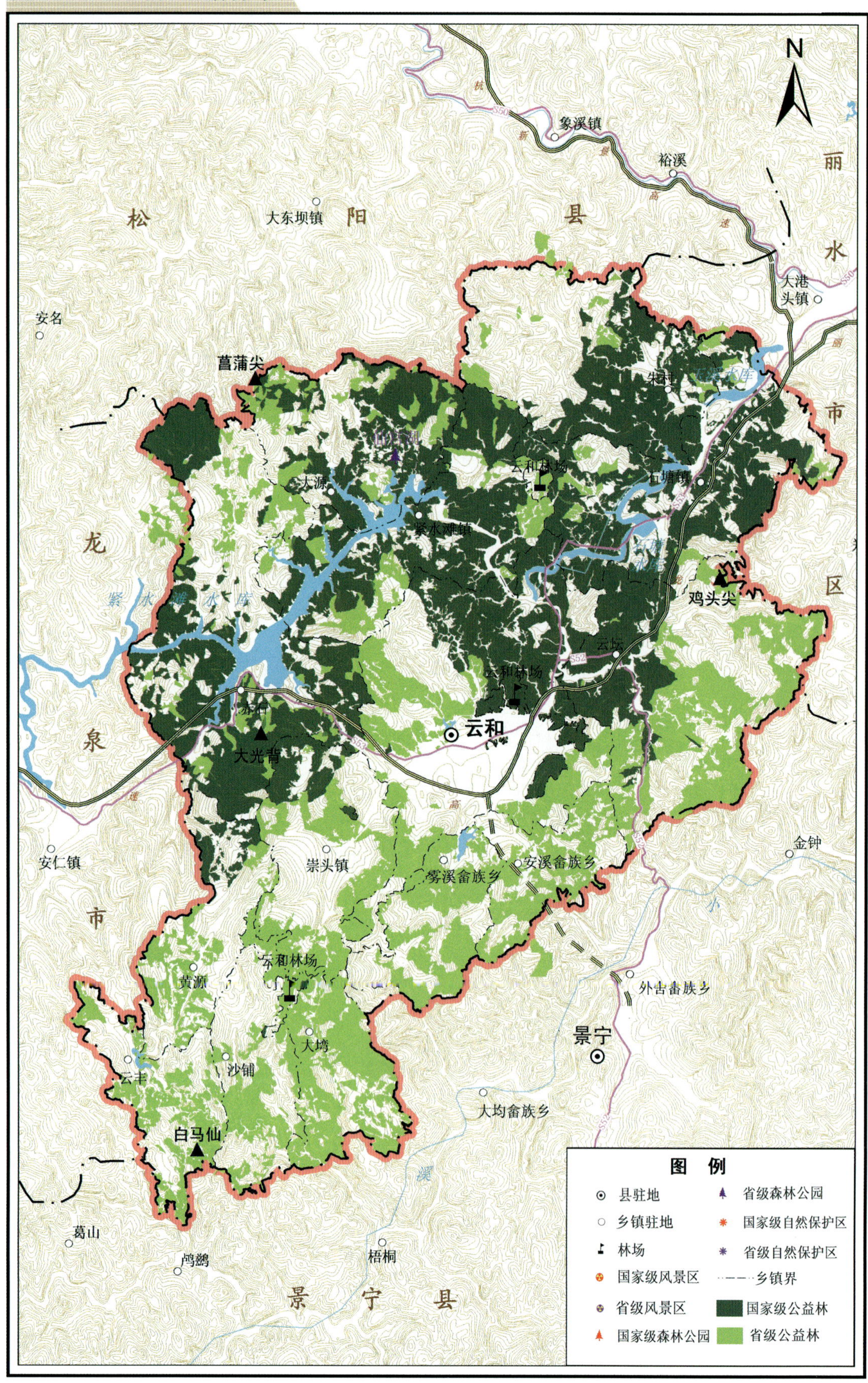

参考文献

1. GB/T18337.1－2001. 生态公益林建设导则. 北京：中国标准出版社.
2. GB/T18337.2－2001. 生态公益林建设规划设计通则. 北京：中国标准出版社.
3. 浙江省人民政府. 2000. 浙江省生态环境建设规划. 浙政发[2000]6号.
4. 浙江省人民政府. 2003. 浙江生态省建设规划纲要. 浙政发[2003]23号.
5. 浙江省发展计划委员会课题组. 2002. 浙江省城市化发展战略研究. 宏观经济研究，4：8－13.
6. 中国可持续发展林业战略研究项目组. 2002. 中国可持续发展林业战略研究总论. 北京：中国林业出版社.
7. 浙江省统计局. 2000. 浙江统计年鉴－2000. 北京：中国统计出版社.
8. 浙江省统计局. 2010. 浙江统计年鉴－2010. 北京：中国统计出版社.
9. 浙江省水利厅. 1999. 浙江省河流简明手册. 西安：西安地图出版社.
10. 刘安兴，张正寿等. 2001. 浙江林业自然资源(森林卷). 北京：中国农业科技出版社.
11. 孙孟军，邱瑶德. 2001. 浙江林业自然资源(野生植物卷). 北京：中国农业科技出版社.
12. 陈征海. 2001. 浙江林业自然资源(湿地卷). 北京：中国农业科技出版社.
13. 徐正春. 2009. 广东省生态公益林体系建设管理研究. 北京：中国林业出版社.
14. 薛立. 2007. 广东生态公益林研究. 北京：中国林业出版社.